普通高等教育计算机系列规划教材

Flash CC 案例应用教程

项巧莲　主　编

张慧丽　赵丹青　副主编

電子工業出版社

Publishing House of Electronics Industry

北京・BEIJING

内 容 简 介

本书内容覆盖 Flash CC 的绘图技术、基础动画和高级动画的制作，内容丰富，覆盖面广。编写时充分考虑了大学生的知识结构和学习特点，用案例来诠释各种动画制作要点，使用中国元素和民族风的素材，既强调了动画的艺术性，又兼顾了动画制作的技术性，为不会编程的学生提供了丰富的实例，可操作性强。每一章节的教学内容都循序渐进，由基础知识要点到案例应用，既有利于知识的掌握，也有利于教师根据学生掌握程度安排不同的教学任务。

全书共分 9 章，主要包括 Flash CC 基础、图形绘制、帧动画、补间动画、引导与遮罩动画、文字动画、ActionScript 3.0、按钮特效、鼠标特效等方面的案例。

本书既适用于电脑培训学校，又适合作为各种大中专院校的 Flash 课程教材使用，还适用于广大的 Flash 初学者和 Flash 爱好者。

图书在版编目（CIP）数据

Flash CC 案例应用教程 / 项巧莲主编．—北京：电子工业出版社，2017.4
普通高等教育计算机系列规划教材

ISBN 978-7-121-31139-0

Ⅰ．①F… Ⅱ．①项… Ⅲ．①动画制作软件—高等学校—教材 Ⅳ．①TP391.414

中国版本图书馆 CIP 数据核字（2017）第 057529 号

策划编辑：徐建军（xujj@phei.com.cn）
责任编辑：郝黎明
印　　刷：三河市良远印务有限公司
装　　订：三河市良远印务有限公司
出版发行：电子工业出版社
　　　　　北京市海淀区万寿路 173 信箱　邮编　100036
开　　本：787×1 092　1/16　印张：16.5　字数：422.4 千字
版　　次：2017 年 4 月第 1 版
印　　次：2017 年 4 月第 1 次印刷
印　　数：3 000 册　　定价：38.00 元

凡所购买电子工业出版社图书有缺损问题，请向购买书店调换。若书店售缺，请与本社发行部联系，联系及邮购电话：（010）88254888，88258888。

质量投诉请发邮件至 zlts@phei.com.cn，盗版侵权举报请发邮件至 dbqq@phei.com.cn。

本书咨询联系方式：（010）88254570。

前言

在互联网飞速发展的今天，多姿多彩的网络页面，精彩纷呈的游戏界面，绚丽多彩的动态展示等吸引着大家的眼球。作为一个优秀的动画制作软件，Flash 从众多的设计软件中脱颖而出，成为大多数网络爱好者的首选工具。

本书主要介绍 Flash CC 动画设计的基础知识和实例制作。对于 Flash 的基本使用没有做太多赘述，大量章节都用在实例分析上，通过大量典型的实例来讲解软件的使用技巧。其特点是将技术与艺术相结合，可读性与可操作性并立，图文并茂，深入浅出，用基础知识引导实际案例的操作，又用实际案例来解读 Flash 中动画制作的基本原理。内容编排上步骤清晰，循序渐进，基础与提高兼顾，原理与操作并行。

本书在编写时充分考虑了 Flash 初学者的学习特点，综合了初学者需要掌握的 Flash 知识，从实际需求出发组织结构，并结合典型案例讲述内容，引导学生在学习过程中掌握规律，理解操作原理。全书共分为 9 章：图形绘制、帧动画、补间动画、引导与遮罩动画、文字动画、Action Script 3.0、按钮特效、鼠标特效等。书中精心设计的案例多采用中国元素和民族特色文化元素，读者可以轻松掌握软件使用方法，应对 Flash 图形绘制、网站动画制作和课件制作等实际工作的需要。

本书的编写人员长期从事一线教学工作。在结合多年的教学实践，研究了不同层次的学习对象，综合了多位经验丰富教师的讲义教案的基础上，编写了这本适合广大大中专院校使用的《Flash CC 案例应用教程》。本书既适用于电脑培训学校，又适合作为各种大中专院校的 Flash 课程教材使用，还适用于广大的 Flash 初学者和爱好者。

本书由中南民族大学的教师组织编写，由项巧莲担任主编并统稿，由张慧丽、赵丹青担任副主编。本书编写以来，得到了多方面的大力支持，参加编写的还有马卫、莫海芳、任恺、徐薇、李芸、谢瑾、彭川、熊伟、费丽娟、王莉、李作主、吴谋硕、谢茂涛等，感谢各位老师的无私帮助和鼓励。同时，本书参阅了许多参考资料，在此一并表示感谢！

由于成稿时间比较仓促，加之作者水平有限，书中遗漏和不足之处在所难免，恳请广大读者批评指正。

编　者

在[illegible]的今天，[illegible]

[illegible]Flash CC[illegible]

[illegible]Flash 动画[illegible]

[illegible]Action Script 3.0[illegible]

[illegible]

[illegible]

[illegible]

目录

第1章

绘制与编辑基本图形

绘制和编辑图形是 Flash 动画创作的三大基本功能之一。本章主要介绍绘图工具的使用，包括线条工具、铅笔工具、钢笔工具、刷子工具等线条类工具，以及椭圆工具、矩形工具、多角星形工具等几何图形类工具的设置和使用。另外，本章还涉及文件的新建、保存、打开和关闭，元件的创建，图层的使用，舞台大小、动画播放频率的设置等基本操作，以及“属性”面板、“颜色”面板等常用面板的使用。

1.1 基本绘图工具概述

Flash CC 拥有强大的绘图功能，其工具箱包括一套完整的图形创作工具。在工具箱选择某个绘图工具后，其属性会出现在“属性”面板，其对应的选项也会出现在工具箱下方，合理使用绘图工具的各种属性和选项，可以绘制出丰富的矢量图形。

在 Flash CC 中绘制图形时，有两个概念一定要区分清楚，一个是笔触，一个是填充。笔触是指所绘制图形的边界轮廓，填充是指轮廓线所包围区域内填充的颜色。

1.1.1 线条类工具

在 Flash CC 中可以绘制线条的工具有线条工具、铅笔工具、钢笔工具和刷子工具等，其中刷子工具比较特殊，它绘制出的虽然是线条的外形，但实际上用刷子工具绘制出的图形属于填充。

1. 线条工具

使用线条工具可以轻松绘制出平滑的直线。使用线条工具的操作方法为：在工具箱中单击“线条工具”按钮，在出现的工具“属性”面板上设置直线的样式、粗细、颜色等属性，然后将鼠标指针移至舞台，在鼠标指针变为十字形状后，拖动鼠标指针即可绘制直线。

实例 1-1：使用“线条工具”绘制一只大雁

1 打开 Flash CC 软件，在如图 1-1 所示的界面选择“新建”栏下的“ActionScript 3.0”选项，即可创建一个新的基于 ActionScript 3.0 版本的 Flash 文档。白色的工作区称为舞台。

2 在如图 1-2 所示的工具箱中单击“线条工具”按钮，并确保工具箱下部的“对象绘制”选项未被选中。

3 单击“属性”面板，在如图 1-3 所示的“填充和笔触”栏设置直线的笔触高度为 2，单击“笔触颜色”色块，按照如图 1-4 所示选择黑色#000000，然后将鼠标指针移至舞台，在鼠标指针变为十字形状后，拖动鼠标指针即可绘制直线。

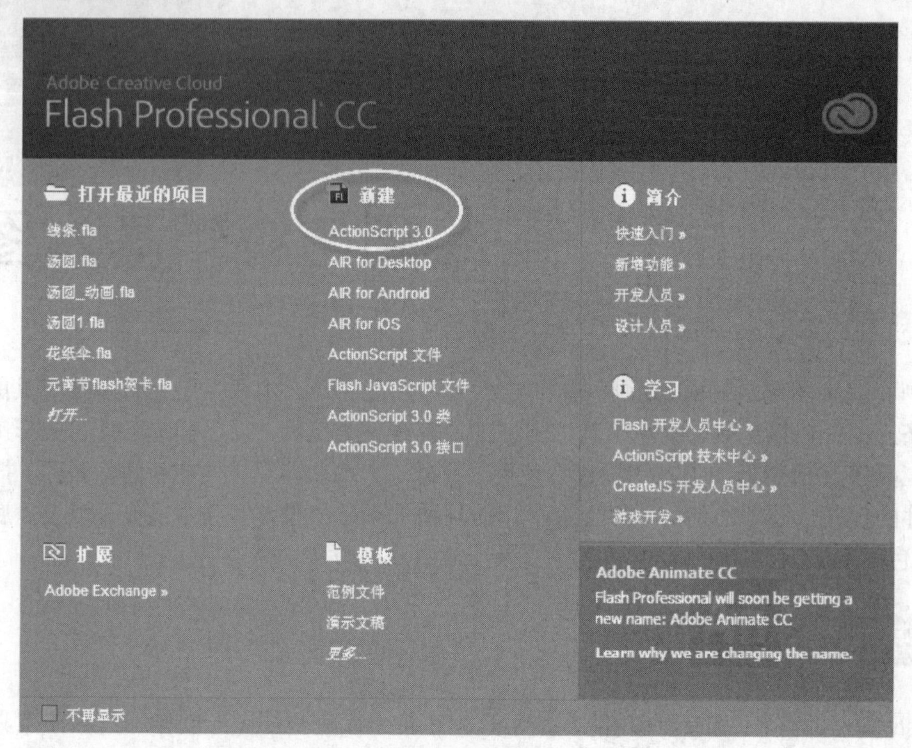

图 1-1　欢迎界面

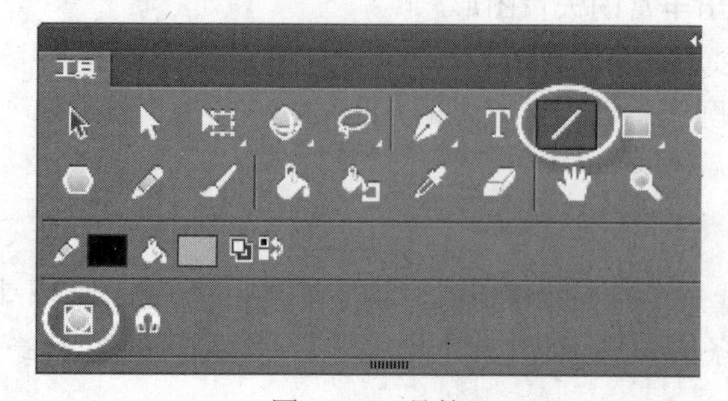

图 1-2　工具箱

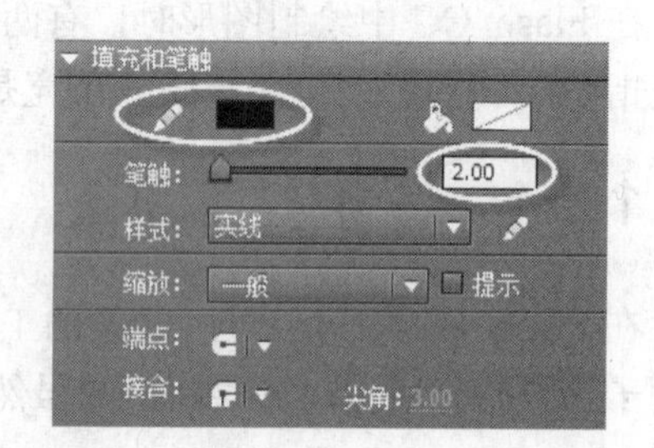

图 1-3　属性面板“填充和笔触”栏

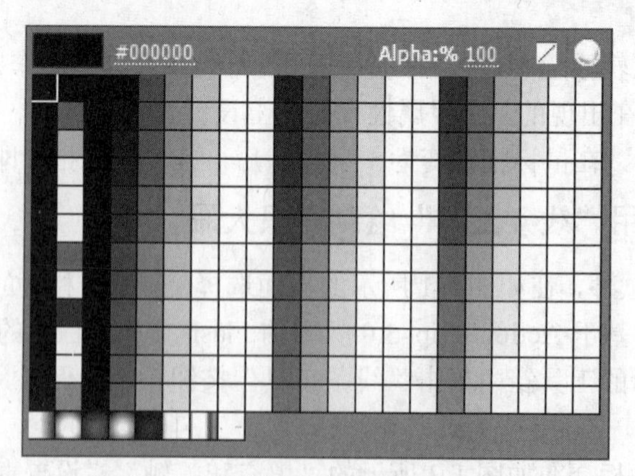

图 1-4　用颜色调板设置笔触颜色

4 在工具箱中单击“选择工具”按钮，此时鼠标指针为黑色箭头形状。将鼠标指针移至直线的中部，此时鼠标指针右下方出现一段圆弧。按下 Alt 键的同时按住鼠标左键向下拖动，则以开始拖动点为分界，直线变为如图 1-5 所示的直线分线段。

5 松开 Alt 键后，再将鼠标指针分别移至两段直线段中部，向上拖动使其变为圆弧。此时效果如图 1-6 所示。

6 再用线条工具画一条较短的直线作为大雁的身体，如图 1-7 所示。

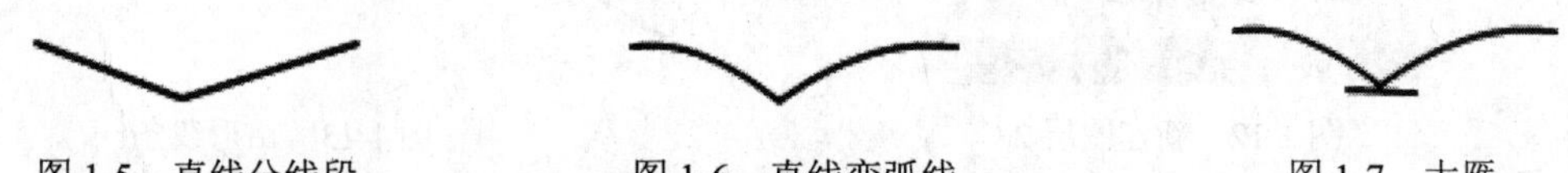

图 1-5 直线分线段　　图 1-6 直线变弧线　　图 1-7 大雁

注意：线条工具、铅笔工具、钢笔工具、刷子工具、椭圆工具、矩形工具和多角星形工具都有“对象绘制”选项，当该选项处于选中状态时，在舞台上绘制的多个图形之间互相独立，不会彼此影响；当该选项处于非选中状态时，在舞台上绘制的多个图形的重叠部分会发生咬合或融合。用线条工具绘制两条相交的直线，两条直线相交重合处发生咬合，互相被截断，变为 4 条线段，如图 1-8 所示。而对于形状来说，如果两个同色形状重叠，则两个形状会融合为一个形状，如图 1-9 所示；如果是两个不同色形状重叠，则两个形状会咬合，其中一个形状的重叠部分被删去，如图 1-10 所示。

7 执行【文件】|【保存】命令，将文件保存为“山水.fla”。

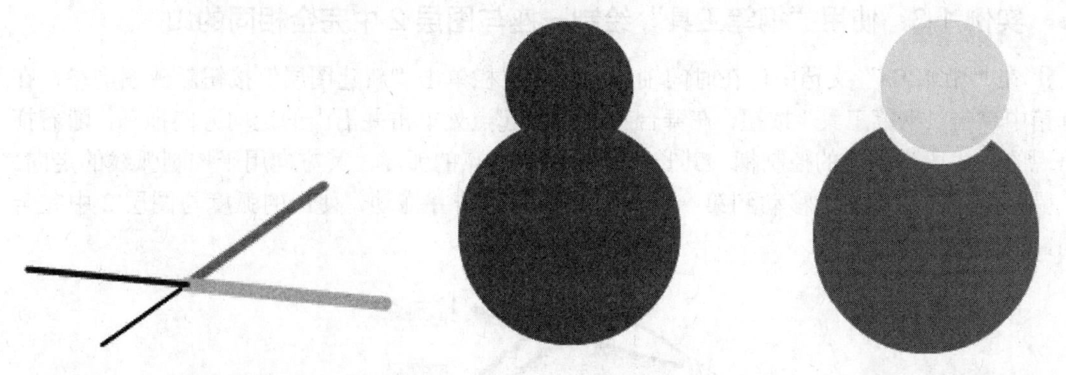

图 1-8 直线相交被截断　　图 1-9 同色形状重叠发生融合　图 1-10 不同颜色形状重叠发生咬合

2. 铅笔工具

实例 1-2：使用“铅笔工具”绘制一座山

1 打开上例中建立的文件“山水.fla”。在工具箱中单击“铅笔工具”按钮，并选择工具箱下部的“铅笔模式”中的“平滑”模式，以使铅笔画出的线条更圆润平滑。

2 单击“属性”面板，在如图 1-11 所示的“填充和笔触”栏设置铅笔的笔触高度为 3，单击“笔触颜色”色块，设置笔触颜色为#009900。在“平滑”栏设置平滑度为 65。

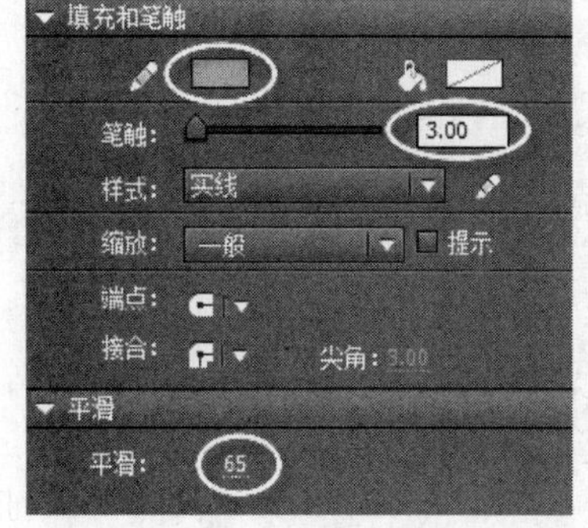

图 1-11 笔触设置

3 在如图 1-12 所示的时间轴左侧的图层栏单击“新建图层”按钮新建图层 2，将鼠标指针移至舞台，在鼠标指针变为十字形状后，拖动鼠标指针绘制山形线条，如图 1-13 所示。

选择工具箱下部“铅笔模式”中的“伸直”模式，使用铅笔画出的线条更直线化，而选择“墨水”模式则画出的线条基本保持原状。

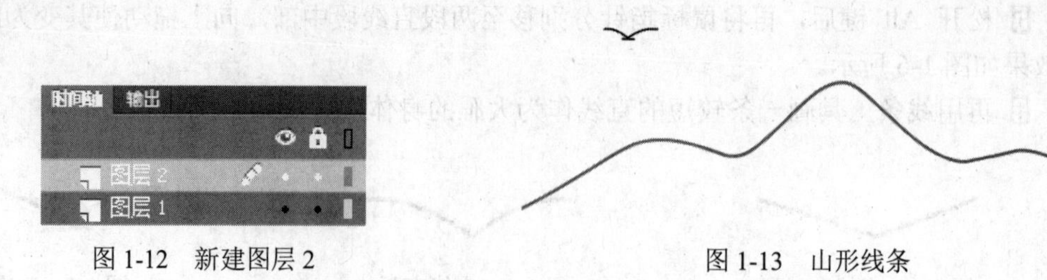

图 1-12　新建图层 2　　　　图 1-13　山形线条

4 执行【文件】|【保存】命令，保存文件。

3. 钢笔工具

钢笔工具是 Adobe Flash 中最常用的绘图工具，它使用起来非常灵活，在绘制后可随时使用“部分选取工具”“添加锚点工具”“删除锚点工具”和“转换锚点工具”来编辑修改。钢笔工具的用法：单击产生拐点，单击后不松开鼠标左键并拖动产生弧线，此时随拖动方向的不同，弧线的弯曲方向和弯曲度都可以产生改变。单击起始锚点可使曲线闭合。

用钢笔画好曲线后，选择“部分选区工具”，此时曲线上出现所有锚点及其调整柄，拖动锚点可调整其位置，拖动调整柄可改变该点的弧度和弯曲方向。

实例 1-3：使用“钢笔工具”绘制一座与图层 2 中完全相同的山

1 在“山水.fla”文档中，在时间轴左侧的图层栏单击“新建图层”按钮新建图层 3，在工具箱中单击“钢笔工具”按钮，在舞台左侧山的起点处单击并沿山的走向方向拖动，随着拖动出现的直线段为该点的控制柄，其长度用于控制该点的弧度，其方向用于控制弧线的走向。松开鼠标后，将鼠标指针移动到第一个山峰处再次单击并拖动，使山的弧度与图层 2 中完全相同，如图 1-14 所示。

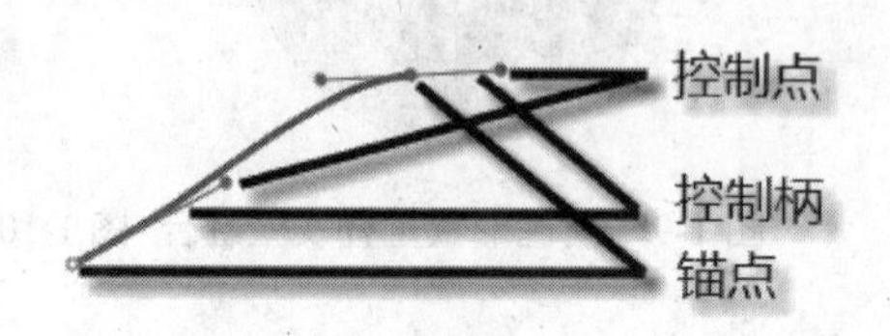

图 1-14　钢笔工具的使用

2 松开鼠标，来到第一个山谷处，再次单击并拖动，使山谷的弧度与图层 2 中完全相同。以此类推。最终效果如图 1-15 所示。

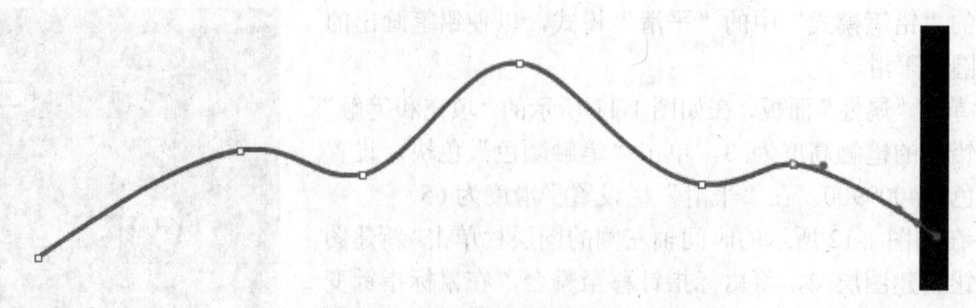

图 1-15　用钢笔工具绘制好的山

3 在时间轴左侧图层 2 对应“显示或隐藏所有图层”标识的位置单击，将图层 2 隐藏，如图 1-16 所示。

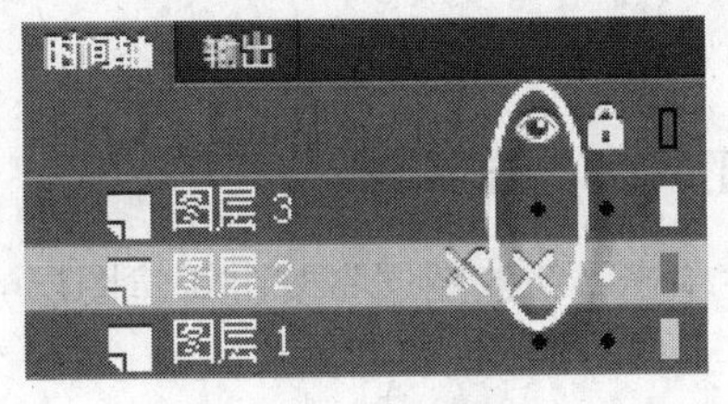

图 1-16 隐藏图层

4 为了方便辨认，将图层重命名。在图层 1 的名称上双击，将其重命名为“大雁”，在图层 3 的名称上双击，将其重命名为“山”。

5 选择“钢笔工具”并确保工具箱下部的“贴近至对象”选项被选中，在山的左端第一个锚点上单击，松开鼠标后再在山的最右端锚点上单击，此时这两点被连接在一起，如图 1-17 所示。

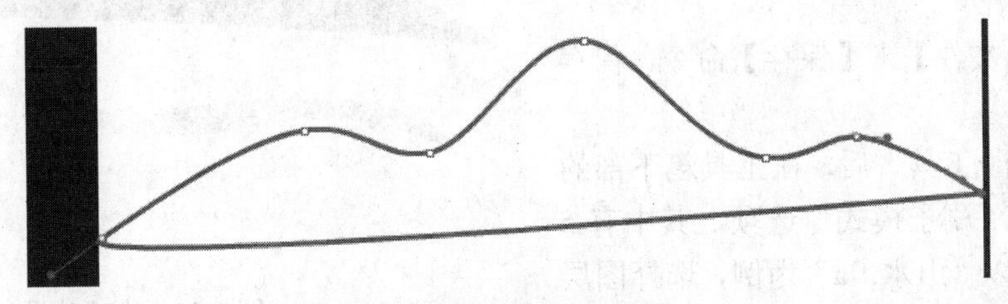

图 1-17 连接山底两顶点

6 在工具箱长按“钢笔工具”按钮，在弹出的一组工具中选择“转换锚点工具”，在舞台上山的左端第一个锚点上单击，将其转换为尖角拐点。

7 在工具箱选择“选择工具”，并将鼠标指针移至左右两端点间连线的中部，按下鼠标左键向上拖动，使线条稍带弧度，效果如图 1-18 所示。

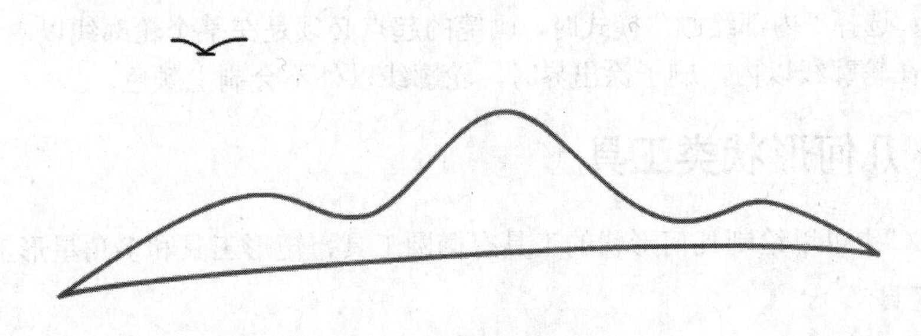

图 1-18 将直线弯曲

8 在工具箱中选择“颜料桶工具”，单击“属性”面板，在“填充和笔触”栏设置“填充颜色”色块，设置填充颜色为#009900。在舞台上将山的轮廓内部填充颜色。

9 执行【文件】|【保存】命令，保存文件。

使用钢笔工具绘制线条时，希望线条的走向反转时可单击另一处产生锚点，锚点控制柄两端的实心圆点为控制点，选择工具箱中的“部分选取工具”在线条上单击可看到的所有锚点，单击某个锚点，可显示该锚点及与其相邻的锚点的控制点。拖动控制点可调整该锚点的弧度和线条走向。工具箱中的“添加锚点工具”“删除锚点工具”分别用于在绘制好的线条上增加或删除锚点。选择工具箱中的“转换锚点工具”，在平滑锚点上单击，则锚点的控制柄消失，平滑锚点转换为尖角拐点；用“转换锚点工具”在尖角拐点上单击并沿适当方向拖动，可将该锚点转换为平滑锚点。

4．刷子工具

实例 1-4：用“刷子工具”绘制河流

1 在时间轴左侧的图层栏单击“新建图层”按钮新建图层 4，在图层名称上双击，将其重命名为“河”。

2 在工具箱中选择“刷子工具”，设置其填充颜色为#79CCDD。单击工具箱下部的“刷子大小”按钮，选择最大的一个，再单击“刷子形状”按钮，选择第 7 种形状。

3 在属性面板“平滑”栏设置平滑度为 85。

4 在舞台上山的下方画水波，效果如图 1-19 所示。

5 执行【文件】|【保存】命令，保存文件。

图 1-19　水波效果

选择“刷子工具”后，在工具箱下部的选项栏有一个“刷子模式”选项，其中有 5 种模式可选。以“山水.fla”为例，选择图层“山”，使用刷子工具以#79CCDD 色在山上涂刷，可发现，当选择“标准绘画”模式时，无论是山的线条还是填色范围，只要是刷子经过的地方，都变成了画笔的颜色；选择“颜料填充”模式时，刷子只影响填充内容，不会遮盖住山的线条；选择“后面绘画”模式时，无论怎么涂抹，刷出来的内容都在山的后方，不会影响到山的线条和填充；选择“颜料选择”模式时，必须先选择一个范围，然后再用刷子涂刷才能刷上颜色，如果未选择范围，则无论如何涂刷都没有任何效果；选择“内部绘画”模式时，画笔的起点必须是在某个轮廓线以内，而且刷子的作用范围也只在轮廓线以内，刷子涂出界时，轮廓线以外不会刷上颜色。

1.1.2　几何形状类工具

在 Flash CC 中可以绘制几何形状的工具有椭圆工具、矩形工具和多角星形工具。

1．椭圆工具

椭圆工具用于绘制椭圆，在绘制的同时按下 Shift 键，可绘制正圆。

实例 1-5：使用“椭圆工具”绘制太阳和外框

1 在时间轴左侧的图层栏单击“新建图层”按钮新建图层 5，在图层名称上双击，将其重命名为“太阳”。在工具箱中选择“椭圆工具”，在属性面板的“填充和笔触”栏单击“笔触颜色”色块，按照如图 1-20 所示设置其笔触颜色为无色。再单击“填充颜色”色块，设置其填充颜色为#FF0000。

2 按下 Shift 键的同时，在舞台上的合适位置拖动画圆。

3 调整图层的上下位置可改变各层图形间的遮挡关系。在时间轴左侧的图层栏拖动图层“太阳”至图层“山”的下方，此时图层栏如图 1-21 所示，舞台效果如图 1-22 所示。

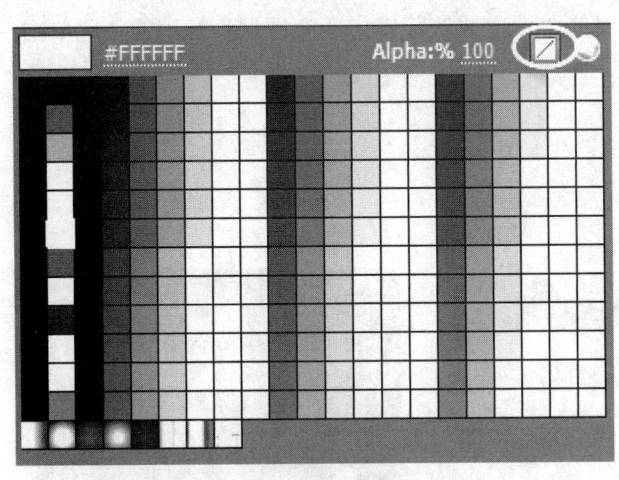

图 1-20　笔触颜色设置为无色

图 1-21　图层栏

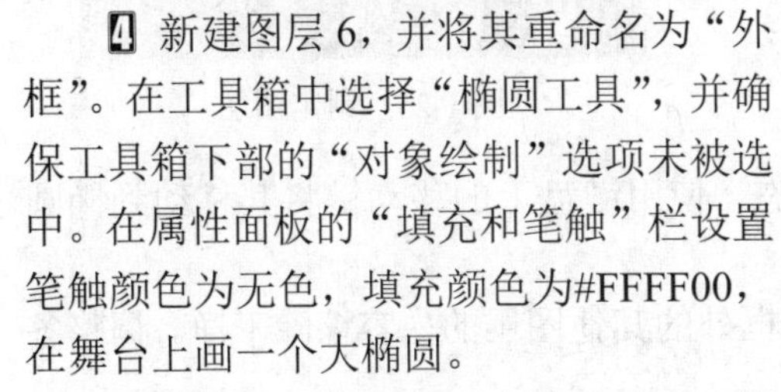

4 新建图层 6，并将其重命名为“外框”。在工具箱中选择“椭圆工具”，并确保工具箱下部的“对象绘制”选项未被选中。在属性面板的“填充和笔触”栏设置笔触颜色为无色，填充颜色为#FFFF00，在舞台上画一个大椭圆。

5 在工具箱中选择“椭圆工具”，并选择工具箱下部的“对象绘制”选项。在属性面板的“填充和笔触”栏设置笔触颜色为无色，填充颜色为#009900，在舞台上画一个稍小的椭圆，两个椭圆的位置如图 1-23 所示。

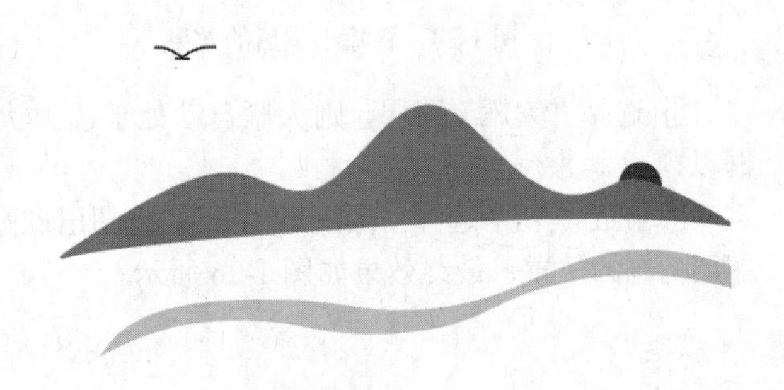

图 1-22　调整图层顺序后的效果

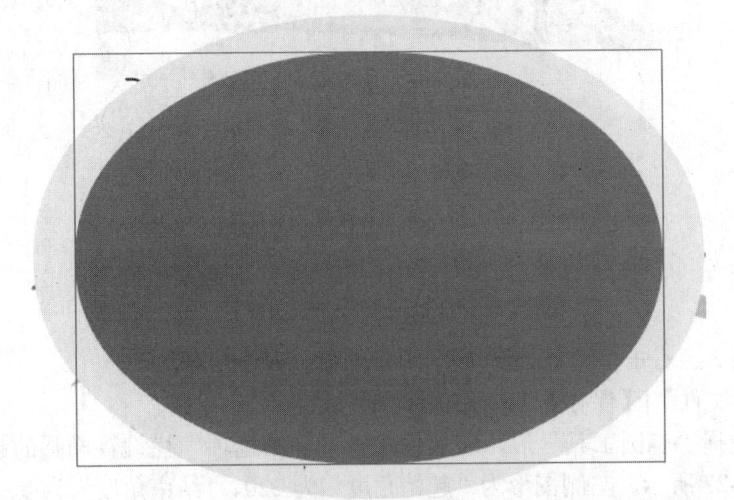

图 1-23　两个椭圆

6 选中小椭圆，按下 Ctrl+B 组合键将其打散，此时由于两个圆都是打散状态，会互相发生咬合。按下 Delete 键删除小圆，此时效果如图 1-24 所示。

7 如图 1-25 所示，在“外框”图层对应“锁定或解除锁定所有图层”标识的位置单击，将其锁定。

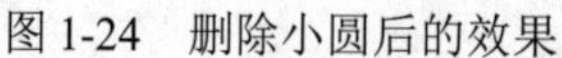

图 1-24　删除小圆后的效果

图 1-25　锁定图层

8 选择“大雁”图层，则大雁自动处于选中状态，使用键盘上的移动键将其移动到椭圆框以内。

9 在工具箱中选择“橡皮擦工具”，将超出椭圆框外的其他图层的内容擦除干净。调整各图层内容的位置，最终效果如图 1-26 所示。

图 1-26　最终效果

10 在图层 2 上右击，选择快捷菜单中的“删除图层”命令。

11 执行【文件】|【保存】命令，保存文件。

在工具箱选择“椭圆工具”后，在属性面板“椭圆选项”栏设置椭圆的起始、结束角度和内径。如图 1-27 所示，左侧图形为“起始角度”为 220、“结束角度”为 0、“内径”为 0 时所画的圆，右侧图形为“起始角度”为 220、“结束角度”为 0、“内径”为 36 时所画的圆。

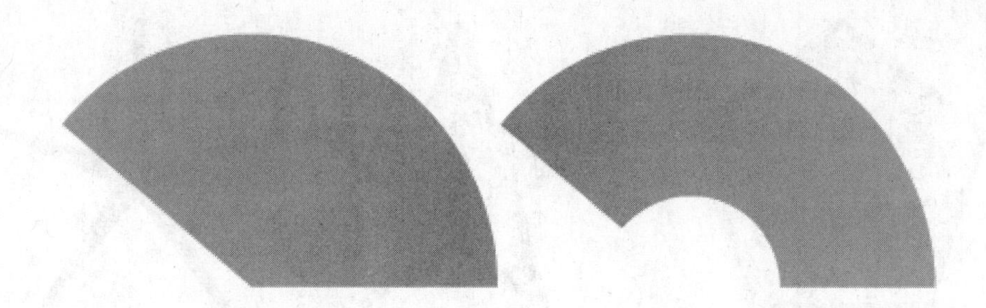

图 1-27　设置起始角度和内径画圆

2．矩形工具

“矩形工具”用来画矩形，在绘制的同时按下 Shift 键，可绘制正方形。如果在选中“矩形工具”后，在属性面板“矩形选项”栏设置了非零的“矩形边角半径”值，则可画出圆角矩形。单击如图 1-28 所示圆圈中的“将边角半径控件锁定为一个控件”按钮，使其为非锁定状态，则矩形的 4 个角可设置不同的半径，否则 4 个角为同样的半径。按照如图 1-28 所示设置画出的矩形如图 1-29 所示。注意，因为左下角的边角半径值设置为负数，所以画出的矩形左下角内凹。

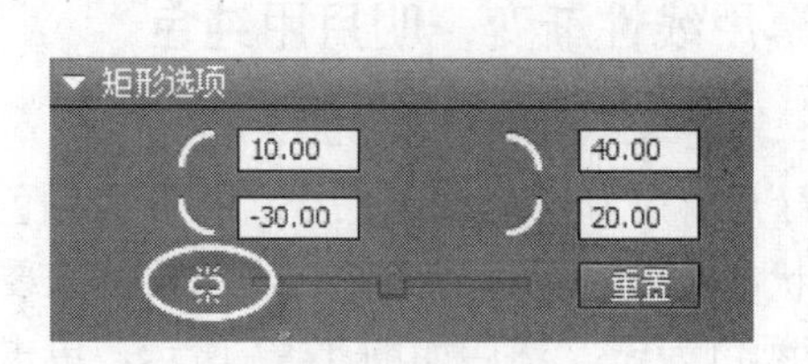

图 1-28　矩形选项

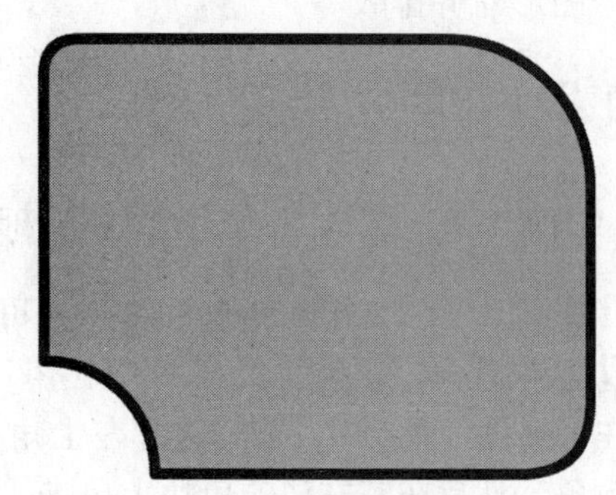

图 1-29　圆角矩形

3．多角星形工具

多角星形工具可以画多边形和星形。如果在工具箱中选中“多角星形工具”后，在属性面板“工具设置”栏单击“选项”按钮，弹出如图 1-30 所示的“工具设置”对话框，在对话框的“样式”栏可选择“多边形”或“星形”选项。按照图中所示参数画出的正五边形，如图 1-31 左 1 所示。在“样式”栏选择“星形”选项，“边数”设置为 5，“星形顶点大小”设置为 0.5 的星形如图 1-31 左 2 所示。在“样式”栏选择“星形”选项，“边数”设置为 5，“星形顶点大小”设置为 0.1 的星形如图 1-31（右）所示。

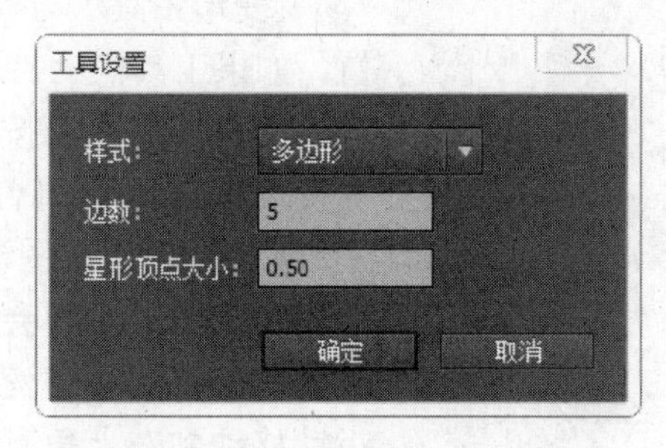

图 1-30　“工具设置”对话框

图 1-31　多角星形

1.2　图形的编辑与色彩工具的使用

图形绘制好后，还可以使用“色彩”面板进一步调色，并使用工具箱中的“渐变变形工具”对渐变色的形状、位置、大小等进一步调整。另外，还可以使用工具箱中的“部分选取工具”对图形进行局部调整，使用“任意变形工具”对其进行变形，使用【修改】|【形状】下的命令对其进行编辑。另外还可以使用“变形”面板对其进行复制变形，使用“对齐”面板将多个图形对齐排版等。

1.2.1　明月当空

实例 1-6：绘制夜幕中的一轮明月，夜幕用线性渐变，明月用纯色

1 新建一个“ActionScript 3.0”的 Flash 文档，舞台大小为默认值 550×400。

2 绘制夜幕。选择工具栏的“矩形工具”，执行【窗口】|【颜色】命令，打开“颜色”面板。在“颜色”面板中，首先选择左上角的铅笔形状的“笔触颜色”按钮，表明接下来要设置笔触颜色，然后在其右边的色块上单击，选择笔触颜色为无。然后如图 1-32 所示，单击图中标号 1 所示位置的“填充颜色”按钮，表明接下来要设置填充颜色，然后单击图中标号 2 所示位置，选择填充颜色类型为“线性渐变”。单击图中标号 3 所示渐变条左下方的色标，在标号 4 所示的颜色值框设置填充颜色为#092266。单击渐变条右下方的色标，在颜色值框设置填充颜色为#020022。这样，填充色被设置为由颜色#092266 到颜色#020022 的线性渐变。将鼠标指针移动至舞台左上角以外并拖动至右下角，绘制一个比舞台略大的矩形。此时矩形填充色左浅右深。

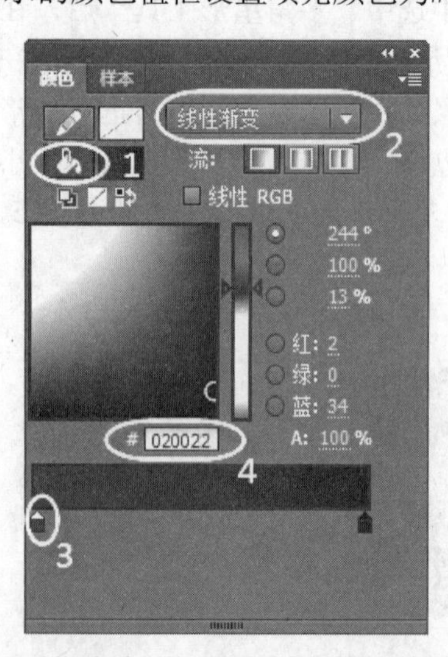

图 1-32　用颜色面板设置笔触颜色和填充颜色

3 用“渐变变形工具”调整夜幕渐变方向。“渐变变形工具”与“任意变形工具”位于同一位置。如果工具栏上显示的是“任意变形工具”，则在该工具按钮上长按鼠标左键，出现隐藏的“渐变变形工具”。在舞台上的矩形上单击，此时出现 3 个渐变变形控制图标：当鼠标指针放在图片中间的空心圆圈上时，会出现四方向的箭头图标，通过移动它，可以改变填充色的中心位置。当鼠标指针移动到右上角有个黑色正三角形的圆圈时，会变为旋转箭头图标，这时按住鼠标左键移动，

可以对填充色进行方向旋转。当拖动右边有右箭头的方框时，可以调整渐变色的范围，如拉伸渐变色，使它过渡更细致。为了使夜幕上深下浅，将鼠标指针移动至图片右上角的圆圈，当鼠标指针变为旋转箭头形状后向左拖动它，效果如图 1-33 所示。

4 锁定图层 1。

5 新建图层 2，选择工具栏中的“椭圆工具”，并确保工具箱下部的“对象绘制”选项未被选中。在属性面板的“填充和笔触”栏设置笔触颜色为无色，填充颜色为#FFFFFF，按下 Shift 键的同时在舞台上拖动鼠标指针画一个圆，效果如图 1-34 所示。

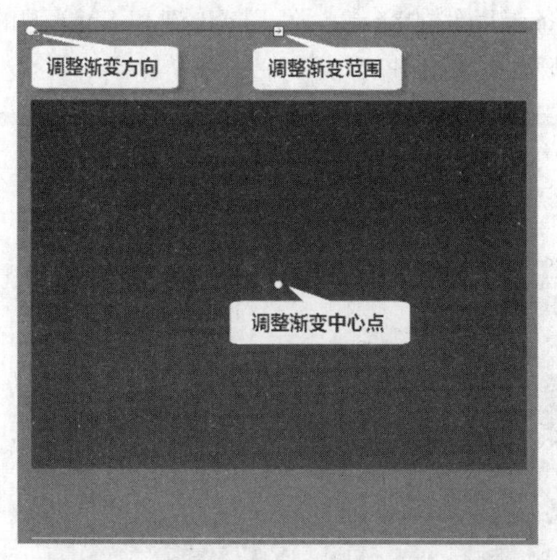

图 1-33 用“渐变变形工具”调整填充色

图 1-34 明月

6 如果要画一轮晕黄的月亮，则可以将颜色填充为淡黄色，并羽化。用工具栏的“选择工具”选择月亮，在属性面板的“填充和笔触”栏设置填充颜色为#FFFFCC。

7 执行【修改】|【形状】|【柔化填充边缘】菜单命令，打开“柔化填充边缘”对话框。按照如图 1-35 所示，将“距离”和“步长数”都设置为 30，“方向”设置为“插入”方式。确定后可发现月亮边缘柔和，不再生硬。

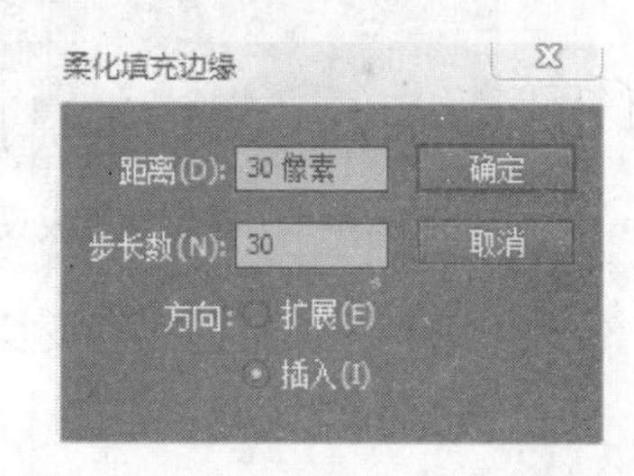

图 1-35 “柔化填充边缘”对话框

8 执行【文件】|【保存】菜单命令，将文件保存为“明月当空.fla”。

1.2.2 花纸伞

实例 1-7：绘制一把红色伞面，用浅色梅花装饰

为了避免误操作，将伞面、伞骨、伞顶、伞柄和装饰图案分放在不同图层，且随时将暂不使用的图层锁定。由于组成伞骨的各线条必须等长且夹角固定，因此需要使用网格、标尺和辅助线等辅助工具。

1 新建一个“ActionScript 3.0”的 Flash 文档，在“新建文档”对话框中设置舞台大小为 500×500。

2 分别执行【视图】|【标尺】;【视图】|【网格】|【显示网格】;【视图】|【辅助线】|【显示辅助线】;【视图】|【贴紧】|【贴紧至网格】;【视图】|【贴紧】|【贴紧至辅助线】;【视图】|【缩放比率】|【200%】菜单命令。

3 按住鼠标左键从水平标尺向下拖动，出现一条水平方向的辅助线，将其对准垂直标尺的 250 刻度，松开鼠标。

4 按住鼠标左键从垂直标尺向右拖动，出现一条垂直方向的辅助线，将其对准水平标尺的 250 刻度，松开鼠标。

5 选择工具栏的“椭圆工具”，执行【窗口】|【颜色】菜单命令打开“颜色”面板。在“颜色”面板中设置笔触颜色为无，填充颜色为“径向渐变”。单击选中渐变条左下方的色标，在颜色值框设置填充颜色为#FF4848，单击渐变条右下方的色标，在颜色值框设置填充颜色为#FF0000，如图 1-36 所示。将鼠标指针移动至两条辅助线的交点，按下 Alt 键和 Shift 键的同时拖动鼠标指针画圆，半径为 170 左右。此时的舞台如图 1-37 所示。

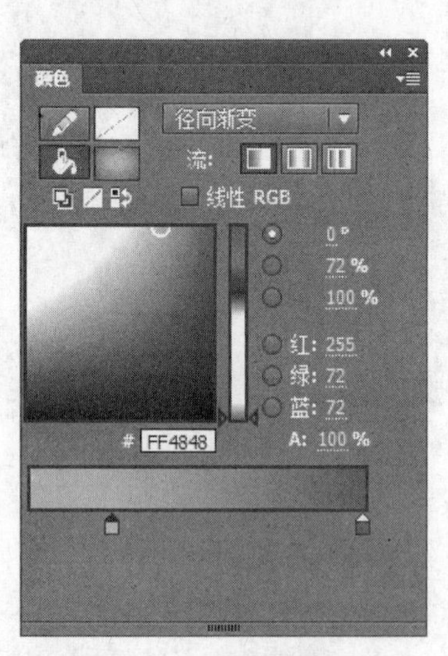

图 1-36 “颜色”面板设置

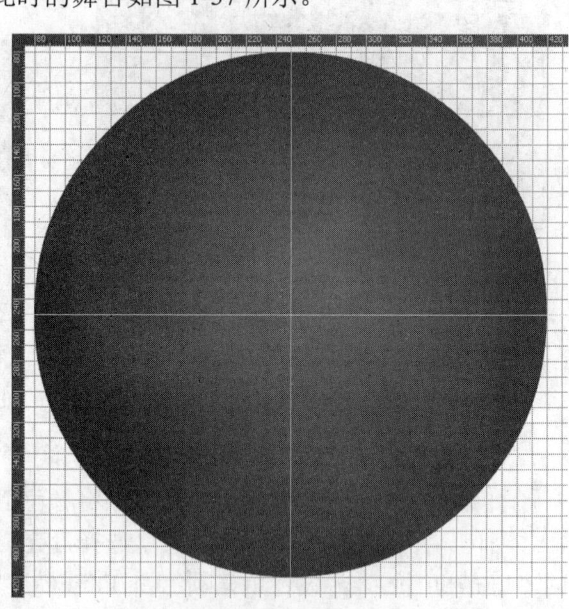

图 1-37 伞面填充效果

6 选择工具栏的“渐变变形工具”，按如图 1-38 所示调整圆形的渐变中心。

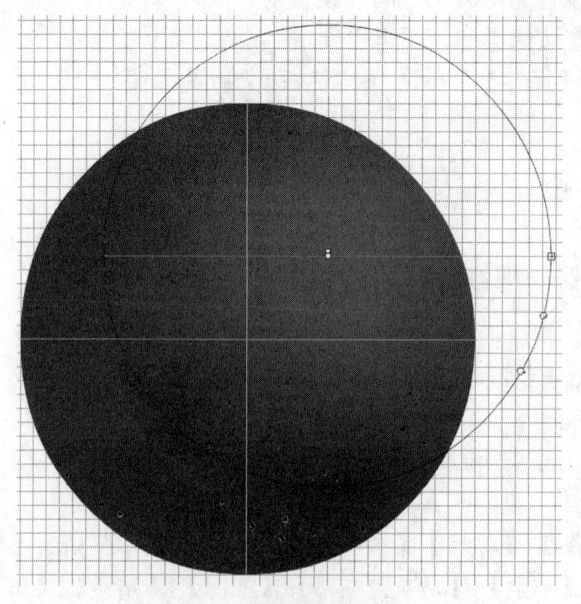

图 1-38 调整圆形的渐变中心

7 在时间轴左侧的图层面板中，在图层名称“图层 1”上双击，修改图层名称为“伞面”。在该图层对应“锁定或解除锁定所有图层”标识的位置单击，将该图层锁定，以免误操作影响该图层。

8 单击图层面板下方的“新建图层”按钮，建立新的图层“图层 2”，将其重命名为“伞骨”。此时的图层面板如图 1-39 所示。

9 选择工具栏的“线条”工具，将笔触大小设置为 2，笔触颜色设置为#C20303，通过两条辅助线的交点画一条直线，直线两端适当超出伞面的范围，如图 1-40 所示。

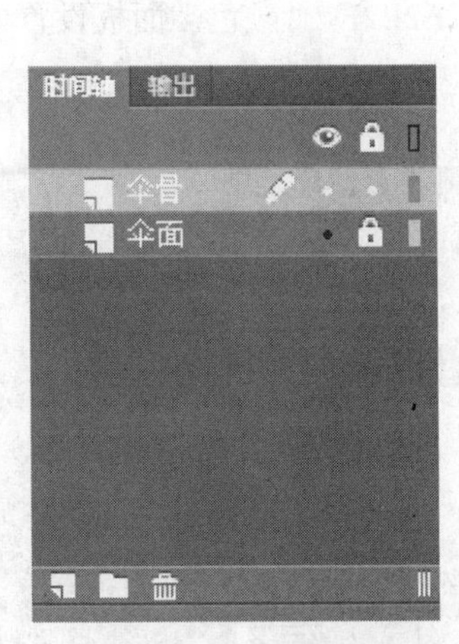

图 1-39 图层面板

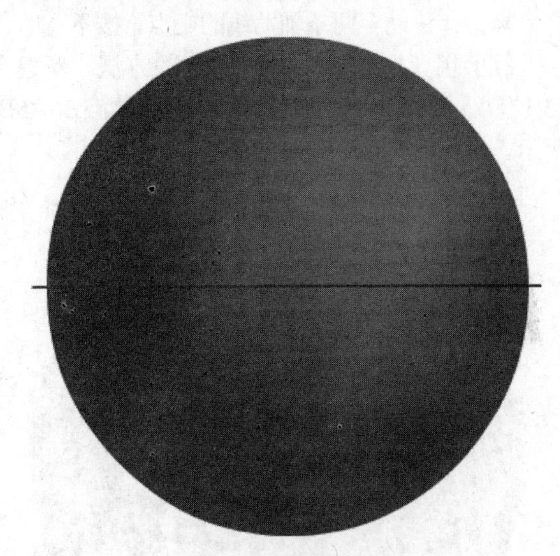

图 1-40 第一条伞骨

10 用“视图”菜单将辅助线隐藏起来。

11 用工具栏的“选择”工具选择线条，执行【窗口】|【对齐】菜单命令，打开“对齐”面板。

12 选择面板中的“变形”选项卡，设置旋转角度为 11.3，如图 1-41 所示，单击面板右下角的“重制选区和变形”按钮若干次，使线条旋转复制出所有伞骨。

13 将伞骨图层锁定，新建图层并将其重命名为“图案”，此时的图层面板如图 1-42 所示。

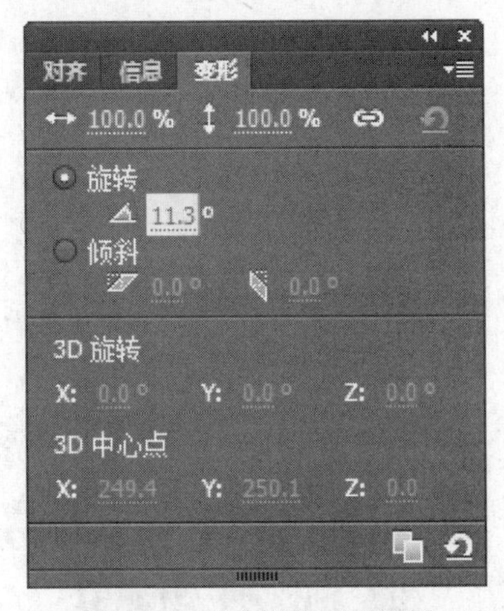

图 1-41 “变形”面板设置

图 1-42 图层

14 执行【文件】|【导入】|【导入到库】菜单命令，将素材文件“梅花.png”导入库中，

并从库中将其拖动至舞台。

15 将缩放比率调整为100%，使用工具栏的“任意变形工具”调整其方向和大小。按下Shift键的同时拖动四角，可保持调整时长宽比例不变；拖动调整框上边线中点至下边线下方，可将图片上下翻转，拖动调整框左边线中点至右边线右侧，可将图片左右翻转。效果如图1-43所示。

16 将“图案”图层锁定，新建图层“顶”，执行【视图】|【辅助线】|【显示辅助线】命令。

17 使用工具栏的“椭圆工具”，在属性面板中设置其笔触颜色为无，填充颜色为#202020，将鼠标指针移动至两条辅助线的交点，按下Alt+Shift组合键，拖动鼠标指针画一半径为40的圆。

18 用（16）（17）两步同样的方法，新建图层“伞柄”，并在同样的圆心位置画一半径为13的圆，其填充色为“径向渐变”，从#5B5B5B渐变至#2E2E2E，“颜色”面板设置如图1-44所示。此时效果如图1-45所示。

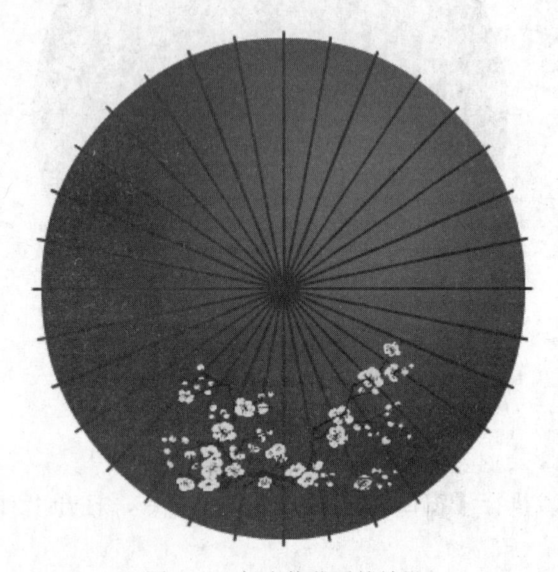

图1-43 加上梅花后的效果

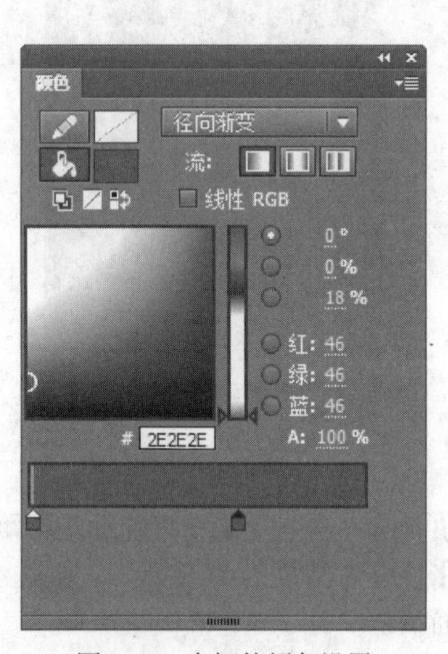

图1-44 伞柄的颜色设置

19 新建图层“背景”，并拖动其至最底层。将所有图层解锁后，图层面板如图1-46所示。

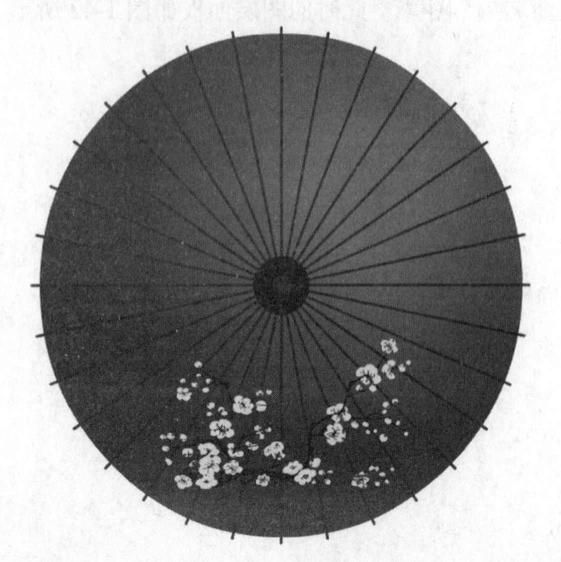

图1-45 加了伞柄后的效果

图1-46 图层

20 执行【文件】|【导入】|【导入到库】菜单命令，导入素材文件“背景.jpg”，从库中将背景图片拖至舞台，放在“背景”图层。

21 使用工具栏的“任意变形工具”调整背景图片的大小，使其与舞台高度适应。也可以把舞台调大，与此时的图片等宽，方法是选中图片，查看属性面板中图片的位置和大小，如图 1-47 所示。在舞台以外的空白处单击，此时属性面板中显示舞台属性。在其“属性”栏中，按如图 1-48 所示，设置舞台宽度为 668，高度为 500。

▼ 位置和大小
X: -0.05　Y: -0.55
宽: 668.15　高: 501.00

图 1-47　图片的位置和大小

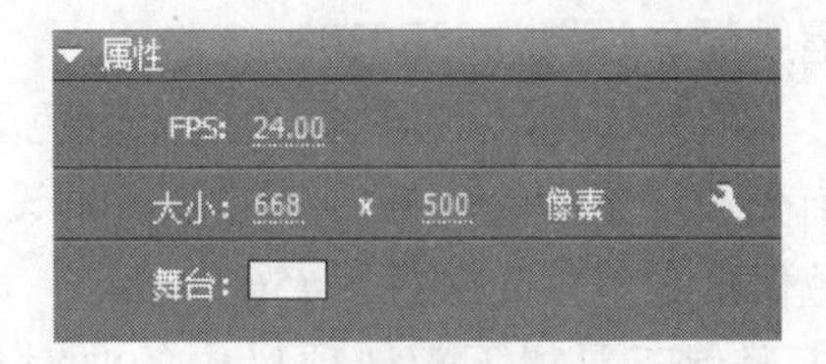

图 1-48　设置舞台大小

22 使用“选择工具”选中背景图片，执行【窗口】|【对齐】菜单命令打开“对齐”面板，首先选中“与舞台对齐”复选框，然后单击“左对齐”按钮和“顶对齐”按钮，使选中图片与舞台上下左右对齐。

23 锁定“背景”图层，按下 Ctrl+A 组合键，此时伞的所有组成部分都被选中，使用工具栏的“任意变形工具”调整伞的大小和位置，此时效果如图 1-49 所示。

图 1-49　最终效果

24 将文件保存为“花纸伞.fla”。

1.3　综合实例

1.3.1　绘制灯笼

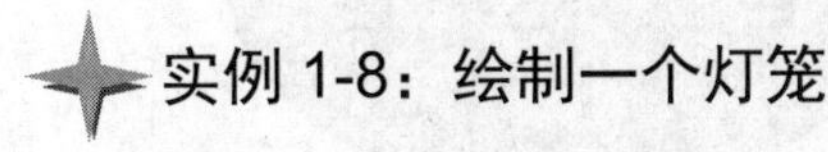

实例 1-8：绘制一个灯笼

此例主要使用 3 个面板：“颜色”面板、“变形”面板和“对齐”面板。使用“渐变变形工具”配合“颜色”面板的径向渐变填充做出立体效果；使用“变形”面板方便快捷地制作出对称的龙骨，使用“对齐”面板将灯笼主体和上下座、吊杆、吊穗等进行对齐，并使用面板中的“与舞台对齐”选项实现图片与舞台的对齐。具体操作步骤如下。

1 新建一个“ActionScript 3.0”的 Flash 文档，在“新建文档”对话框中设置舞台大小为 500×500。

2 在工具栏选择“椭圆工具”，在属性面板中设置笔触大小为 1。

3 执行【窗口】|【颜色】命令调出颜色面板。先单击“笔触颜色”按钮，然后在颜色值框将笔触颜色设置为#8E0303。

4 如图 1-50 所示，单击“填充颜色”按钮，在“颜色类型”框选择“径向渐变”选项。单击渐变条左下方的色标，在颜色值框设置填充颜色为#FF0000，单击渐变条右下方的色标，在颜色值框设置填充颜色为#560000。

5 确保工具栏下部选项栏中的“对象绘制”按钮处于非选中状态，在舞台中央绘制如图 1-51 所示的灯笼外形椭圆。

图 1-50　设置填充颜色

图 1-51　灯笼外形

6 在椭圆上双击，则线条和填充一起被选中。执行【窗口】|【变形】菜单命令打开“变形”面板。按照如图 1-52 所示的方法，单击面板右下角的“重置选区和变形”按钮，即可在原位置复制生成一个相同的椭圆。确保“约束”按钮处于非约束状态，即宽度和高度的缩放互不约束，将“缩放宽度”值设置为 85%，则新得到的椭圆宽度变为灯笼外形椭圆的 85%，高度不变。效果如图 1-53 所示。

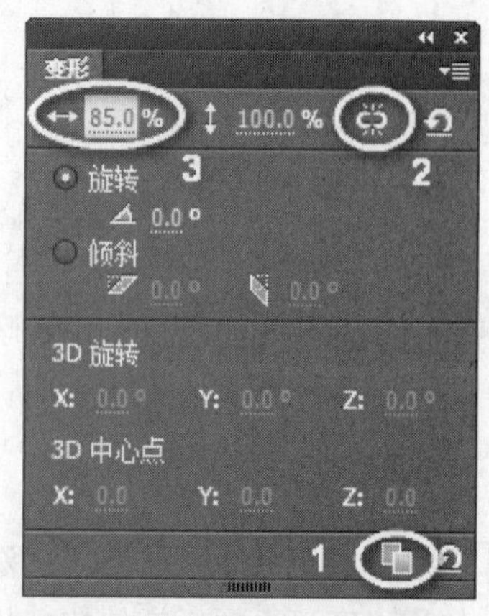

图 1-52　“变形”面板设置

图 1-53　得到第二个椭圆

7 单击面板右下角的“重置选区和变形”按钮，在原位置复制生成一个新的椭圆。确保“约束”按钮处于非约束状态，将“缩放宽度”值设置为68%，则新得到的椭圆宽度变为灯笼外形椭圆的68%，高度不变。

8 使用与上一步相同的方法得到宽度为外形椭圆的 45%和 19%的两个椭圆，此时效果如图 1-54 所示。

9 用 Ctrl+A 组合键选择所有椭圆，选择工具栏中的“颜料桶工具”，选择工具栏下部的“锁定填充”选项，为灯笼填充颜色，效果如图 1-55 所示。

图 1-54 所有椭圆

图 1-55 灯笼重新填充颜色

10 此时灯笼立体感不强，接下来使用“渐变变形工具”进行调整。“渐变变形工具”与“任意变形工具”共同占有工具栏的一个位置，在“任意变形工具”上长按，即可选择“渐变变形工具”。然后在舞台上的灯笼上单击，则灯笼处于渐变编辑状态。

11 拖动渐变编辑边框上的手柄，按照如图 1-56 所示调整渐变。

12 用 Ctrl+A 组合键选择整个灯笼，按下 Ctrl+G 组合键将灯笼主体部分合并为一个整体。

13 在时间轴左侧的图层栏中，双击“图层 1”的名称，将其重命名为“主体”。

下面来绘制灯笼主体以外的上下座。为了方便调整灯笼各组成部分之间的上下层位置，将它们分别放在不同图层，这样，通过调整图层顺序即可改变它们的上下层位置。

14 在图层栏单击“新建图层”按钮建立图层，并双击图层名称将其重命名为“上下座”。

15 将“上下座”图层拖动至“主体”图层下边，此时图层栏如图 1-57 所示。

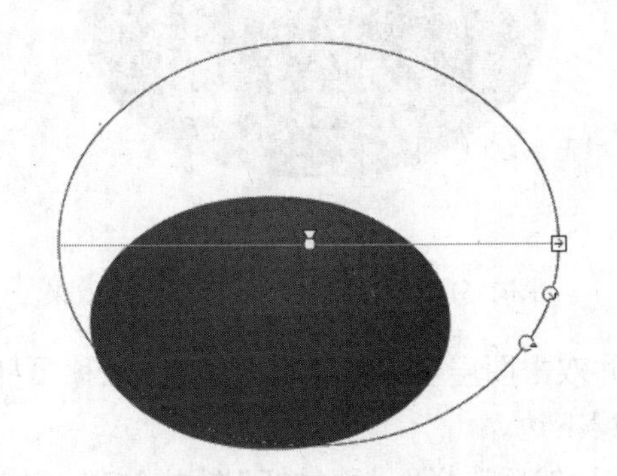

图 1-56 用“渐变变形工具”调整灯笼填充色

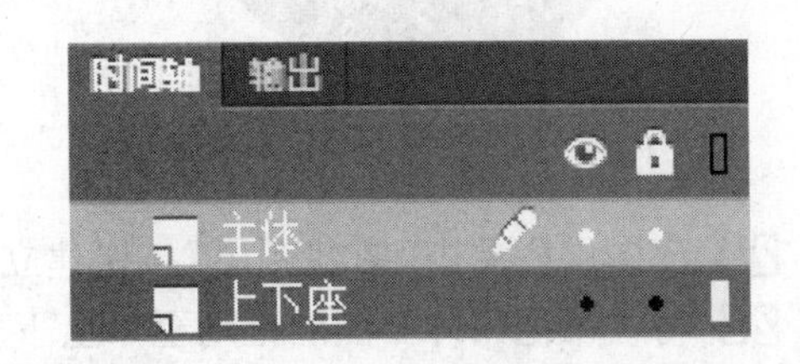

图 1-57 图层

16 选择“矩形工具”，设置笔触大小为 1。

17 调出颜色面板，先单击“笔触颜色”按钮，然后在颜色值框将笔触颜色设置为#ECB902。

18 单击“填充颜色”按钮，在“颜色类型”框选择“径向渐变”选项。单击渐变条左下方的色标，在颜色值框设置填充颜色为#FAF3F3，单击渐变条右下方的色标，在颜色值框设置填充颜色为#FFC800。

19 选择“上下座”图层，在舞台上绘制适当大小矩形作为上座。

20 选择“渐变变形工具”，如图 1-58 所示调整上座矩形的渐变中心，使其与灯笼的渐变中心同在右侧。

21 在上座矩形内部双击选中它，按下 Shift 键的同时单击灯笼主体部分以同时选中它们，执行【窗口】|【对齐】命令打开“对齐”面板，按照如图 1-59 所示，单击“水平中齐”按钮，使二者对齐。效果如图 1-60 所示。

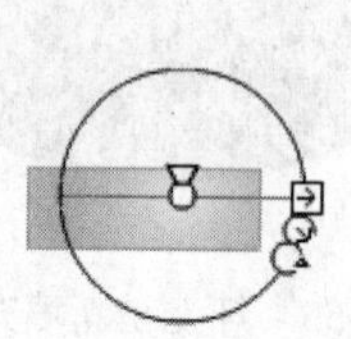

图 1-58 用“渐变变形工具”调整矩形渐变中心

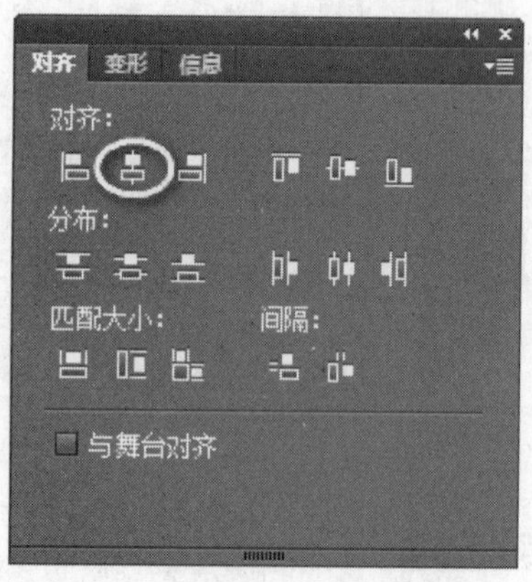

图 1-59 “对齐”面板设置

22 单独选择上座矩形，按 Ctrl+D 组合键复制得到矩形 2，将其移动至灯笼主体下方作为下座。

23 按下 Shift 键的同时单击灯笼主体部分以同时选中下座矩形 2 和灯笼主体，在“对齐”面板中单击“水平中齐”按钮，使二者对齐。效果如图 1-61 所示。

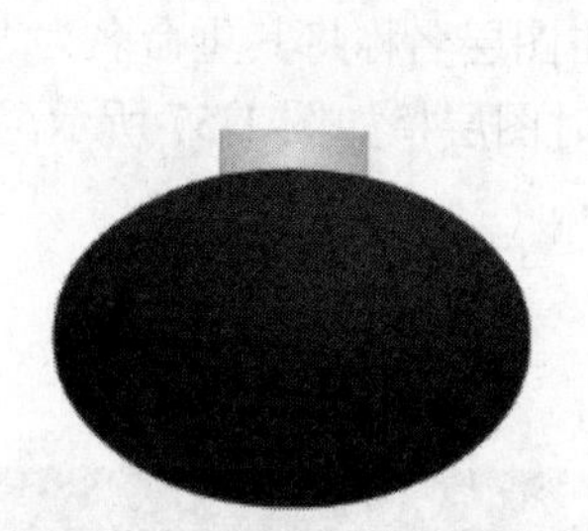

图 1-60 灯笼主体与上座对齐效果

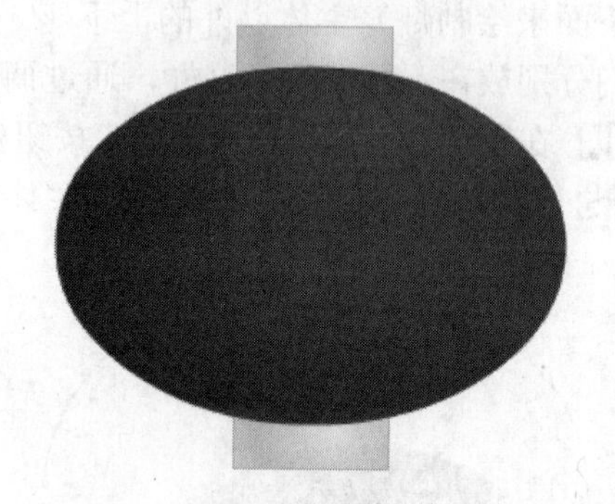

图 1-61 灯笼主体与上下座对齐效果

24 在图层栏单击“新建图层”按钮建立图层，并双击图层名称将其重命名为“吊穗吊杆”。

25 将“吊穗吊杆”图层拖动至“上下座”图层下边。

26 单独选择下座矩形，按下 Ctrl+C 给合键复制，然后选择“吊穗吊杆”图层，按下 Ctrl+V 组合键粘贴得到一个新的矩形。

27 选择工具栏的“任意变形工具”，将矩形拉高作为吊穗。

28 选择吊穗矩形，按下 Ctrl+D 组合键，复制得到一个新的矩形，此时新矩形与吊穗矩形都位于“吊穗吊杆”图层。

29 选择工具栏的“任意变形工具”，将新矩形变窄作为吊杆。此时效果如图 1-62 所示。

30 分别移动吊穗矩形和吊杆矩形到合适的高度。按下 Ctrl+A 组合键选择舞台上所有内容，使用“对齐”面板中的“水平中齐”按钮使它们对齐，此时效果如图 1-63 所示。

31 选择吊穗，打开“颜色”面板，先单击“笔触颜色”按钮，设置笔触颜色为无。再单击“填充颜色”按钮，按照如图 1-64 所示方法，在“颜色类型”框选择“线性渐变”选项，在“流”中选择“重复颜色”选项。单击渐变条左下方的色标，在颜色值框设置填充颜色为#FAF3F3，单击渐变条右下方的色标，在颜色值框设置填充颜色为#FFC800。然后将两个色标都拖动到渐变条中间位置。

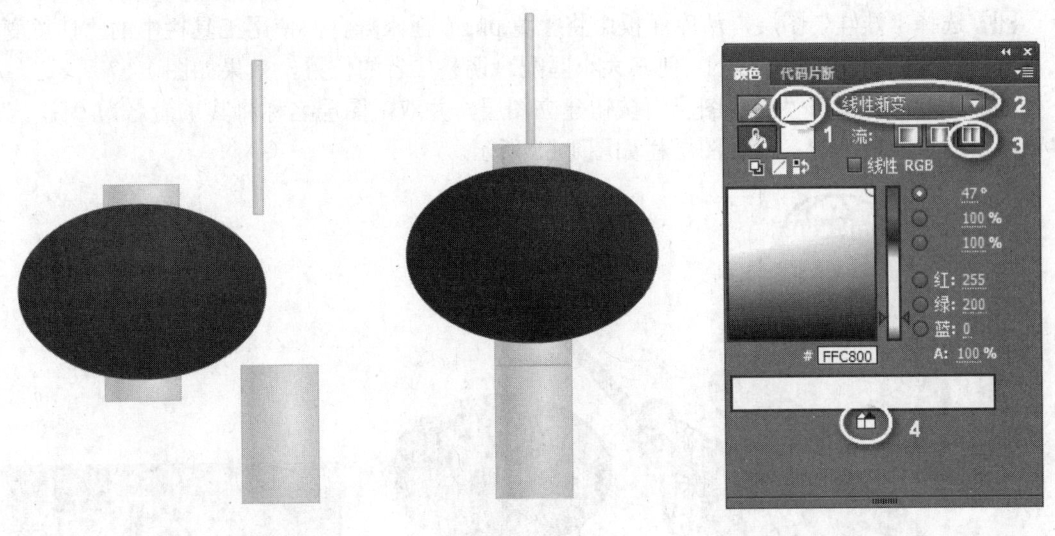

图 1-62　复制并变形得到各部件　　图 1-63　对齐效果　　图 1-64　设置吊穗填充颜色

32 选择工具栏的“渐变变形工具”，向内侧拖动渐变编辑边框上的宽度控制柄 ，将矩形填充压缩为黄白间隔呈流苏状，如图 1-65 所示。

33 选择工具栏的“选择工具”，在不选择任何内容的情况下，将鼠标指针移动到流苏下端，鼠标指针变为带弯弧的箭头形状。拖动流苏下端，使流苏具有一定弧度。使用同样的操作方法，将下座底端也拉出一定弧度，效果如图 1-66 所示。

图 1-65　用“渐变变形工具”调整吊穗

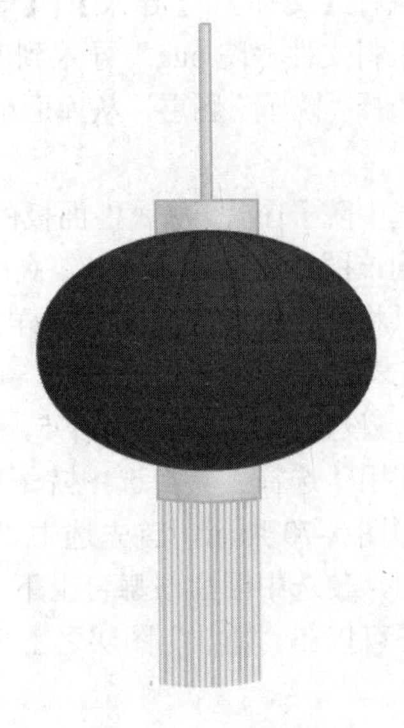

图 1-66　微调弧线

34 为了操作方便，可以将灯笼的所有部件组合成一个整体，操作方法是按下 Ctrl+A 组合键全选灯笼的所有组成部分，再按下 Ctrl+G 组合键即可。

下边将画好的灯笼放在场景中。

35 在图层栏单击“新建图层”按钮建立图层，并双击图层名称将其重命名为“娃娃”。将该图层放置在最上边。

36 执行【文件】|【导入】|【导入到库】菜单命令，将素材文件“童.png”导入到库中。

37 选择“娃娃”图层，从库面板中将“童.png”拖入舞台。使用工具栏中的“任意变形工具”，调整灯笼和娃娃的大小，使其大小匹配。调整二者的位置，效果如图 1-67 所示。

38 在图层栏单击“新建图层”按钮建立图层，并双击图层名称将其重命名为“院子”。将该图层放置在最下边。此时图层栏如图 1-68 所示。

图 1-67　加上娃娃后的效果

图 1-68　图层

39 执行【文件】|【导入】|【导入到库】菜单命令，将素材文件“院.png”导入到库中。

40 选择“院子”图层，从库面板中将“院.png”拖入舞台。

41 选中院子图片，从属性面板的“位置和大小”栏可以看到该图片的宽度为 995，高度为 779，比舞台大。可以将舞台设置成与图片一样大小。

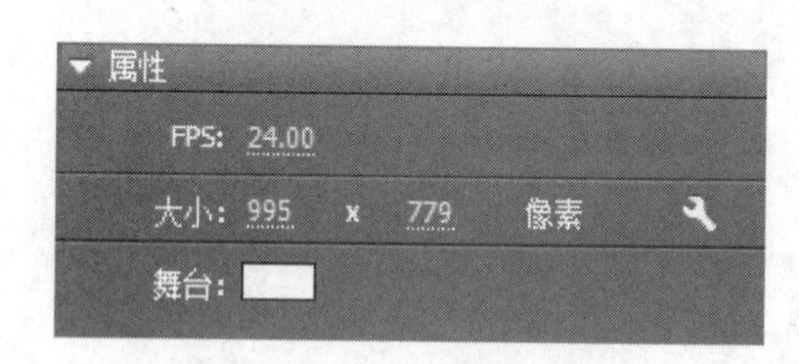

图 1-69　舞台属性设置

42 在舞台以外的空白处单击，可以看到属性面板显示舞台的属性，在如图 1-69 所示的“属性”栏，设置舞台的宽度为 995，高度为 779。

43 使用“选择工具”选中院子图片，执行【窗口】|【对齐】菜单命令打开“对齐”面板，按照如图 1-70 所示，首先选中“与舞台对齐”复选框，然后单击“左对齐”按钮和“顶对齐”按钮，使选中图片与舞台上下左右对齐。此时舞台效果如图 1-71 所示。

44 还可以在“娃娃”图层之上新建图层，写上文字，放在灯笼上，效果如图 1-72 所示。

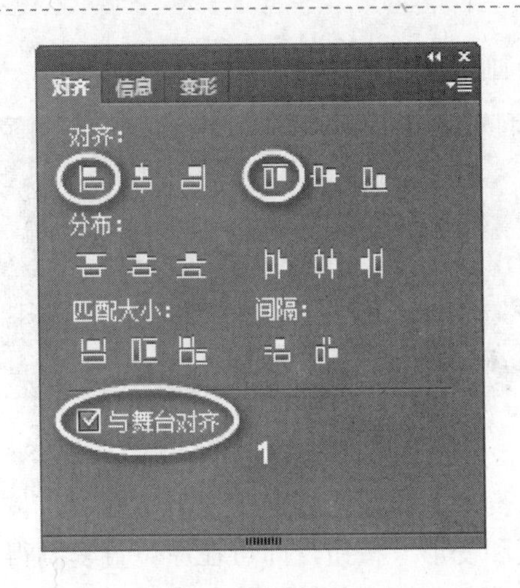

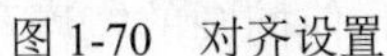
图 1-70 对齐设置

图 1-71 舞台效果

图 1-72 灯笼加上文字后的效果

45 执行【文件】|【保存】菜单命令，将文件保存为“灯笼.fla”。

1.3.2 一碗汤圆

实例 1-9：绘制一个碗，碗中盛满汤圆

此例主要使用到元件、“椭圆工具”、“钢笔工具”、“渐变变形工具”、“对齐”面板、“变形”面板、“颜色”面板，以及“柔化填充边缘”命令、“将线条转换为填充”命令和“排列”命令等。使用“柔化填充边缘”命令可使图形具有柔和的边缘，使用“排列”命令可调整多个对象的前后层次排列。

1 新建一个“ActionScript 3.0”的 Flash 文档，在“新建文档”对话框中设置舞台大小为 784×500。

2 执行【插入】|【新建元件】命令，打开“创建新元件”对话框。在对话框中按照如图 1-73 所示设置元件类型为“图形”，将元件命名为“碗 1”。

3 选择工具栏的“椭圆工具”，在属性栏设置笔触大小为 1，填充颜色为无。

4 如图 1-74 所示，为避免多个图形间发生咬合，选择工具栏下部选项栏的“对象绘制”

选项，在元件舞台按下 Shift 键的同时拖动鼠标指针画椭圆 1。

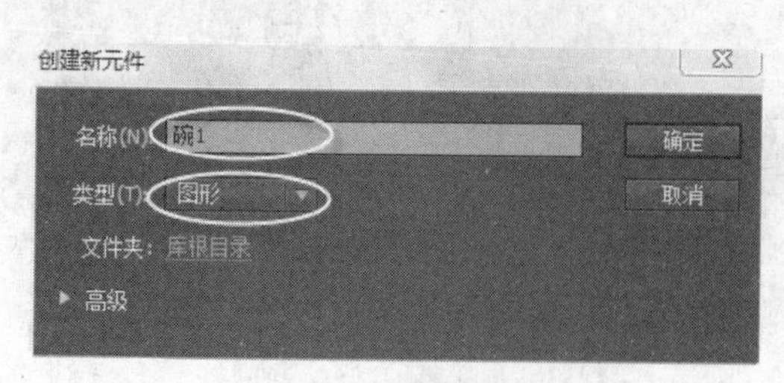

图 1-73　创建新元件

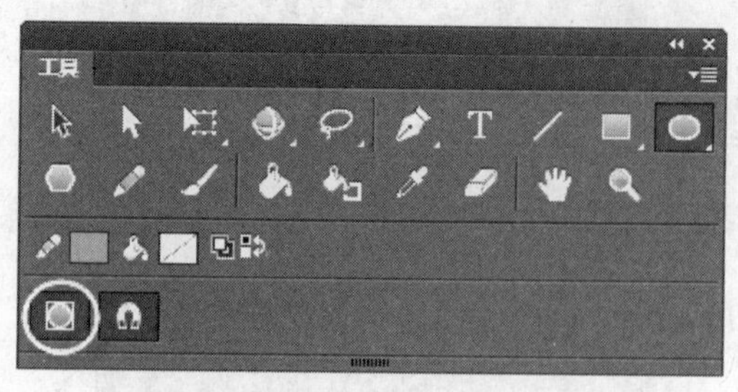

图 1-74　选择“对象绘制”选项

5 在椭圆 1 被选中的前提下，执行【窗口】|【变形】命令，打开“变形”面板，按照如图 1-75 所示，在面板中先单击右下角的“重置选区和变形”按钮，即可在原位置复制得到一个相同的椭圆 2。再单击图中标号 2 处的按钮，确认解除约束，使椭圆的宽度和高度不约束缩放比例，然后单击图中标号 3 处，输入高度缩放比例 45，使新椭圆的高度变为原来的 45%，宽度不变。

6 在椭圆 2 被选中的前提下，在“变形”面板中，先单击右下角的“重置选区和变形”按钮，在原位置复制得到一个椭圆 3。此时椭圆高度会自动缩为 22.5。在“缩放高度”处输入 45，使椭圆 3 与椭圆 2 一样大小。按下键盘上的下移键，将椭圆 3 向下移动适当距离，使 3 个椭圆位置如图 1-76 所示。

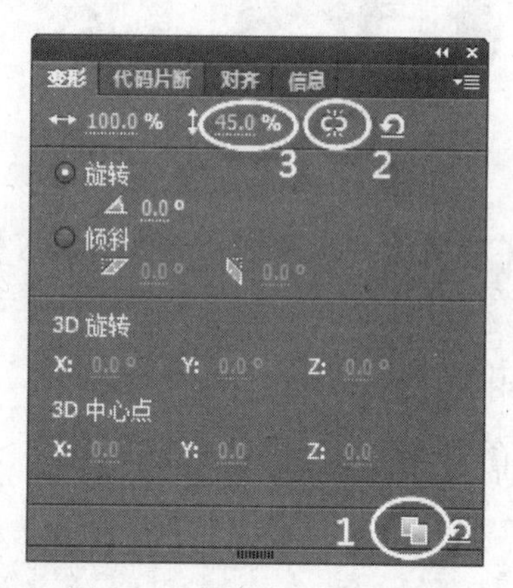

图 1-75　“变形”面板设置

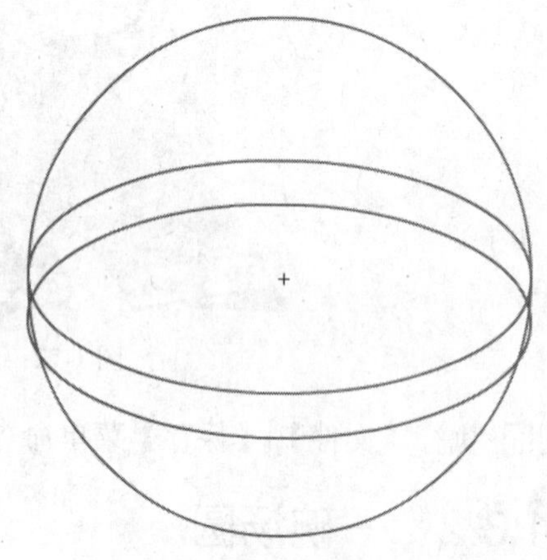

图 1-76　3 个椭圆位置

7 选择椭圆 2，在“变形”面板中按照如图 1-77 所示，先单击右下角的“重置选区和变形”按钮，在原位置复制得到一个相同的椭圆 4。再单击图中标号 2 处的按钮，确认约束，使椭圆的宽度和高度约束缩放比例，然后单击图中标号 3 处，输入宽度缩放比例 50，由于是在约束缩放比例状态，因此新椭圆的高度自动变为 22.5%，得到一个更小的椭圆。此时 4 个椭圆如图 1-78 所示。

8 选择工具栏的“选择工具”，移动小椭圆的位置。为了保证移动时方向不出现左右偏差，可在按下 Shift 键的同时拖动小椭圆至大圆底部，此时效果如图 1-79 所示。

由于前面绘制椭圆时使用的是对象绘制模式，各线条间互不影响，接下来要删除多余线条，必须将对象打散，使线条间发生咬合，然后就可以比较方便、精确地删除由于咬合而被截成多段的线条了。

9 选中椭圆 1，按 Ctrl+B 组合键将其打散。用同样的方法将椭圆 2 和椭圆 4 打散。

10 在椭圆 1 上部线条上单击，即可选中其与椭圆 2 交点以上的部分，按下键盘上的 Delete 键将其删除。

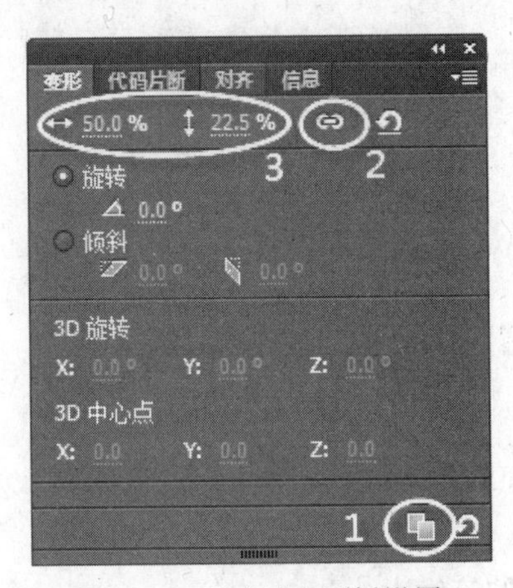

图 1-77 “变形”面板设置

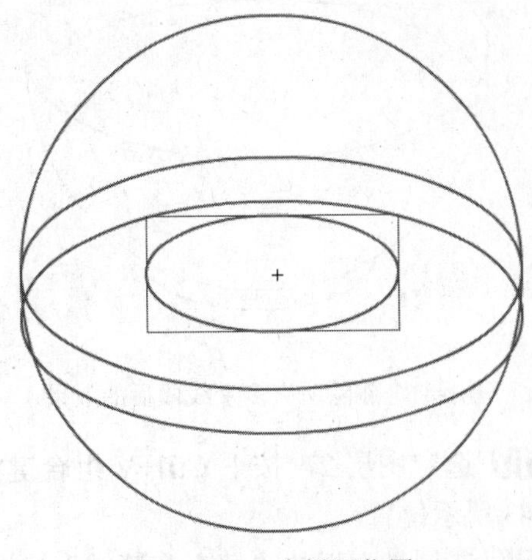

图 1-78 4 个椭圆位置

11 用同样的方法将椭圆 4 与椭圆 1 交点以上部分删除。此时效果如图 1-80 所示。

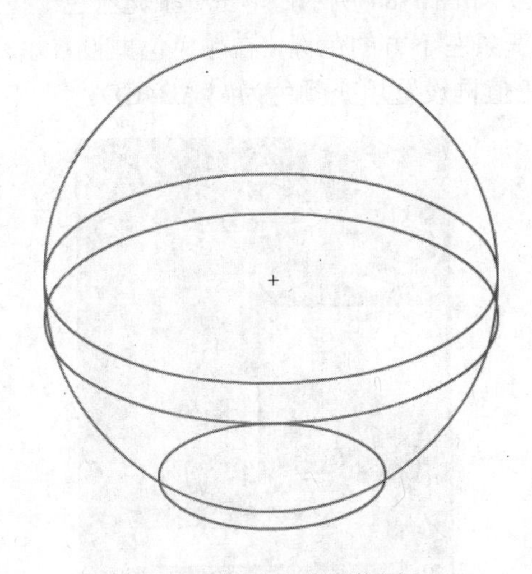

图 1-79 确定小圆位置

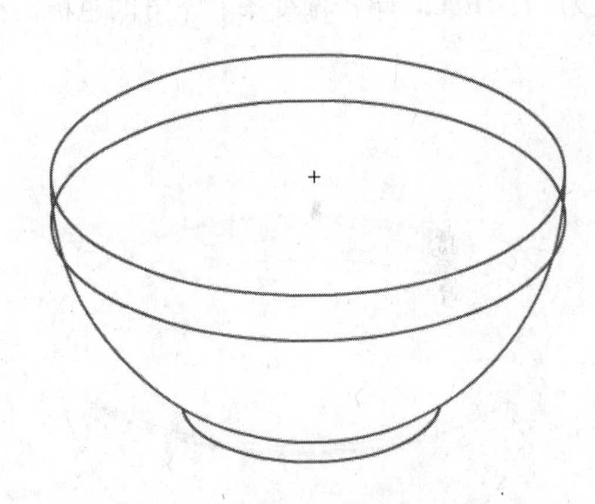

图 1-80 删除部分多余线段后的效果

12 在椭圆 2 上双击，则除了未打散的椭圆 3 外，其他线条全部被选中。按下 Ctrl+G 组合键将它们组合起来。

13 选中椭圆 3，按 Ctrl+B 组合键将其打散。使用选择工具从碗的左下方到右上方拖出一个矩形，将椭圆 3 与椭圆 2 的交点以下部分选中，此时若上一步组合的线条也同时被选中，按下 Shift 键的同时单击它，即可取消组合线条的选择。按下键盘上的 Delete 键将选中的椭圆 3 的部分线条删除。此时效果如图 1-81 所示。

下面来制作碗沿下边的镶边。

14 选中组合线条，按 Ctrl+B 组合键将其打散。

15 单击碗沿的下半部分，按下 Ctrl+C 组合键复制。

16 在如图 1-82 所示时间轴左侧的图层栏单击“新建图层”按钮，新建图层 2，向下拖动它至图层 1 的下方，将图层 2 放置在图层 1 之下。在图层 1 对应“锁定或解除锁定所有图层”标识的位置单击，将图层 1 锁定，以免其内容与图层 2 发生咬合而影响该图层内容。

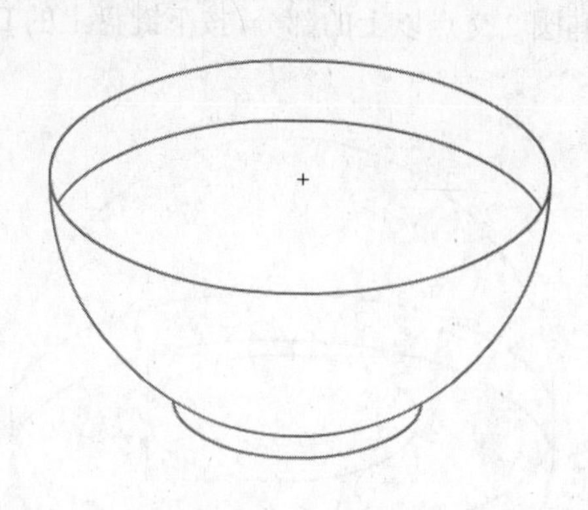

图 1-81　删除所有多余线段后的效果

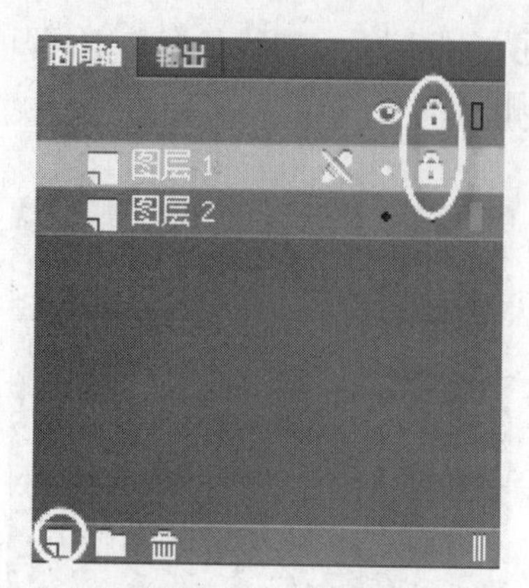

图 1-82　图层

17 选定图层 2，按下 Ctrl+V 组合键将碗沿的下半部分粘贴至图层 2，并将其移动到如图 1-83 所示位置。

18 在属性面板的“填充和笔触”栏设置该线条的笔触大小为 3。

19 执行【修改】|【形状】|【将线条转换为填充】命令，将该线条转换为填充。

20 执行【窗口】|【颜色】命令调出颜色面板。如图 1-84 所示，单击“填充颜色”按钮，在“颜色类型”框选择“线性渐变”选项。单击渐变条左下方的色标，在颜色值框设置填充颜色为# 1D1E4C，单击渐变条右下方的色标，在颜色值框设置填充颜色为# 9AB4CD。

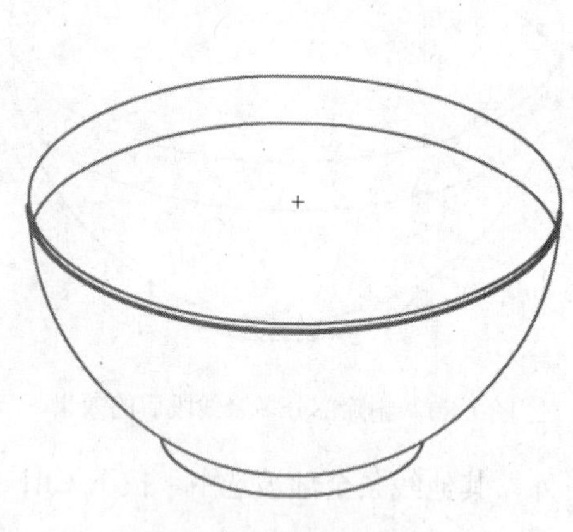

图 1-83　粘贴后的碗沿

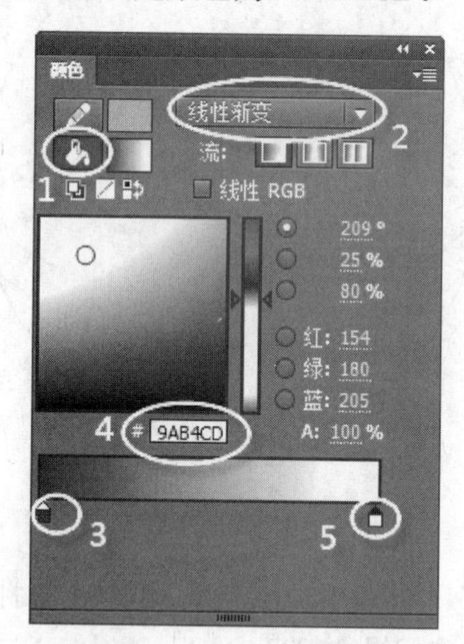

图 1-84　“颜色”面板设置

21 执行【视图】|【缩放比率】|【400%】命令，放大舞台。此时可以看到填充两端都有部分超出了碗的边界，如图 1-85 所示。

22 在图层 1 对应“锁定或解除锁定所有图层”标识的位置单击，将图层 1 解锁。选择工具栏的“橡皮擦工具”，并在工具栏下部的选项栏“橡皮擦模式”选项中选择“擦除填色”选项，用橡皮擦擦掉填充超出碗的边沿的部分，完成后效果如图 1-86 所示。

23 如果对擦除效果不满意，也可以使用工具栏的“部分选取工具”，在填充未被选中的前提下，单击填充边界处，出现如图 1-87 所示带锚点的边界线条。通过添加/删除锚点和拖动锚点控制杆等操作，可精确调整填充的形状。

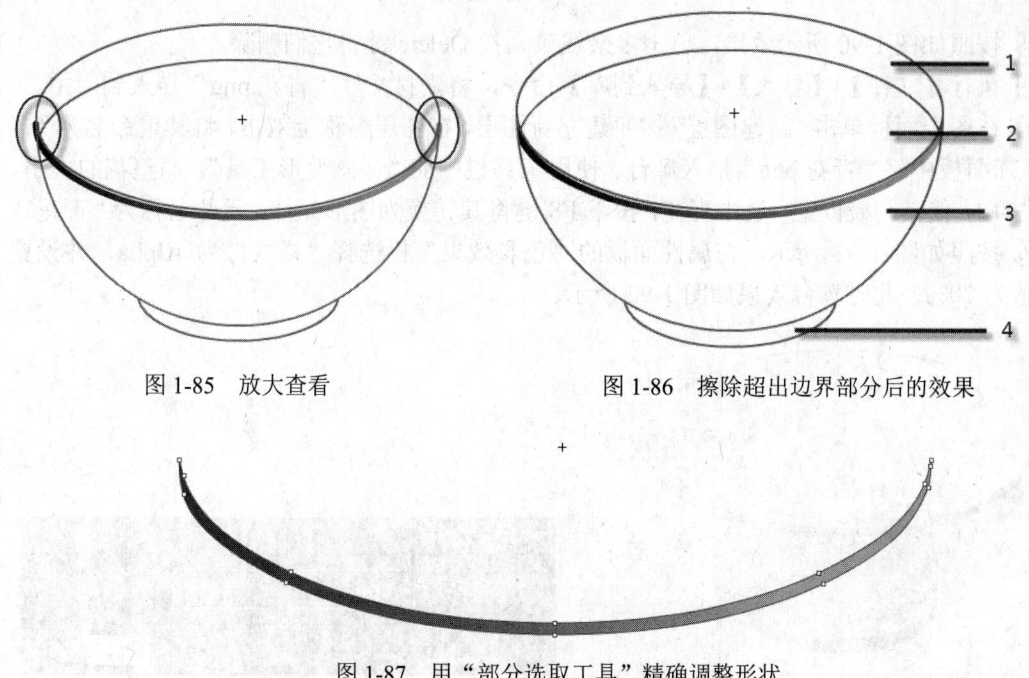

图 1-85 放大查看

图 1-86 擦除超出边界部分后的效果

图 1-87 用“部分选取工具”精确调整形状

下面对如图 1-86 所示的 4 个部分分别填色。

24 在工具栏选择“颜料桶工具”，在“颜色”面板设置填充颜色为“线性渐变”，渐变条左侧色标值设置为# FCFCFC，右侧色标值设置为# C0BFC4，然后用颜料桶单击图 1-86 中 1 区填色。

25 接下来使用“渐变变形工具”调整渐变的中心位置，使光线看起来像是从右上方照过来一样。在“任意变形工具”上长按选择“渐变变形工具”。然后在舞台中的 1 区单击，则 1 区处于渐变编辑状态。

26 拖动渐变编辑中心位置和边框上的手柄，按照如图 1-88 所示调整渐变。

27 按照第（24）～（26）步所示的方法，分别用线性渐变# FAF7F5 到# E7E1DD 填充 2 区，用线性渐变# 96B0BD 到# 96B0BD 填充 3 区，线性渐变# 1D2049 到# 95ADC9 填充 4 区。

28 此时碗沿下方的青花镶边被遮盖，在图层栏将图层 2 拖动至图层 1 之上，并用“渐变变形工具”调整渐变的中心位置，此时舞台效果如图 1-89 所示。

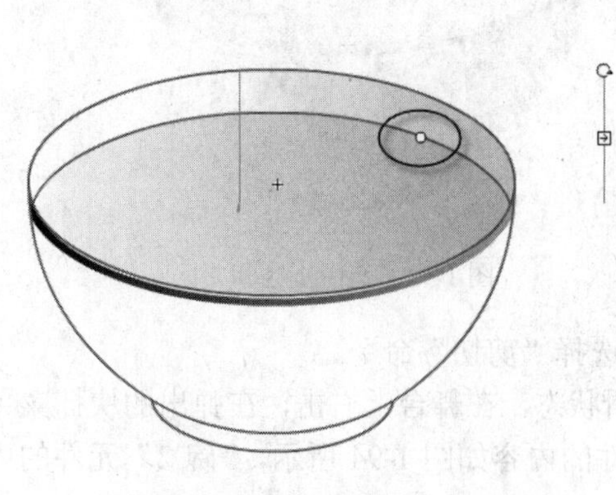

图 1-88 用“渐变变形工具”调整

图 1-89 调整后的效果

29 按照如图1-90所示效果，单击多余线条，按Delete键将它们删除。

30 执行【文件】|【导入】|【导入到库】命令，将素材文件“青花.png”导入到库中。

31 在图层面板单击“新建图层”按钮建立新图层，在图层名称上双击，将其重命名为“青花”，从库面板中将“青花.png”拖入舞台。使用工具栏中的“任意变形工具”，调整花的大小、位置和方向，使其与碗匹配。选中青花，按下F8键将其转换为图形元件，元件名称为“青花”。

32 按照如图1-91所示，在属性面板的“色彩效果”栏选择“样式”为Alpha，并设置Alpha值为70%。此时舞台效果如图1-92所示。

图1-90　删除多余线条后的效果

图1-91　设置Alpha值

由于碗里要放汤圆，需将碗分为两部分，这样汤圆和碗的前后两部分间才能形成正确的图层覆盖关系。下边将做好的碗分成两部分。

33 执行【插入】|【新建元件】命令，打开“创建新元件”对话框。在对话框中设置元件类型为“图形”，将元件命名为“碗2”。

34 在属性面板双击“碗1”元件，进入其编辑状态，选择图层1，单击碗沿上部线条，然后在按下Shift键的同时分别单击如图1-86所示1区和2区填充部分，此时状态如图1-93所示。

图1-92　加上青花后的效果

图1-93　选中1区和2区

35 在选中区域上右击，在弹出的快捷菜单中选择“剪切”命令。

36 在属性面板双击“碗2”元件，进入其编辑状态，在舞台上右击，在弹出的快捷菜单中选择“粘贴到中心位置”命令。此时“碗1”元件的内容如图1-94所示，“碗2”元件的内容如图1-95所示。

图 1-94 碗 1

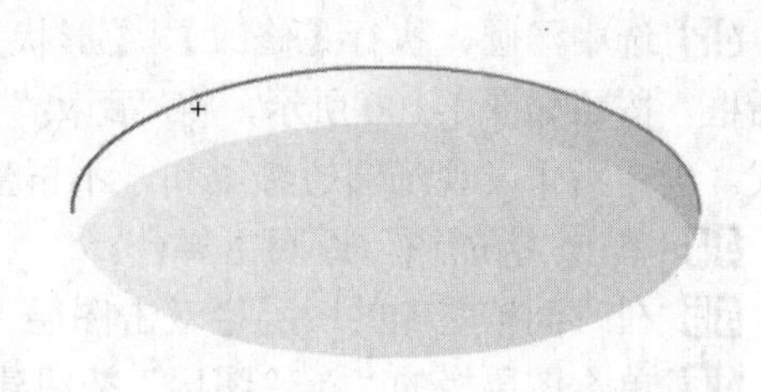

图 1-95 碗 2

37 执行【插入】|【新建元件】命令，打开“创建新元件”对话框。在对话框中按照如图 1-96 所示设置元件类型为“图形”，将元件命名为“汤圆”。

38 在工具栏选择“椭圆工具”，在属性面板“填充和笔触”栏设置笔触大小为 3。

39 执行【窗口】|【颜色】命令调出颜色面板。如图 1-97 所示，单击“填充颜色”按钮，在“颜色类型”框选择“径向渐变”选项。单击渐变条左下方的色标，在颜色值框设置填充颜色为#F8F8F8，单击渐变条右下方的色标，在颜色值框设置填充颜色为#E0E0DA。

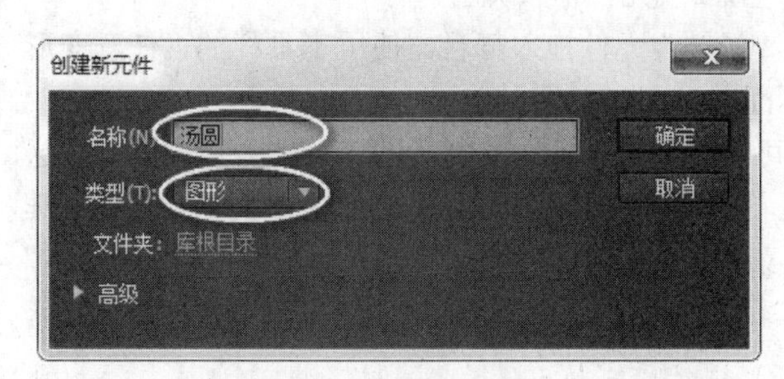

图 1-96 创建汤圆元件

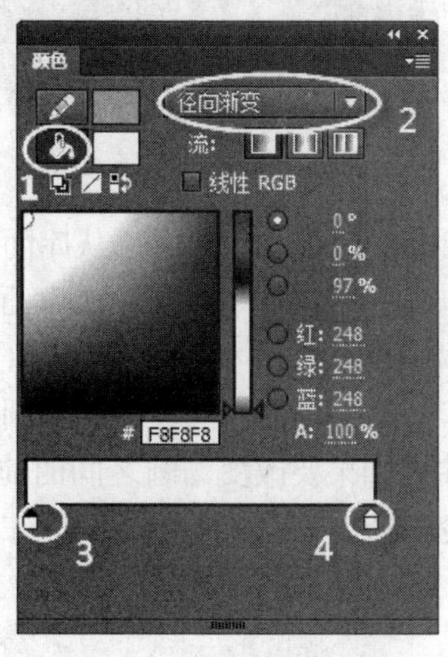

图 1-97 设置汤圆颜色

40 确保工具栏下部选项栏中的“对象绘制”按钮处于非选中状态，按下 Shift 键的同时在舞台中央拖动鼠标指针绘制如图 1-98 所示的圆。

41 此时汤圆最亮的部位处于圆心处。接下来使用“渐变变形工具”将最亮的部位移至圆的右上部，使光线看起来像是从右上方照过来一样。选择“渐变变形工具”，然后在舞台中的汤圆上单击，则汤圆处于渐变编辑状态。拖动渐变编辑边框上的手柄，按照如图 1-99 所示调整渐变。

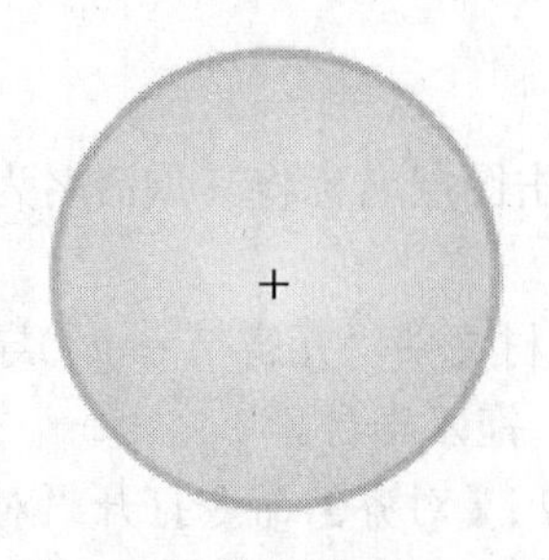

图 1-98 绘制圆

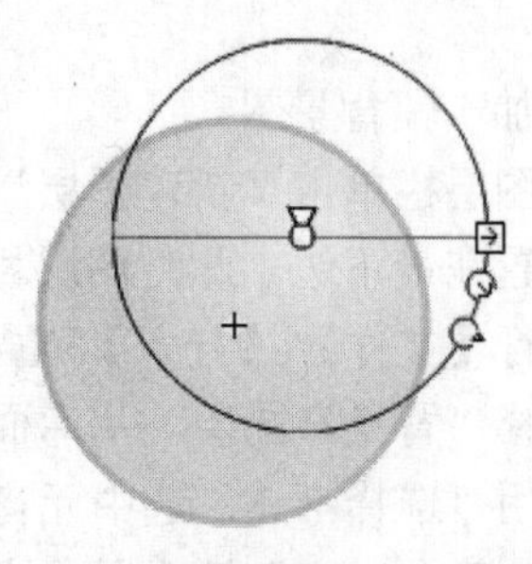

图 1-99 用“渐变变形工具”调整填充色

42 在汤圆边线上单击，选中要删除的边线，按 Delete 键将其删除。

43 选中汤圆，执行【修改】|【形状】|【柔化填充边缘】命令，打开“柔化填充边缘”对话框。按照如图 1-100 所示，将“距离”和“步长数”都设置为 10，“方向”设置为“扩展”方式。确定后可发现汤圆边缘柔和，不再生硬。

44 单击“场景 1”返回主舞台。

45 在时间轴左侧的图层栏双击图层 1 的名称，将图层 1 重命名为“碗 2”。

46 单击图层栏的“新建图层”按钮建立新图层，然后双击图层名称，将其重命名为“汤圆”。

47 单击图层栏的“新建图层”按钮建立新图层，然后双击图层名称，将其重命名为“碗 1”。此时图层栏如图 1-101 所示。

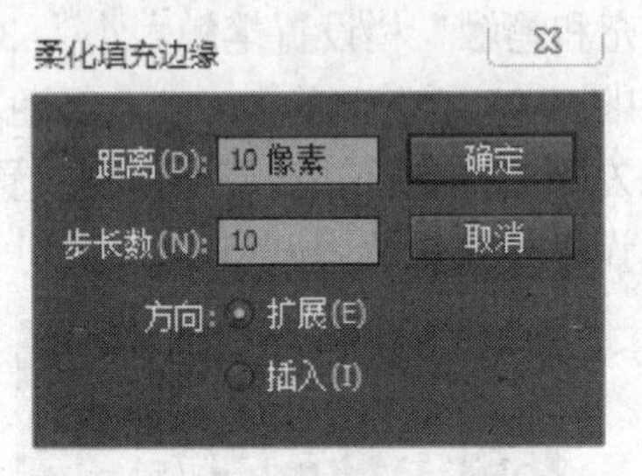

图 1-100 柔化填充边缘

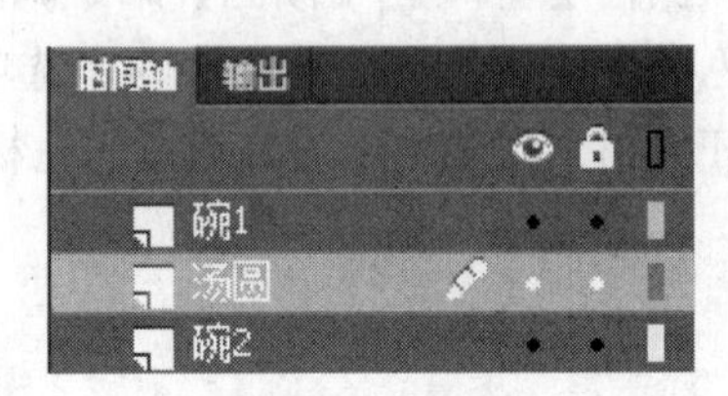

图 1-101 图层

48 选择“碗 2”图层，从库面板中将“碗 2”元件拖入舞台。

49 选择“汤圆”图层，从库面板中将“汤圆”元件拖入舞台。使用工具栏的“任意变形工具”调整汤圆的大小，使其与碗的大小匹配。

50 按下 Alt 键的同时拖动汤圆实例，可将其复制。多次复制汤圆并放在合适位置。在这个过程中，如果要改变汤圆之间的前后关系，可在汤圆上右击，在弹出的快捷菜单中选择“排列”命令，如图 1-102 所示，然后在其级联菜单中选择“移至顶层”“上移一层”“下移一层”或“移至底层”命令即可。

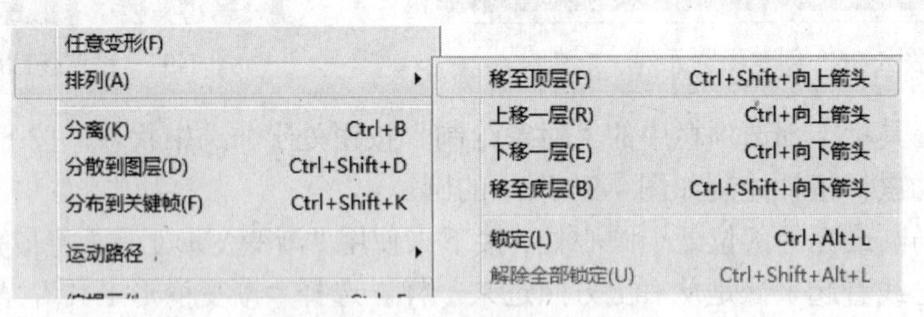

图 1-102 调整图形位置

51 选择“碗 1”图层，从库面板中将“碗 1”元件拖入舞台。此时舞台效果如图 1-103 所示。

下面添加一幅背景图。

52 在图层栏单击“新建图层”按钮建立图层，并双击图层名称将其重命名为“背景”。将该图层放置在最下边。此时图层栏如图 1-104 所示。

53 执行【文件】|【导入】|【导入到库】命令，将素材文件“元宵节.png”导入到库中。

54 选择“背景”图层，从库面板中将“元宵节.png”拖入舞台。

55 使用“选择工具”选中元宵节图片，执行【窗口】|【对齐】命令打开“对齐”面板，首先选中“与舞台对齐”复选框，然后单击“左对齐”按钮和“顶对齐”按钮，使选中的图片

与舞台上下左右对齐。此时舞台效果如图 1-105 所示。

图 1-103 绘制完成的碗

图 1-104 图层

图 1-105 最终效果

56 执行【文件】|【保存】命令，将文件保存为“汤圆.fla”。

1.3.3 卡通人物绘制

实例 1-10：绘制达斡尔族姑娘

本例绘制过程中使用到“钢笔工具”“椭圆工具”“线条工具”“矩形工具”“任意变形工具”“颜料桶工具”，以及“颜色”面板、“变形”面板、“对齐”面板等，是一个比较综合的绘制实例。

下面先绘制帽子。帽子由轮廓和装饰的花朵图案组成。

1 执行【文件】|【新建】命令，新建一个“ActionScript 3.0”的 Flash 文档，设置其舞台大小为 825×600。

2 在时间轴左侧的图层区，双击“图层 1”的图层名称，将其重命名为“帽子”。

3 选择“钢笔工具”，设置笔触大小为 6，笔触颜色为#CCCCCC，在“帽子”图层画帽子。

4 使用“部分选择工具”，调整帽子的弧度。效果如图 1-106 所示。

5 用白色#FFFFFF 填充帽子。在“帽子”图层对应“锁定或解除锁定所有图层”标识的位置单击，将该图层锁定，以免误操作影响该图层。再次单击即可解锁。

6 在时间轴左侧的图层区，单击“新建图层”按钮新建图层，并双击图层名称，将其重命名为“花瓣”。

7 选择“椭圆工具”，设置笔触颜色为无，填充颜色为#FF3399，画一较细长椭圆作为花瓣。

8 选择“选择工具”，拖动椭圆的弧线，使椭圆更像花瓣，如图 1-107 所示。

9 选择“任意变形工具”，调整花瓣的中心至其下方，使其位于花瓣之外，如图 1-108 所示，花瓣的中心位于红圈位置。

图 1-106　帽子外形

图 1-107　花瓣

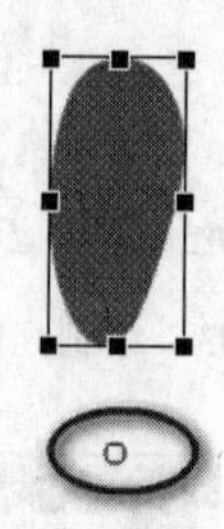

图 1-108　用“任意变形工具”调整变形中心点

10 执行【窗口】|【变形】命令，打开“变形”面板，按照如图 1-109 所示进行设置，“旋转”45°，单击“重制选区和变形”按钮 7 次，生成 8 个花瓣。

11 锁定“花瓣”图层。

12 新建“渐变”图层，用“椭圆工具”画一正圆，并设置其笔触颜色为无，填充颜色为白色到白色的“径向渐变”，右侧色块 Alpha 值设置为 0。填充颜色的设置如图 1-110 所示。

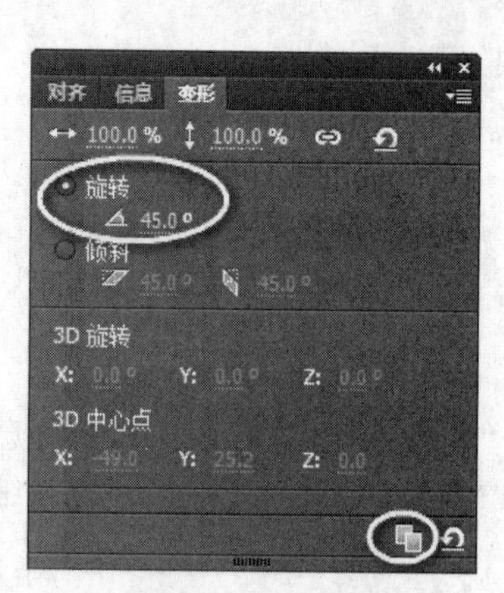

图 1-109　变形设置

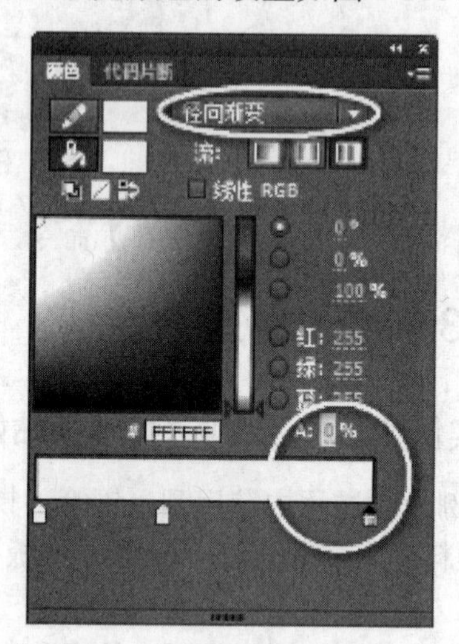

图 1-110　设置花瓣填充色

13 锁定“渐变”图层。

14 新建“花心”图层，画一正圆作为花心，填充颜色为#FF3399。完成后花朵效果如图 1-111 所示。完成后的帽子如图 1-112 所示。

下面来绘制脸。脸包括脸部轮廓、头发、眼睛和嘴巴。

15 新建“脸部”图层，用钢笔工具画脸和头发，用椭圆工具画小辫和发饰。

16 用黑色填充头发，用#FFD8F0 填充脸部。

注意：闭合的区域才可填充颜色。若闭合不够严密，导致无法填充，可选择“颜料桶工具”的“封闭大空隙”选项，然后再进行填充。此时效果如图 1-113 所示。

图 1-111　花朵效果

图 1-112　帽子效果

17 锁定“脸部”图层。

18 新建“眼线”图层。

19 用“钢笔工具”画两条上眼线，如图 1-114 所示。

20 新建“眼珠”图层。

21 用椭圆工具画右眼珠，包括一个填充颜色为#000000 的大圆和两个填充颜色为#FFFFFF 的小圆。在绘制的时候，如果因为圆太小，不容易控制，可以执行【视图】|【缩放比率】命令来放大显示。为了避免大小圆间的咬合而出错，可以在画好大圆后选中它，按下 Ctrl+G 组合键将其组合，然后再画两个小圆。

22 选择画好的右眼珠，按下 Ctrl 键的同时拖动到左侧，得到左眼珠。此时效果如图 1-115 所示。

图 1-113　脸部效果

图 1-114　眼线效果

图 1-115　眼睛效果

23 新建“嘴巴”图层，用钢笔工具画轮廓，椭圆工具画舌头。舌头可先在其他位置画好并调整好方向，然后再移动到嘴巴里，此时舌头会自动与嘴巴轮廓咬合。用相同的方法画牙齿。效果如图 1-116 所示。

24 新建“衣服”图层，将其放在“脸部”图层的下方。选择“线条工具”，设置笔触大小为 3，笔触颜色为#C40000，画衣服上的线条轮廓。然后使用“选择工具”，在线条非选中的情况下，将鼠标指针移至线条一侧，当鼠标指针变为带弧线的黑色箭头时拖动，即可改变线条弧度。逐一勾勒编辑线条，效果如图 1-117 所示。

25 锁定“衣服”图层。

26 新建“皮草”图层，放在“衣服”图层的上边。选择“矩形工具”，设置笔触颜色为#CECECE，填充颜色为#FFFFFF，其他参数按照如图 1-118 所示进行设置，画圆角矩形作为袖子上的皮草。

图 1-116　嘴巴效果

图 1-117　衣服效果

27 用钢笔工具画领口和裙摆的皮草。设置笔触大小为 2，笔触颜色为#CECECE。画的时候可以画成闭合曲线。皮草轮廓效果如图 1-119 所示。

图 1-118　矩形设置

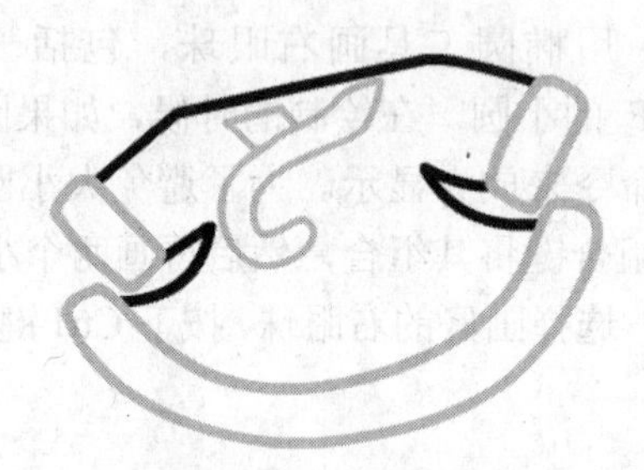

图 1-119　皮草轮廓效果

28 在领口和下摆的曲线中填充白色#FFFFFF。

29 锁定"皮草"图层。

30 选择"衣服"图层，将其解锁，然后用#FF66CC 填充衣服，效果如图 1-120 所示。

31 锁定"衣服"图层，新建"手脚"图层，将其放置在"衣服"图层的下边。

32 选择"椭圆工具"，设置笔触颜色为#000000，填充颜色为#FFFFFF，按照如图 1-121 所示位置画 4 个圆作为手和脚，其中，两个小圆的笔触设置为 3，大圆笔触设置为 5。

图 1-120　衣服效果

图 1-121　小姑娘最终效果

33 按下 Ctrl+A 组合键选择舞台上所有内容，按下 Ctrl+G 组合键将小姑娘各个部分组合起来。

下面将做好的小姑娘复制一份，并把复制得到的图片转换为元件。

34 新建“第 2 个小姑娘”图层，放在所有图层的最上边。

35 将其他所有图层解锁。此时图层区域如图 1-122 所示。

36 按下 Ctrl+A 组合键选择舞台上所有内容，按下 Ctrl+C 组合键复制。选择“第 2 个小姑娘”图层，然后按下 Ctrl+V 组合键，即可复制得到第 2 个小姑娘，并粘贴到这个图层。

37 在第 2 个小姑娘上右击，在弹出的快捷菜单中选择“转换为元件”命令，按照如图 1-123 所示，将其转换为图形元件“达斡尔族姑娘”。

图 1-122　图层

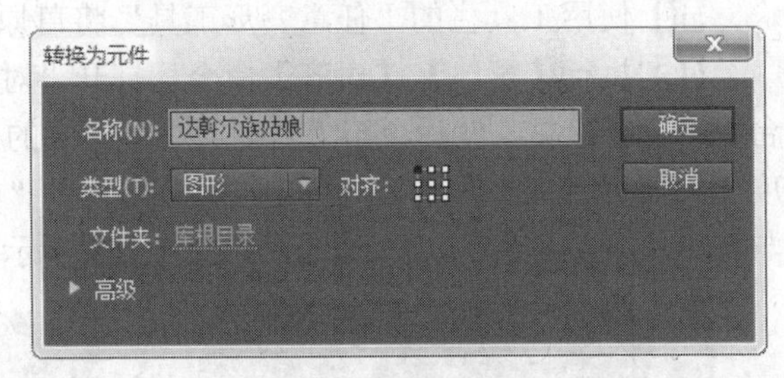

图 1-123　转换为元件

38 使用“选择工具”移动第 2 个小姑娘的位置，使用“任意变形工具”调整她的角度，效果如图 1-124 所示。

39 选择工具栏的“选择工具”，在第 1 个小姑娘的衣服上单击，选中衣服这个组并双击，即可进入该组的编辑状态。此时只有第 1 个小姑娘的衣服处于编辑状态，舞台上其他内容都处于锁定状态，如图 1-125 所示。

图 1-124　调整角度后的效果

图 1-125　进入局部编辑状态

40 在衣服内部双击，选中衣服的线条和填充，在如图 1-126 所示属性面板的“填充和笔触”栏，设置填充颜色为#006677，笔触颜色为#003366。此时效果如图 1-127 所示。

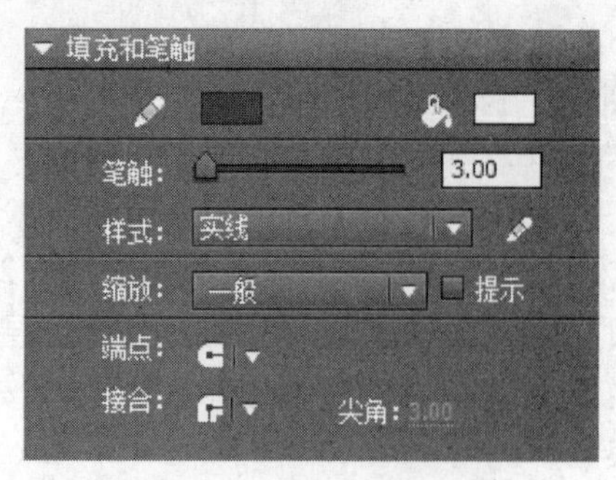

图 1-126 填充和笔触设置

图 1-127 改变衣服颜色后的效果

41 切换回场景 1。

42 新建“背景”图层，放在所有图层的最下边。

43 执行【文件】|【导入】|【导入到库】命令，将素材文件“草原.jpg”导入库中，并从库中将其拖动至舞台。

44 使用工具栏的“任意变形工具”将草原图片缩小到比舞台更小。

45 执行【窗口】|【对齐】命令，打开“对齐”面板，按照如图 1-128 所示，选中“与舞台对齐”复选框，然后单击“匹配大小”栏中的“匹配宽和高”按钮，则草原图片的宽度和高度变为与舞台大小一致。再单击“对齐”栏的“左对齐”按钮和“顶对齐”按钮，将草原图片与舞台上下左右对齐。此时效果如图 1-129 所示。

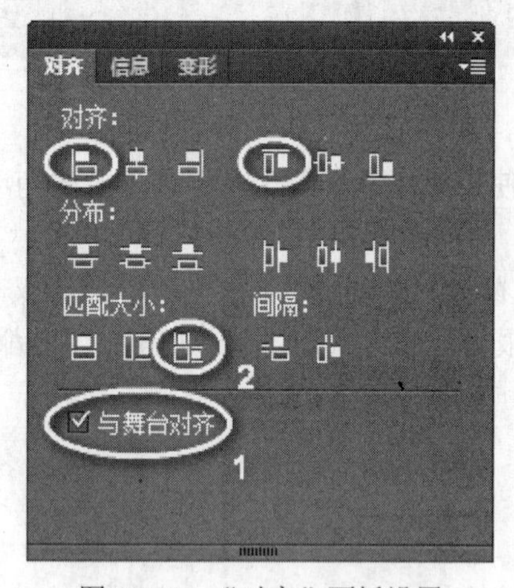

图 1-128 “对齐”面板设置

图 1-129 最终效果

注意： 在使用“匹配宽和高”按钮的时候，宽度和高度都是与较大的对齐，也就是说，当选中多个图形“匹配宽和高”时，匹配后所有图形的高度都与所有被选图形中最大的高度一致，宽度都与所有被选图形中最大的宽度一致。在使用“与舞台对齐”复选框时，如果希望图片与舞台的宽高一致，需事先将图片缩小到宽度和高度都比舞台小，然后再与舞台匹配宽和高。

46 执行【文件】|【保存】命令，将文件保存为“达斡尔族姑娘.fla”。

第 2 章

基本动画的制作

Flash 有 4 种基本动画：逐帧动画、补间形状动画、传统补间动画和补间动画。独特的创意加上这些动画的组合应用，就可以制作出多姿多彩的动画视频效果。

2.1 创建逐帧动画

2.1.1 基本知识

有些较复杂的动画无法由计算机模拟计算出中间过程，就需要把每一帧的图像都罗列出来，这就是逐帧动画。因为逐帧动画的帧序列内容不一样，不仅给制作增加了负担而且最终输出的文件量也很大，但它的优势也很明显：逐帧动画具有非常大的灵活性，几乎可以表现任何想表现的内容，而它类似于电影的播放模式，很适合于表演细腻的动画。

创建逐帧动画的方法有两种：第一种是通过执行【文件】|【导入】|【导入到舞台】命令，将事先准备好的图片素材直接导入，要求这些图片素材的文件名是序列号，如 f1.png、f2.png、f3.png、f4.png；第二种方法可以一帧一帧去绘制，常见的倒计时动画、写字动画均可以用逐帧动画来完成。

2.1.2 写字

实例 2-1：制作用毛笔书写文字“龙”的动画

此例使用了翻转动画、stop()动作等功能。

由于字的笔画没有规律可循，因此只能用逐帧动画来实现。动画展现的是：日出东方，长城蜿蜒盘旋，犹如一条巨龙在云层中遨游。一支毛笔，书写着中国的图腾。

1 执行【文件】|【新建】命令，创建一个“ActionScript 3.0”的 Flash 文档，舞台大小设置为 864×700。

下面首先建立一个毛笔元件，画一支毛笔。

2 执行【插入】|【新建元件】命令，建立类型为“图形”的元件“毛笔”。

3 选择工具栏的“矩形工具”，设置笔触颜色为无，填充颜色为“线性渐变”，第一个色标颜色值设置为#C9AA88，在渐变条下第一个色标右边单击添加第二个色标，将其颜色值设置为#CBBBB0，再次在渐变条下第二个色标右边单击添加第三个色标，将其颜色值设置为#C69977，将第四个色标颜色值设置为#D0AB77。拖动色标将它们按照如图 2-1 所示排列。在舞台中绘制一个矩形作为笔筒。选择工具栏的“选择工具”，选择矩形后，在属性面板的“位置和大小”栏设置其宽和高为 45×600。效果如图 2-2 所示。

4 在图层栏单击“新建图层”按钮，新建图层 2。

5 选择工具栏的“矩形工具”，在颜色面板设置笔触颜色为无，填充颜色为“线性渐变”，共 4 个色标，第一个色标颜色值为#000000，第二个色标颜色值为#666666，第三个色标颜色值为#333333，第四个色标颜色值为#000000，色标排列如图 2-3 所示。在图层 2 上绘制一个 45×85 矩形，效果如图 2-4 所示。

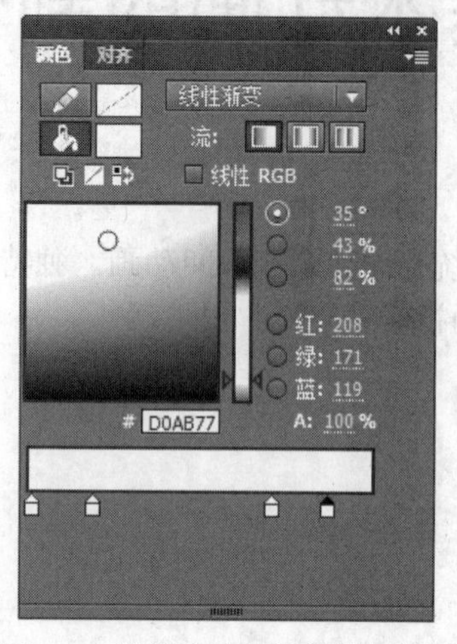

图 2-1 笔筒笔触和填充颜色设置

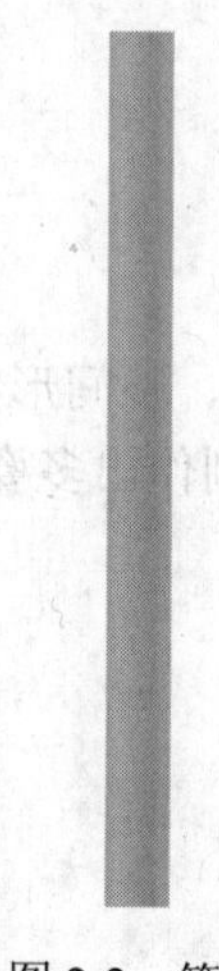
图 2-2 笔筒

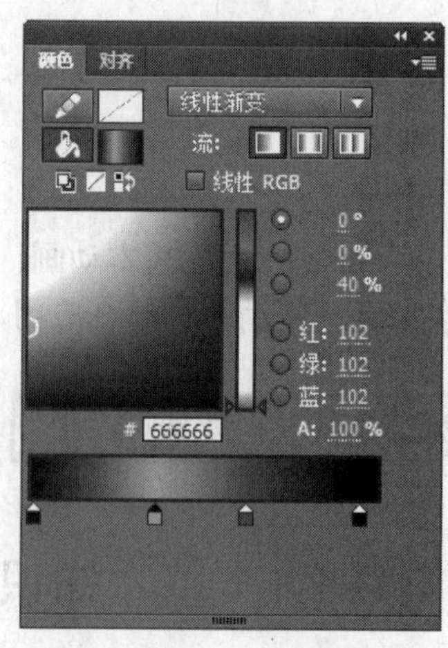

图 2-3 笔触和填充颜色设置

6 选择工具栏的“选择工具”，在不选中矩形的情况下，依次将鼠标指针移动至矩形的 4 条边上拖动将它们拉出弧度，效果如图 2-5 所示。

7 在图层栏单击“新建图层”按钮建立图层 3。

8 使用工具栏的“钢笔工具”在图层 3 上绘制如图 2-6 所示笔毫轮廓。

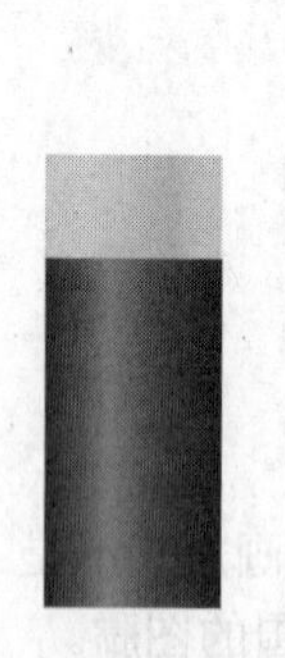
图 2-4 矩形效果

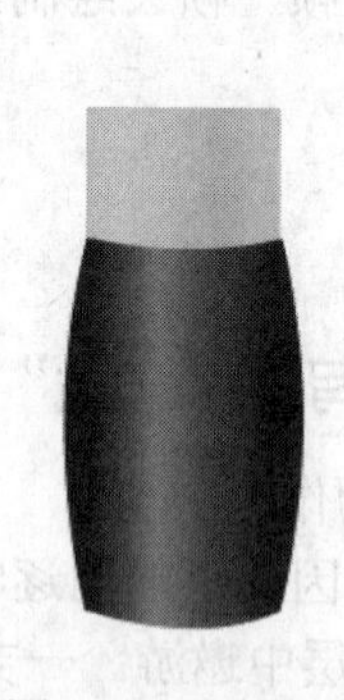
图 2-5 弧度效果

图 2-6 笔毫轮廓

9 在颜色面板设置填充颜色为“线性渐变”，共 3 个色标，第一个色标颜色值为#554E44，第二个色标颜色值为# 44443D，第三个色标颜色值为#010101，色标排列如图 2-7 所示。

10 选择工具栏的“颜料桶工具”为笔毫填充颜色。

11 选择工具栏的“选择工具”，选中笔毫轮廓，按 Delete 键将其删除。

12 选择工具栏的“渐变变形工具”调整填充色，效果如图 2-8 所示。

13 在图层栏单击“新建图层”按钮建立图层 4。

14 设置笔触颜色为无，填充颜色为#993300，在图层 4 上绘制一个 45×10 的矩形，并将其放在笔筒上端。效果如图 2-9 所示。

15 在图层栏单击“新建图层”按钮建立图层 5。

16 选择工具栏的“刷子工具”，设置填充颜色为#990000，按照如图 2-10 所示在工具栏的选项栏设置刷子大小和刷子形状，在图层 5 上绘制如图 2-11 所示的线条。

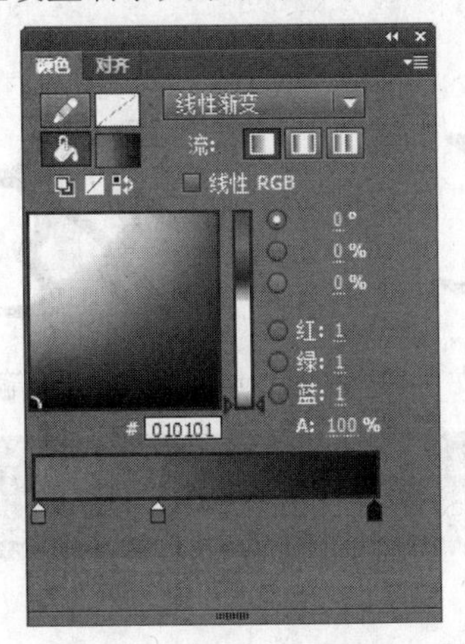

图 2-7 笔毫填充色设置

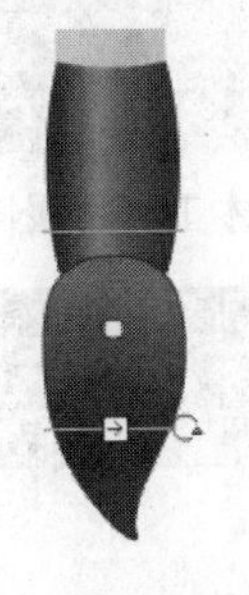

图 2-8 调整后的笔毫效果

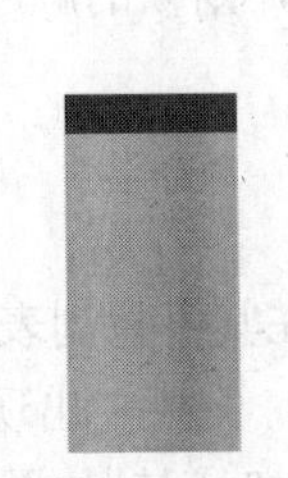

图 2-9 矩形效果

图 2-10 “刷子工具”设置

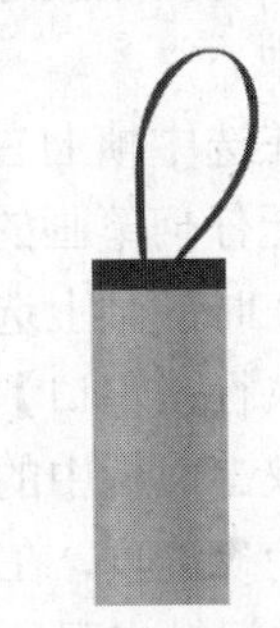

图 2-11 线条效果

接下来制作文字“龙”被写出来的动画。写字的过程是从无到有的过程，从一张白纸，到落笔，运笔，一直到写完文字末笔。为了把这个过程表现出来，首先先写好一个字，然后从末笔开始，每一帧擦除一点，直到把文字完全擦去，这样就做好了一个与写字过程完全相反的从有到无的动画。然后再将所有帧的顺序翻转过来，就变成了从无到有的写字动画。

17 切换回场景 1。

18 选择工具栏的“文本工具”，在其属性面板的“字符”栏中按照如图 2-12 所示，设置其大小为 150 磅，颜色为#000000，选择合适字体，在舞台上靠右上角位置写一个“龙”字。

19 选择“龙”字，按下 Ctrl+B 组合键将其打散为图形，如图 2-13 所示。

20 在时间轴上选择第 2 帧，按下 F6 键插入关键帧。

21 选择工具栏的“橡皮擦工具”，将“龙”字最后一笔的末端擦去。效果如图 2-14 所示。

22 在时间轴上选择第 3 帧，按下 F6 键插入关键帧。

23 使用“橡皮擦工具”，继续对“龙”字最后一笔的末端进行擦除。

24 依照上述方法，依次插入关键帧，并依次对“龙”字从末笔向起笔擦除，直至整个字被擦除为止。此时时间轴如图 2-15 所示。

注意： 在擦除的过程中，要注意两个问题。第一是每一帧擦除的长度尽量相等；第二是遇到两笔画交叉的地方，可以插入一个关键帧，但不擦除任何内容，原因在于，写字的时候，笔画第二次经过同样的位置时，虽然从笔墨上看不出来，但同样花了时间，所以要留一帧的时间出来。

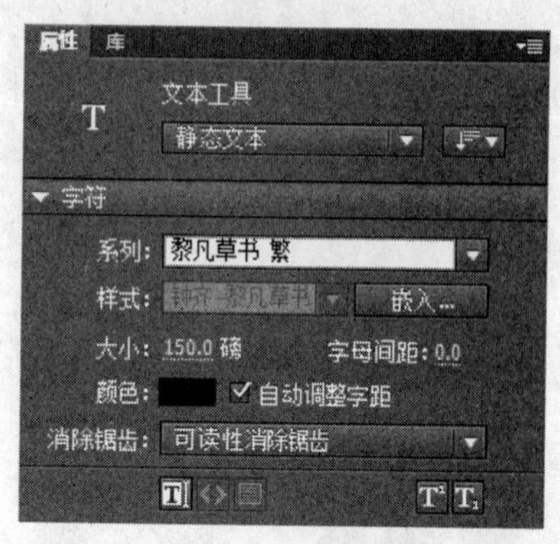

图 2-12 “文本工具”属性设置

图 2-13 打散的“龙”字

图 2-14 擦掉最后一笔后的效果

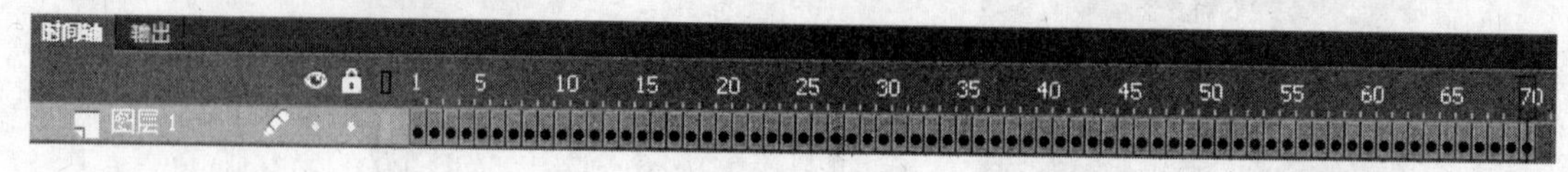

图 2-15 时间轴

25 在时间轴上选择第 1 帧，然后按下 Shift 键的同时单击第 70 帧，此时第 1～第 70 帧同时被选中。

26 在选中帧上右击，在弹出的快捷菜单中选择“翻转帧”命令，则帧的顺序完全翻转，第 1 帧为无任何笔画的状态，第 70 帧为写好“龙”字的状态。

27 在时间轴上选择第 70 帧。

28 执行【窗口】|【代码片段】命令，弹出“代码片段”面板。

29 双击面板中的“时间轴导航”文件夹，按照如图 2-16 所示，在其下拉列表中选择“在此帧处停止”选项，在其上双击，弹出如图 2-17 所示的“动作”面板，面板中出现 stop()及相关说明。时间轴出现 Actions 图层，并在第 70 帧处出现停止标志。此时时间轴如图 2-18 所示。

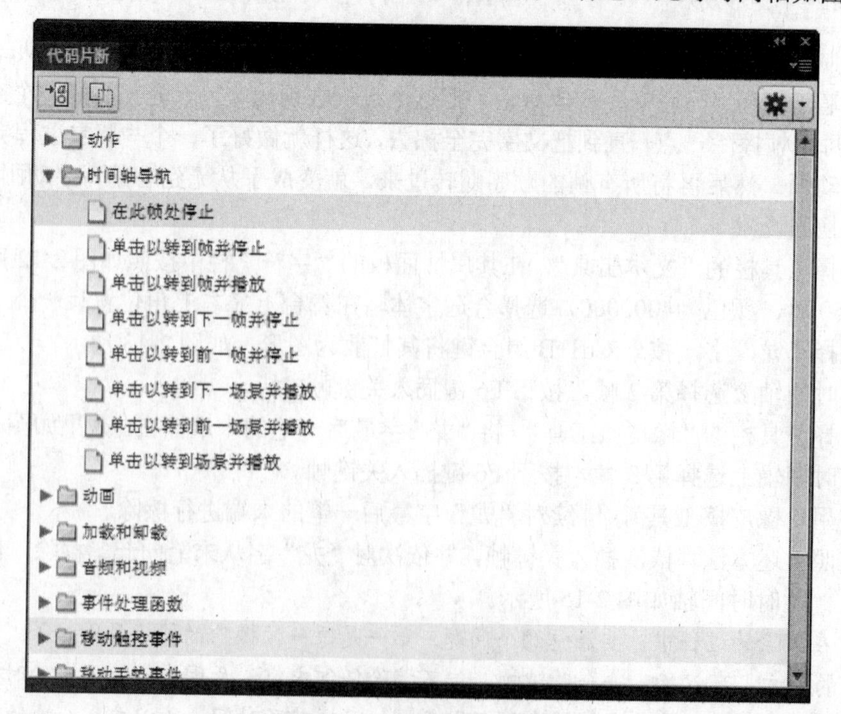

图 2-16 “代码片段”面板

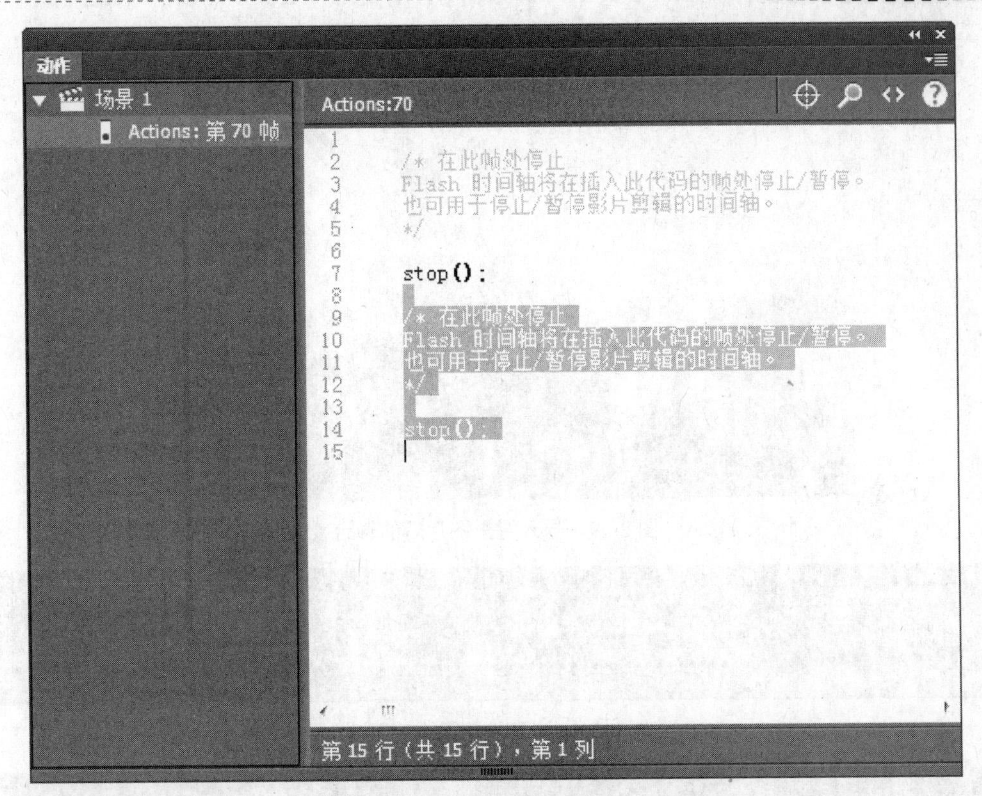

图 2-17 “动作”面板

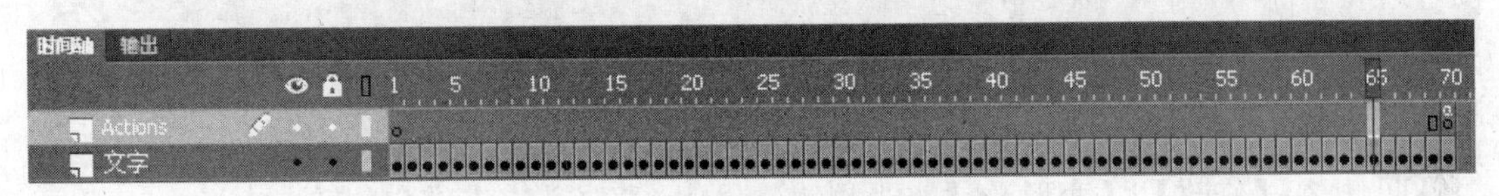

图 2-18 加入 stop()动作的时间轴

注意： 如果不添加 stop()动作，则当动画播放时，会不断重复写字的动画。加入 stop()动作后，写字动画执行完一遍就会停止下来，文字停留在屏幕上，不再重复擦写。

30 在时间轴图层栏“图层 1”的图层名称上双击，将其重命名为“文字”，锁定该图层。

31 单击图层栏左下方的“新建图层”按钮，则“文字”图层上方出现新图层“图层 2”。

32 在“图层 2”的图层名称上双击，将其重命名为“画”。

33 将图层“画”拖动至图层“文字”下方。

34 执行【文件】|【导入】|【导入到库】命令，导入素材文件“长城.png”。从库中将长城图片拖动至舞台，放在图层“画”中。

35 选中长城图片，执行【窗口】|【对齐】命令，打开“对齐”面板，首先选中“与舞台对齐”复选框，然后单击“左对齐”按钮和“底对齐”按钮，使选中图片与舞台上下左右对齐。此时第 70 帧效果如图 2-19 所示。时间轴如图 2-20 所示。

36 如果希望长城图片出现后，静待片刻再开始写“龙”字，可以在时间轴上，从最上边图层的第 1 帧拖动到最下边图层，此时所有图层的第 1 帧都被选中。按下 F5 键即可在这些图层分别插入一个普通帧，多次按下 F5 键，则可插入多个普通帧。此时时间轴如图 2-21 所示。

37 在“画”图层之上新建“龙头”图层。

38 执行【文件】|【导入】|【导入到库】命令，导入素材文件“龙头.png”。从库中将龙头图片拖动至舞台，放在图层“龙头”中。

图 2-19　导入背景图片后的舞台

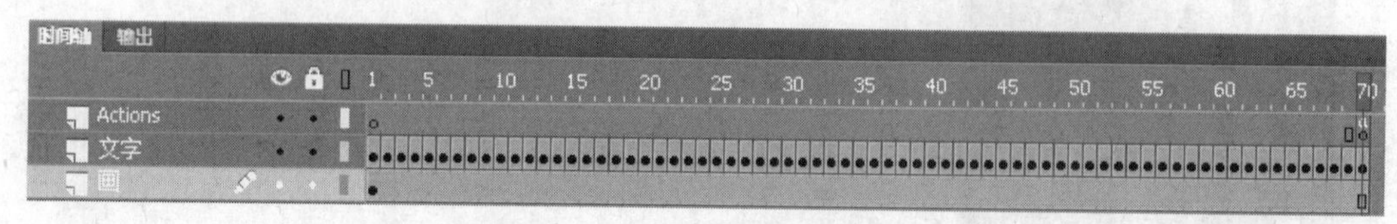

图 2-20　加入背景后的时间轴

图 2-21　插入普通帧后的时间轴

39 执行【修改】|【变形】|【水平翻转】命令，将龙头左右方向翻转。

40 选择工具栏的“任意变形工具”，调整龙头的大小、位置和角度，效果如图 2-22 所示。

图 2-22　添加龙头后的效果

41 将“文字”“龙头”和“画”3个图层锁定。

下面将毛笔元件放到舞台上，做出毛笔写字的效果。

42 选中“文字”图层，单击图层栏左下方的“新建图层”按钮，则“文字”图层上方出现新图层，将其重命名为“毛笔”。

43 在时间轴上选择“毛笔”图层的第22帧，按F6键插入关键帧，从库中将“毛笔”元件拖入舞台。

44 选择工具栏的“任意变形工具”，调整毛笔的大小和角度，然后将其移动到“龙”字起笔处稍偏右一点的位置，如图2-23所示。

45 选择“文字”图层的第23帧，按F6键插入关键帧，将毛笔位置按照笔画的位置移动。依次类推，直至第90帧。此时时间轴如图2-24所示。第61帧的舞台效果如图2-25所示。

图2-23　毛笔位置

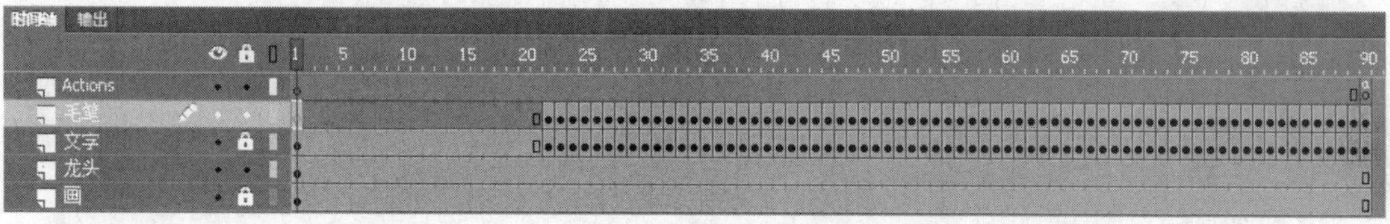

图2-24　添加毛笔逐帧动画后的时间轴

下面制作毛笔逐渐消失的动画。

46 选择“毛笔”图层的第91帧，按F6键插入关键帧，选中舞台上的毛笔，在属性面板的“色彩效果”栏，按照如图2-26所示，选择样式“Alpha”，并设置“Alpha”值为90%。

图2-25　第61帧的舞台局部

图2-26　设置“Alpha”值

47 选择“毛笔”图层的第92帧，按F6键插入关键帧，选中舞台上的毛笔，在属性面板的“色彩效果”栏，选择样式“Alpha”，并设置“Alpha”值为80%。

48 依次类推，直到第100帧，设置“Alpha”值为0%。此时毛笔消失。

时间轴上，除毛笔外其他图层都只有90帧，这就使得从第91帧开始，其他图层内容都会消失，舞台上只剩下毛笔在逐渐变淡。为了让其他图层延续至第100帧，可在“文字”“龙头”和“画”图层的第91～第100帧插入普通帧，以延续画面。而Actions图层的作用是在最后一帧停下动画，使其不要循环播放，所以应该将普通帧插在第90帧之前。

49 在时间轴上，将鼠标指针从“文字”图层的第91帧拖动至“画”图层的第100帧，如图2-27所示，然后按下F5键，即可将这3个图层的第91～第100帧都插入普通帧。

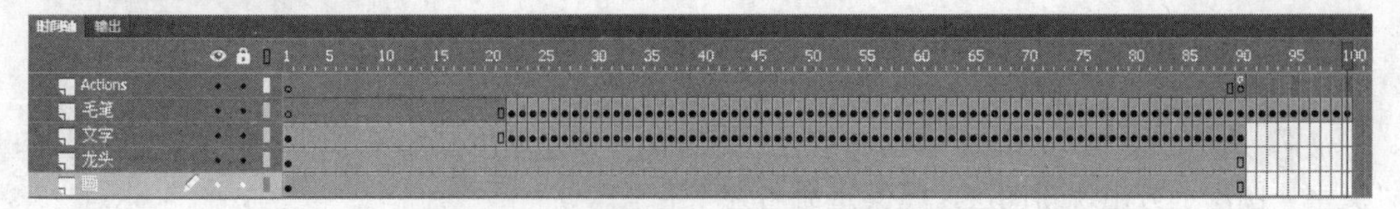

图 2-27　3 个图层都插入普通帧后的时间轴

50 在 Actions 图层第 90 帧之前选择任意连续 10 帧，如第 10～第 19 帧，然后按 F5 键，即可插入 10 个普通帧。此时时间轴如图 2-28 所示。

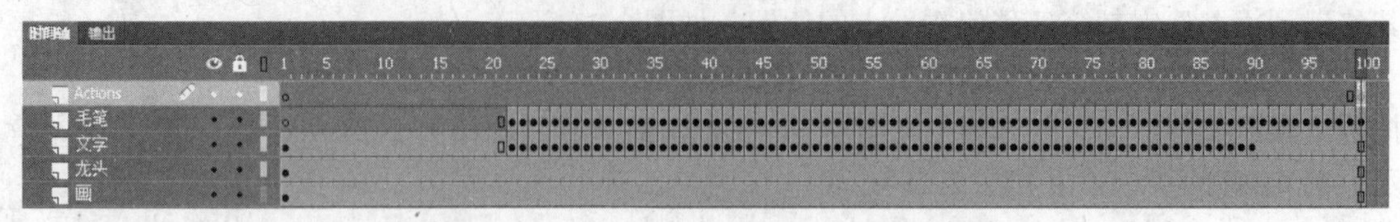

图 2-28　Actions 图层插入普通帧后的时间轴

51 执行【文件】|【保存】命令，将文件保存为“中国龙.fla”。

2.2 创建传统补间动画

2.2.1 基本知识

对于一些较简单的动画，如旋转、变形和位置的规则移动等，只需制作动作起始和结束的关键帧，由 Flash 计算和生成中间帧，这样的动画称为补间动画。传统补间动画的运动对象是元件，在起始帧和结束帧插入关键帧，并在关键帧中修改元件实例的属性，如改变位置、角度、颜色、Alpha 值等，然后在两个关键帧间插入传统补间，Flash 将自动完成两帧之间的过渡动画。

2.2.2 腾云驾雾

实例 2-2：制作悟空驾云而行的传统补间动画

1 新建一个“ActionScript 3.0”的 Flash 文档，设置舞台大小为 560×360。

2 执行【文件】|【导入】|【导入到库】命令，导入素材文件“背景.jpg”“悟空.png”和“云.png”。

3 从库中将背景图片拖动至舞台，放在图层 1 中。

4 选中背景图片，执行【窗口】|【对齐】命令，打开“对齐”面板，首先选中“与舞台对齐”复选框，然后单击“匹配宽和高”按钮，使背景图片与舞台大小一致。然后再分别单击“左对齐”按钮和“底对齐”按钮，使选中图片与舞台上下左右对齐。

5 选中图层 1 第 60 帧，按下 F5 键插入普通帧，使第 1 帧场景延续到第 60 帧。

6 在“图层 1”的图层名称上双击，将其重命名为“背景”。

7 锁定“背景”图层。

8 在“背景”图层之上新建“图层 2”图层，在“图层 2”的图层名称上双击，将其重命名为“祥云”。

9 从库中将祥云图片拖动至舞台，放在“祥云”图层第 1 帧中，执行【修改】|【变形】|【缩

放和旋转】命令，在“缩放和旋转”对话框中设置祥云图片缩放比例为 45%，旋转角度为 25°。

10 选中祥云图片，按下 F8 键，弹出“转换为元件”对话框，按照如图 2-29 所示进行设置，将图片转换为图形元件“祥云”。

11 选中祥云图片，按下 Ctrl+C 组合键，再按下 Ctrl+V 组合键将其复制一份，调整两朵云的位置，使其如图 2-30 所示。

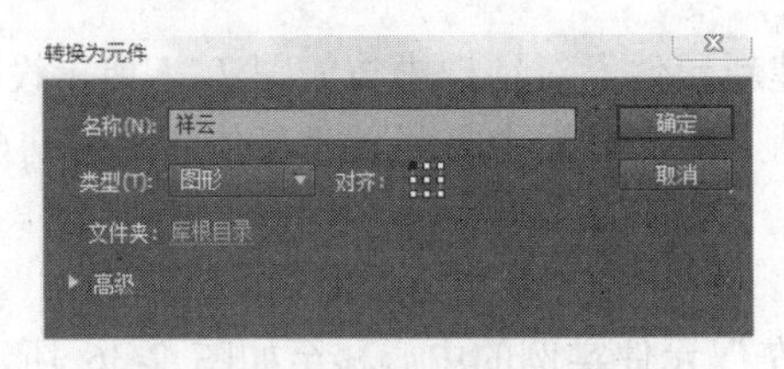

图 2-29　转换为“祥云”元件

图 2-30　云朵效果

12 从库中将悟空图片拖动至舞台，放在“祥云”图层第 1 帧中，执行【修改】|【变形】|【缩放和旋转】命令，在“缩放和旋转”对话框中设置悟空图片缩放 30%。

13 选中舞台中的悟空图片，按下 F8 键，将图片转换为图形元件“悟空”。

14 调整悟空的位置，使其站着祥云上，如图 2-31 所示。

15 按下 Shift 键的同时单击两朵云和悟空，将它们同时选中，调整其位置至舞台左上角，如图 2-32 所示。

图 2-31　脚踏祥云的悟空

图 2-32　悟空和祥云的位置

16 选择“祥云”图层第 50 帧，按下 F6 键插入关键帧，将两朵云和悟空拖动至如图 2-33 所示的位置。

17 在“祥云”图层第 1～第 50 帧中的任意一帧上右击，在弹出的快捷菜单中选择“创建传统补间”命令，则第 1～第 50 帧间生成传统的动作补间，动画效果为悟空和云朵一起向右下角的树飞去。此时时间轴如图 2-34 所示。第 50～第 60 帧无动画，悟空在此处稍作停留。

图 2-33　第 50 帧的舞台

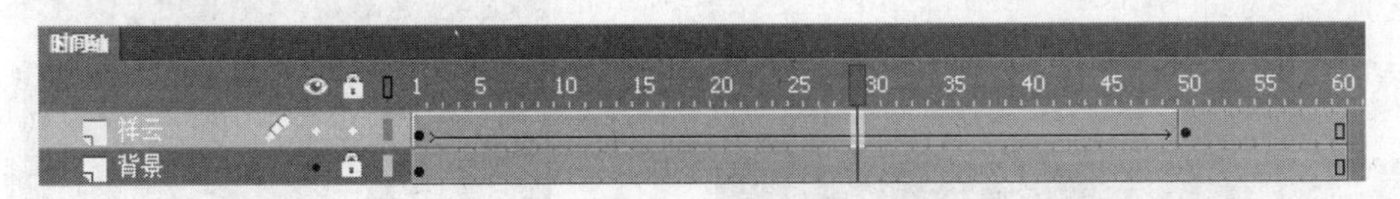

图 2-34　生成动作补间的时间轴

18 按下 Ctrl+Enter 组合键测试影片。

19 执行【文件】|【保存】命令，将文件保存为文档“悟空.fla”。

2.2.3 赛龙舟

实例 2-3：制作划龙舟的传统补间动画

此例创建了影片剪辑类型的元件，制作了元件内部动画。

1 打开素材文档“赛龙舟_原始.fla”。

2 执行【插入】|【新建元件】命令，在“创建新元件”对话框中按如图 2-35 所示设置。

3 确定后进入元件“左划船”的编辑状态。从“库”面板中将元件“身体左”拖动至舞台中央。

4 执行【视图】|【缩放比率】|【400%】命令。

5 选择工具栏的“任意变形工具”，将“身体左”元件实例的中心移至如图 2-36 所示的位置。

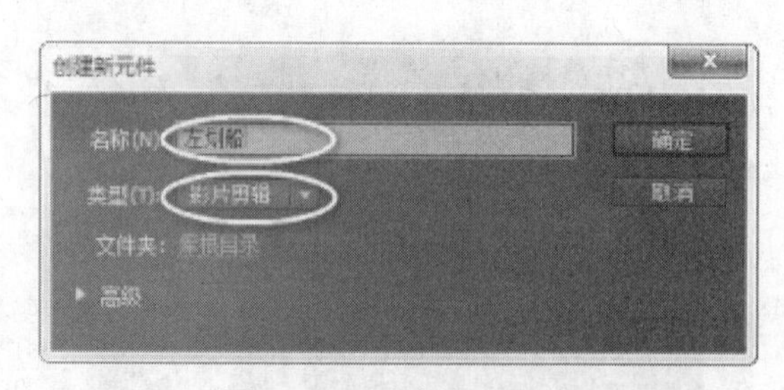

图 2-35 “左划船”元件

图 2-36 用“任意变形工具”移动变形中心

6 在时间轴选择第 14 帧，然后按 F6 键，即可在该帧插入关键帧。此时时间轴如图 2-37 所示。

7 在时间轴选择第 7 帧，然后按 F6 键在该帧插入关键帧。

8 执行【窗口】|【变形】命令，出现“变形”面板，在面板中按照如图 2-38 所示在“旋转”栏设置旋转角度为-10°。

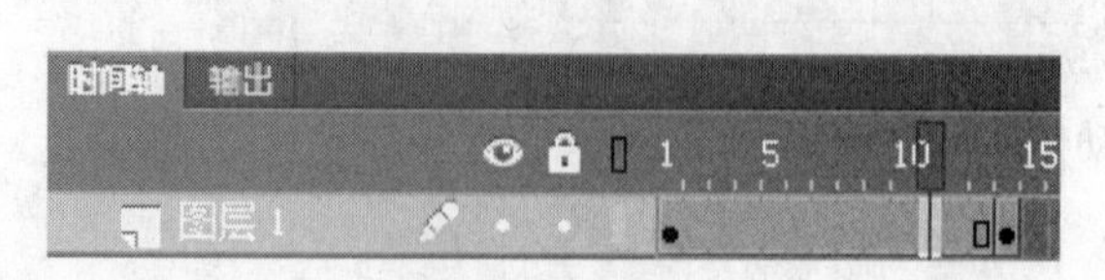

图 2-37 时间轴

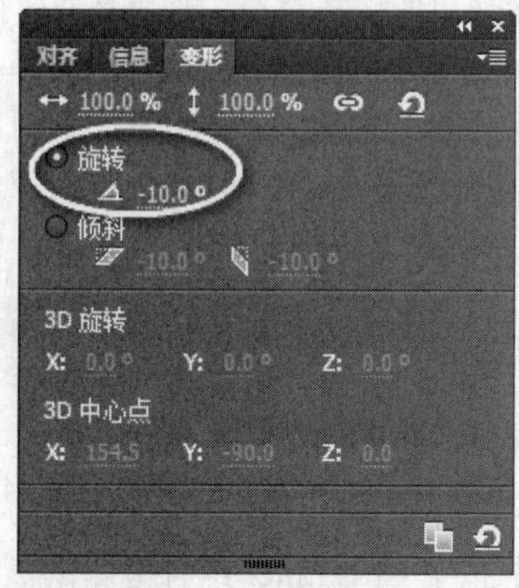

图 2-38 变形设置

9 在时间轴选择第1帧，按下Shift键后单击第14帧，则第1～第14帧都被选中。在其中任意帧上右击，在弹出的快捷菜单中选择“创建传统补间”命令，则第1～第7帧和第7～第14帧分别生成传统的动作补间。此时时间轴如图2-39所示。

10 执行【插入】|【新建元件】命令，在“创建新元件”对话框中按“左划船”所示方法创建“影片剪辑”类型的元件“右划船”。

11 确定后进入元件“右划船”的编辑状态。从“库”面板中将元件“身体右”拖动至舞台中央。

12 选择工具栏的“任意变形工具”，将“身体右”元件实例的中心移至如图2-40所示的位置。

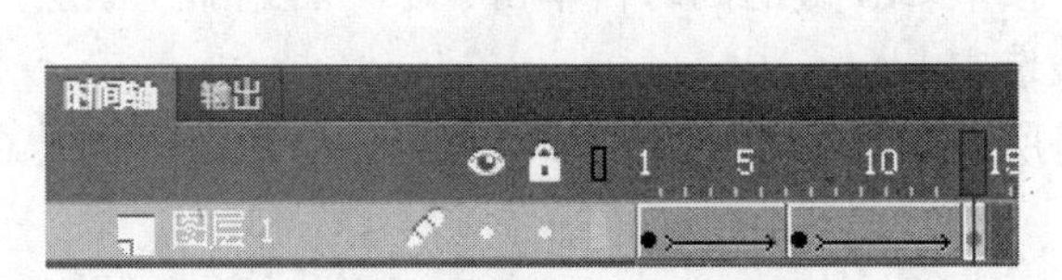

图2-39 创建传统补间后的时间轴

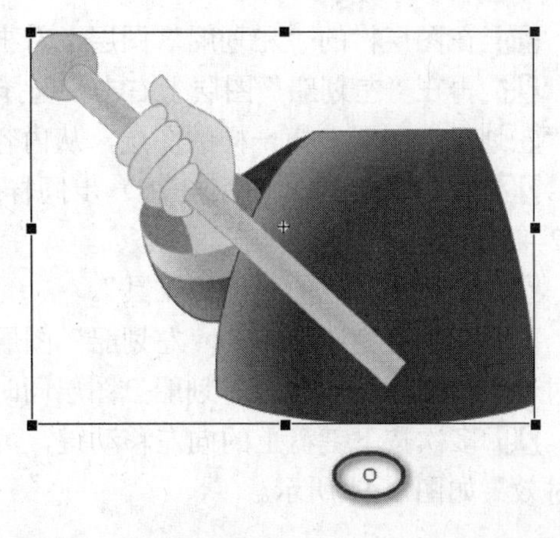
图2-40 用“任意变形工具”移动变形中心点

13 在时间轴选择第14帧，然后按F6键在该帧插入关键帧。

14 在时间轴选择第7帧，然后按F6键在该帧插入关键帧。

15 执行【窗口】|【变形】命令，出现“变形”面板，在面板中按照如图2-38所示在“旋转”栏设置旋转角度为-10°。

16 在时间轴选择第1帧，按下Shift键后单击第14帧，则第1～第14帧都被选中。在其中任意帧上右击，在弹出的快捷菜单中选择“创建传统补间”命令，则第1～第7帧和第7～第14帧分别生成传统的动作补间。此时时间轴如图2-39所示。

17 执行【插入】|【新建元件】命令，在“创建新元件”对话框中创建“影片剪辑”类型的元件“划龙舟”。

18 在时间轴的图层栏双击“图层1”图层名称，将其重命名为“龙舟”。

19 从“库”面板中将元件“龙舟”拖动至舞台中央。

20 选择工具栏的“任意变形工具”，将龙舟适当放大。

21 在时间轴的图层栏单击“新建图层”按钮，新建“左划船”图层，从“库”面板中将元件“左划船”拖动至合适位置。

22 在时间轴的图层栏单击“新建图层”按钮，新建“右划船”图层，并将该图层拖动至“龙舟”图层之下，单击“龙舟”图层锁形标志对应的位置，锁定“龙舟”图层。此时图层位置如图2-41所示。

23 从“库”面板中将元件“右划船”拖动至合适位置，注意桨的对齐，效果如图2-42所示。

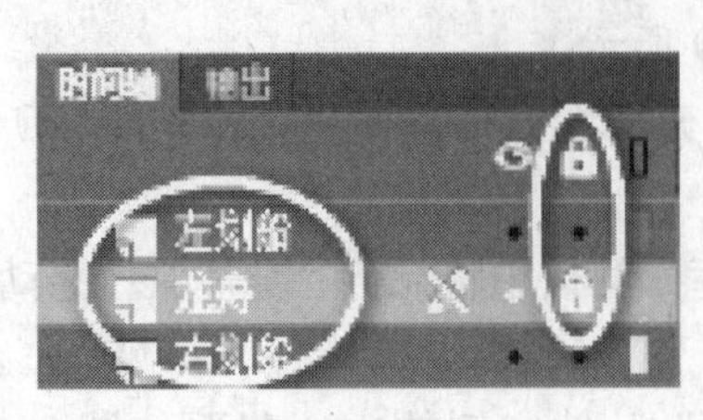

图 2-41　图层

图 2-42　舞台效果

下面将桨手复制一个。

24 在图层栏的“左划船”图层上右击，选择快捷菜单中的“拷贝图层”命令。

25 再在“左划船”图层上右击，选择快捷菜单中的“粘贴图层”命令，此时新产生一个与“左划船”图层一模一样的图层，从内容到名称完全相同。

26 用与第（24）和第（25）步同样的方法，复制“右划船”图层。此时图层位置如图 2-43 所示。

27 选择工具栏的“选择工具”。

28 在图层栏选中一个“左划船”图层，按下 Ctrl 键的同时再单击一个“右划船”图层，此时一组“左划船”和“右划船”图层同时被选中。

29 多次按下键盘上的向左移动键，可将所选图层中的桨手左移，直至移动到合适位置。此时效果如图 2-44 所示。

图 2-43　图层

图 2-44　舞台效果

30 切换回场景 1。

31 从库中将“背景”图片拖动至舞台，放在图层 1 中，将图层 1 重命名为“背景”图层。

32 选中背景图片，执行【窗口】|【对齐】命令，打开“对齐”面板，首先选中“与舞台对齐”复选框，然后单击“匹配宽和高”按钮，使背景图片与舞台大小一致。然后再分别单击“左对齐”按钮和“底对齐”按钮，使选中图片与舞台上下左右对齐。

33 选中“背景”图层第 112 帧，按下 F5 键插入普通帧，使第 1 帧场景延续到第 112 帧。

34 锁定“背景”图层。

35 在“背景”图层之上新建“图层 2”图层，在“图层 2”的图层名称上双击，将其重命名为“赛龙舟”。

36 从“库”面板中将元件“划龙舟”拖动至舞台右下角，如图 2-45 所示。

37 选中“赛龙舟”图层第 112 帧，按下 F6 键插入关键帧，将“划龙舟”元件实例拖动至如图 2-46 所示的位置。

图 2-45　“划龙舟”元件位置

图 2-46　第 112 帧舞台效果

38 在“赛龙舟”图层第 1～第 112 帧中的任意一帧上右击，在弹出的快捷菜单中选择“创建传统补间”命令，则第 1～第 112 帧生成传统的动作补间，动画效果为龙舟从右向左驶去。此时时间轴如图 2-47 所示。

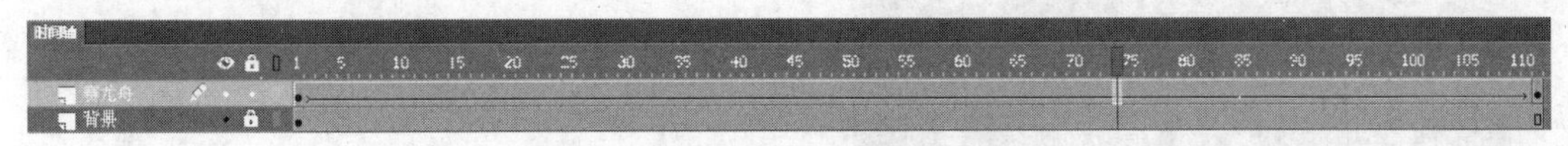

图 2-47　创建传统补间后的时间轴

39 按下 Ctrl+Enter 组合键测试影片。

40 执行【文件】|【另存为】命令，将文件保存为文档“赛龙舟.fla”。

2.3　创建形状补间动画

2.3.1　基本知识

形状补间动画是在 Flash 的时间帧面板上，在一个关键帧上绘制一个形状，然后在另一个关键帧上更改该形状或绘制另一个形状等，Flash 将自动根据二者之间的帧值或形状来创建的动画，它可以实现两个图形之间颜色、形状、大小、位置的相互变化。形状补间动画建立后，时间帧面板的背景色变为淡绿色，在起始帧和结束帧之间也有一个长长的箭头；构成形状补间动画的元素多为用鼠标指针或压感笔绘制出的形状，而不能直接是图形元件、按钮、文字等，如果要使用图形元件、按钮、文字，则必先将图形打散（Ctrl+B）后才可以制作形状补间动画。

2.3.2　中国剪纸

实例 2-4：制作剪纸图形间的形状补间动画

本动画由舞台中央的形状补间动画和舞台右下角的动作补间动画两部分组成。形状补间动画是由 3 幅剪纸画和“剪纸”二字间的反复形变构成的。变化顺序为：马→蜓→兔→“剪纸”二字；动作补间动画的主体是一张老虎剪纸画，它由小变大，再由大变小，再次变大，然后逆时针旋转 1 圈，再顺时针旋转 1 圈。

下面先制作形变动画。

1 新建一个 Flash 文档，设置舞台大小为 650×450。

2 将矢量文件“马.ai”“蜻蜓.ai”“兔.ai”及“虎.ai”导入到库。导入时出现如图 2-48 所示的对话框，按图中所示选择需要的选项即可。

3 将库中的“马.ai”拖入舞台，使用“任意变形工具”将其调整至合适大小。

4 选择“选择工具”，将马拖动至合适位置，按 Ctrl+B 组合键两次，将图形打散。此时效果如图 2-49 所示。

注意：在使用 Ctrl+B 组合键打散时要随时观察所选图形的状态，图形看起来像是由很多小点组成的时候，才说明完全打散了。如果按下 Ctrl+B 组合键一次后没有成打散状态，可再次按下 Ctrl+B 组合键，直到成功打散为止。

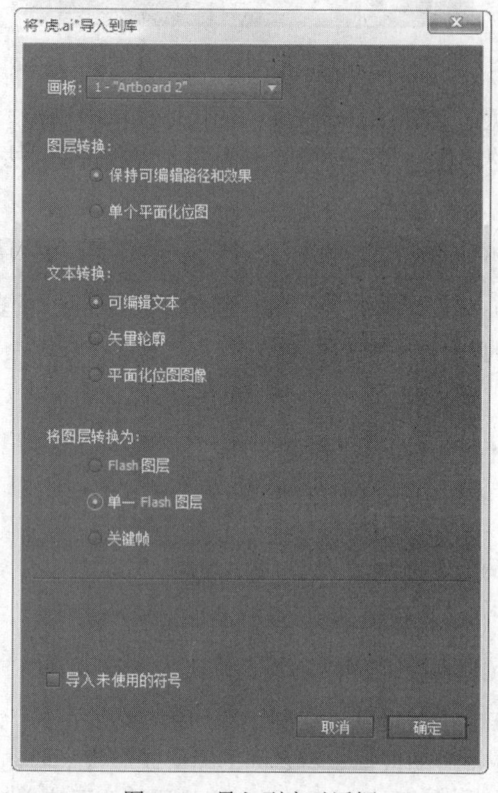

图 2-48 导入到库对话框

图 2-49 打散的马

如果从第 1 帧就开始形变，就无法看清剪纸画马，所以让马从第 11 帧开始形变，第 1～第 10 帧为马的显示时间。

5 选中第 10 帧，按 F6 键插入关键帧。

6 选中第 60 帧，按 F7 键插入空白关键帧，将库中的“蜻蜓.ai”拖入舞台，使用“任意变形工具”将其调整至合适大小。

7 选择“选择工具”，将蜻蜓拖动至合适位置，按 Ctrl+B 组合键两次，将图形打散。

8 选中第 10～第 60 帧中的任意一帧并右击，在弹出的快捷菜单中选择“创建补间形状”命令，第 10～第 60 帧之间出现绿色填充和黑色实线箭头，表示形状补间成功。此时时间轴如图 2-50 所示。

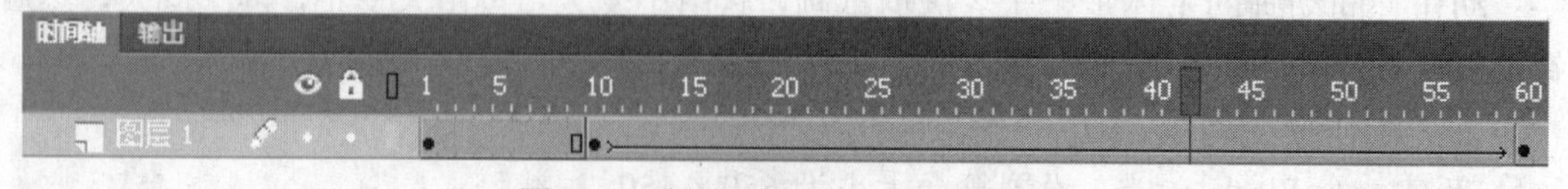

图 2-50 创建形状补间后的时间轴

9 选择第 70 帧，按 F6 键插入关键帧。第 60～第 70 帧为蜻蜓的亮相时间。

10 选择第120帧，按F7键插入空白关键帧，将库中的“兔.ai”拖入舞台，使用“任意变形工具”将其调整至合适大小。

11 选择“选择工具”，将兔子拖动至合适位置，按Ctrl+B组合键两次，将图形打散。

12 选中第70～第120帧中任意一帧并右击，在弹出的快捷菜单中选择“创建补间形状”命令，第70～第120帧之间出现绿色填充和黑色实线箭头，表示形状补间成功。

13 选择第130帧，按F6键插入关键帧。

14 选择第180帧，按F7键插入空白关键帧。选择“文本工具”，设置字体为华文琥珀，字号为150，颜色为#FF0000，文本方向为“水平”，在舞台合适位置添加文字“剪纸”。

注意：文本方向设置为“垂直”时，有些字体可能无法正常显示，可将文本方向设置为“水平”，输入文本“剪”后，按Enter键换行，以使文字显示为竖排。效果如图2-51所示。

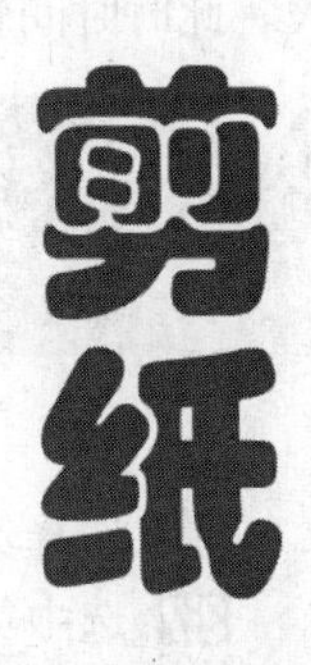

图2-51 文字效果

15 按Ctrl+B组合键两次，将文字打散。

16 选中第130～第180帧中的任意一帧并右击，在弹出的快捷菜单中选择“创建补间形状”命令，第130～第180帧出现绿色填充和黑色实线箭头，表示形状补间成功。

因为动画需要循环播放，所以“剪纸”二字还应该再变形为剪纸画马，下面来实现这部分动画。

17 选择第190帧，按F6键插入关键帧。第180～第190帧为“剪纸”二字的显示时间。

18 选中第1帧并右击，在弹出的快捷菜单中选择“复制帧”命令。

19 选中第240帧并右击，在弹出的快捷菜单中选择“粘贴帧”命令，这样第240帧就与第1帧相同，内容为马。

20 选中第190～第240帧中的任意一帧并右击，在弹出的快捷菜单中选择“创建补间形状”命令，第190～第240帧出现绿色填充和黑色实线箭头，表示形状补间成功。

下面制作剪纸画虎的动作补间动画。

21 单击图层区的“新建图层”按钮创建新图层，在图层名称上双击重命名图层为“虎”。

22 为避免出错，单击图层1后边与“锁定或解除锁定所有图层”按钮对应的圆点，圆点变为锁形，表示图层1被锁定。

23 选中“虎”图层第1帧，将库中的“虎.ai”拖入舞台，使用“任意变形工具”将其调整至合适大小。

24 选择“选择工具”，将虎拖动至舞台右下角位置，按F8键将图像转换为图形元件。在“转换为元件”对话框中按如图2-52所示内容进行设置。

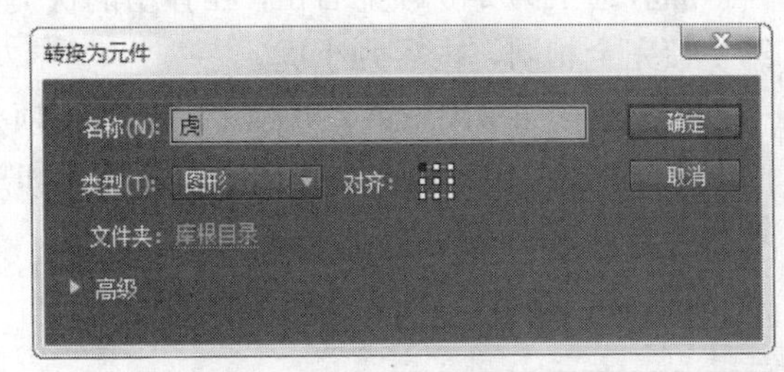

图2-52 转换为“虎”元件

25 选择第30帧，按F6键插入关键帧。

26 选择“任意变形工具”，按下Shift键的同时拖动虎的某一个角，将其调大。

27 选中第1帧并右击，在弹出的快捷菜单中选择“复制帧”命令。

28 选中第45帧并右击，在弹出的快捷菜单中选择“粘贴帧”命令，这样第45帧就与第1帧相同，内容为较小的虎。

29 用与（27）第（28）相同的方法，将第30帧复制至第60帧，这样第60帧就与第30

帧相同，内容为较大的虎。

30 选择第 1 帧，按下 Shift 键的同时单击第 60 帧，这样第 1～第 60 帧全部被选中。在被选中的任意一帧上右击，在弹出的快捷菜单中选择“创建传统补间”命令，则第 1～第 30 帧出现蓝色填充和黑色实线箭头，动画为虎由小到大；第 30～第 45 帧出现蓝色填充和黑色实线箭头，动画为虎由大到小；第 45～第 60 帧出现蓝色填充和黑色实线箭头，动画为虎由小到大。此时时间轴如图 2-53 所示。

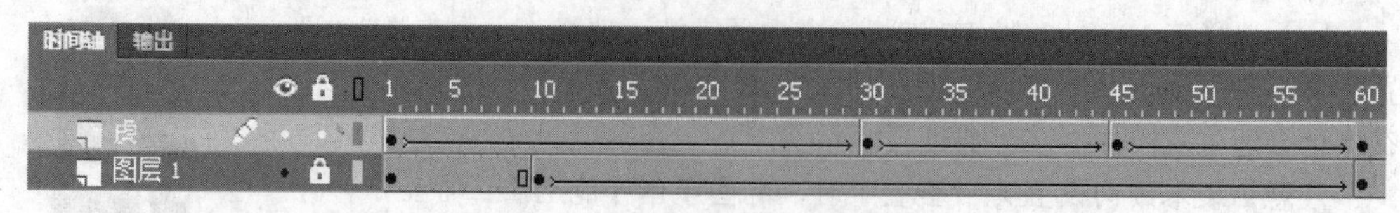

图 2-53　创建传统补间后的时间轴

31 选择第 135 帧，按 F6 键插入关键帧。

32 选中第 60～第 135 帧中的任意一帧并右击，在弹出的快捷菜单中选择“创建传统补间”命令，第 60～第 135 帧出现蓝色填充和黑色实线箭头，表示传统动作补间成功。但因为第 60 帧和第 135 帧这两个关键帧完全相同，此时并无任何动态效果。

33 选中第 60～第 135 帧中的任意一帧，在“属性”面板的“补间”栏，单击“旋转”后边的下拉箭头按钮，选择“逆时针”选项，后边的旋转次数设置为 1，如图 2-54 所示。此时，第 60～第 135 帧的动画效果为虎逆时针旋转一周。

图 2-54　旋转设置

34 选择第 210 帧，按 F6 键插入关键帧。

35 选中第 135～第 210 帧中的任意一帧并右击，在弹出的快捷菜单中选择“创建传统补间”命令，第 135～第 210 帧出现蓝色填充和黑色实线箭头，表示传统动作补间成功。但因为第 135 帧和第 210 帧这两个关键帧完全相同，此时并无任何动态效果。

36 选择第 135～第 210 帧中的任意一帧，在“属性”面板的“补间”栏，单击“旋转”后边的下拉箭头按钮，选择“顺时针”选项，后边的旋转次数设置为 1。此时，第 135～第 210 帧的动画效果为虎顺时针旋转一周。

37 选中第 1 帧并右击，在弹出的快捷菜单中选择“复制帧”命令。

38 选中第 240 帧并右击，在弹出的快捷菜单中选择“粘贴帧”命令，这样第 240 帧就与第 1 帧完全相同，内容为小虎。

39 选中第 210～第 240 帧中的任意一帧并右击，在弹出的快捷菜单中选择“创建传统补间”命令，第 210～第 240 帧出现蓝色填充和黑色实线箭头，表示传统动作补间成功，动画效果为虎由大变小。

40 按下 Ctrl+Enter 组合键测试影片。

2.4　制作补间动画

2.4.1　基本知识

补间动画比传统补间动画更为灵活，可以创建出运动轨迹不规则的补间动画效果。构成补间动画的元素是元件，文本、位图等其他元素都必须转换成元件。另外一个图层中可以包含多个传统补间动画或补间动画，但不能同时出现两种补间动画。

2.4.2 弹跳的汤圆

实例 2-5：制作两个汤圆弹跳的动画

此例在 1.3.2 节建立的文件“汤圆.fla”的基础上制作动画。动画内容为：两个小汤圆自舞台右侧弹跳着，一前一后地跳进了碗里，落在最大的汤圆上，像两只耳朵一样。汤圆上忽闪忽闪地出现了眼睛和嘴巴，成了一个可爱的汤圆娃娃。

1 打开 1.3.2 节建立的文件“汤圆.fla”，选择最外侧的大汤圆，在其上右击，在弹出的快捷菜单中选择“复制”命令将其复制。

2 执行【插入】|【新建元件】命令，打开“创建新元件”对话框。在对话框中设置元件类型为“图形”，将元件命名为“汤圆娃娃”。

3 在“汤圆娃娃”元件编辑状态，在舞台上右击，在弹出的快捷菜单中选择“粘贴到中心位置”命令将第一步复制的汤圆粘贴过来。按下 Alt 键的同时拖动汤圆，可复制得到第二个汤圆。

4 使用工具栏中的“任意变形工具”将第二个汤圆适当缩小。然后按下 Alt 键的同时拖动第二个汤圆，得到第三个汤圆。移动汤圆，使其位置如图 2-55 所示。

5 在图层栏双击“图层 1”，将其重命名为“汤圆”，锁定该图层。

6 单击图层栏的“新建图层”按钮建立新图层，然后双击图层名称，将其重命名为“五官”。

7 选择工具栏中的“椭圆工具”，并选择工具栏下部的“绘制对象”选项，在属性栏的“填充和笔触”栏设置笔触颜色为无，填充颜色为#000000，在大汤圆上画圆作为眼睛。

8 再用同样的方法，画较小的白色圆作为眼中的亮光。

9 拖动矩形覆盖所有椭圆以选中它们，然后按下 Alt 键的同时拖动以生成另外一只眼睛，效果如图 2-56 所示。

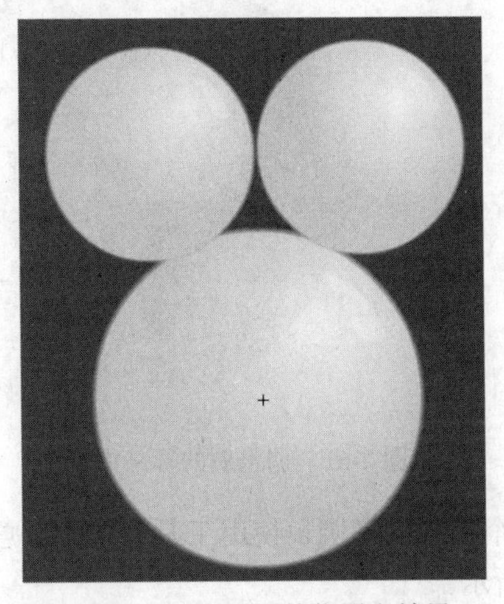

图 2-55　3 个汤圆的位置和效果

图 2-56　长了眼睛的汤圆

10 选择工具栏中的“线条工具”，并取消工具栏下部“绘制对象”选项的选择，在属性栏的“填充和笔触”栏设置笔触大小为 2，颜色为#FF0000，在大汤圆上画直线作为嘴巴。

11 选择工具栏的“选择工具”，在不选择嘴巴的前提下将鼠标指针移至线条中间，此时鼠标指针右下方出现弧线标志，向下拖动线条将线条拉成圆弧，松开鼠标。按下 Alt 键的同时向上拖动圆弧的中点，使该位置出现拐点，效果如图 2-57 所示。

12 选择工具栏中的“椭圆工具”，在属性栏的“填充和笔触”栏设置笔触颜色为无，填充颜色为#FF9999，确保非“绘制对象”状态下，在大汤圆上画一个椭圆作为脸上的红晕。

13 执行【修改】|【形状】|【柔化填充边缘】命令，如图 2-58 所示在对话框中设置“距离”和“步长数”都为 10，方向为“插入”方式。完成后效果如图 2-59 所示。

图 2-57　长了嘴巴的汤圆

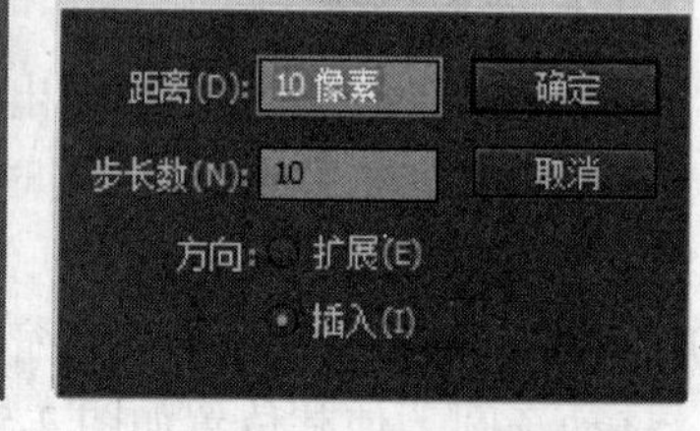

图 2-58　“柔化填充边缘”设置

图 2-59　红晕效果

14 选择工具栏中的“椭圆工具”，在属性栏的“填充和笔触”栏设置笔触颜色为无，填充颜色为#FF9999，确保非“绘制对象”状态下，在小汤圆上画如图 2-60 所示形状的椭圆作为耳朵内轮廓。

15 选择工具栏的“选择工具”，在椭圆未被选中的前提下，将鼠标指针移至椭圆下侧线条的中间，按下 Alt 键的同时向下拖动使该位置出现拐点，效果如图 2-61 所示。

图 2-60　耳朵内轮廓

图 2-61　调整后的耳朵内轮廓

16 按下 Alt 键的同时拖动椭圆，复制得到一个相同的椭圆，使用工具栏的“任意变形工具”调整两个椭圆的方向和位置，效果如图 2-62 所示。

17 选择一个小汤圆，在其上右击，在弹出的快捷菜单中选择“复制”命令将其复制。

18 在图层栏中的“汤圆”图层上右击，在弹出的快捷菜单中选择“删除图层”命令，将 3 个汤圆全部删除，此时只剩下五官。

19 切换回场景 1。隐藏“背景”图层，将现有图层全部锁定。在时间轴第 110 帧从最上边图层拖动至最下边图层，则所有图层的第 110 帧都被选中，按下 F5 键插入普通帧。

20 选择“汤圆”图层，单击“新建图层”按钮，新建图层并将其重命名为“小汤圆 1”。再次单击“新建图层”按钮新建图层，并将其重命名为“小汤圆 2”。此时图层栏如图 2-63 所示。

21 选中“小汤圆 1”图层，在其第 10 帧处单击，按下 F6 键在第 10 帧处插入关键帧。在舞台上右击，在弹出的快捷菜单中选择“粘贴到中心位置”命令将第（17）步复制的汤圆粘贴过来。将小汤圆移动至舞台右侧偏上位置。

图 2-62 汤圆娃娃

图 2-63 图层

22 选中“小汤圆 2”图层，在其第 30 帧处单击，按下 F6 键在第 30 帧处插入关键帧。在舞台上右击，在弹出的快捷菜单中选择“粘贴到中心位置”命令将第（17）步复制的汤圆粘贴过来。将小汤圆 2 移动至舞台右侧偏上位置。

23 在“小汤圆 1”图层第 10～第 110 帧中的任一帧上右击，在弹出的快捷菜单中选择“创建补间动画”命令，第 10～第 110 帧变蓝。

24 选择“小汤圆 1”图层第 35 帧，将舞台中的小汤圆拖动到如图 2-64 所示的位置，此时小汤圆的两个关键帧间出现点状线。

图 2-64 第一段位移点状线

25 选择“小汤圆 1”图层第 60 帧，将舞台中的小汤圆拖动到如图 2-65 所示位置，此时小汤圆的第 2 和第 3 个关键位置之间出现点状线。

26 选择工具栏的“选择工具”，分别拖动两端点状线中部，使两段点状线变为如图 2-66 所示的弧线，弧线即为小汤圆的运动轨迹。按下 Ctrl+Enter 组合键即可测试效果。

27 锁定并隐藏“小汤圆 1”图层。

28 按照（23）～（27）步的方法，对“小汤圆 2”图层的汤圆在第 30～第 110 帧创建补间动画，且在第 55 帧和第 80 帧设置关键帧，制作出类似小汤圆 1 的动画效果。

29 选择“小汤圆 2”图层，单击“新建图层”按钮，新建图层并将其重命名为“五官”。

30 在时间轴选择“五官”图层的第 83 帧，按下 F6 键插入关键帧。从库面板中将元件“汤圆娃娃”拖入舞台，放置在如图 2-67 所示的位置。

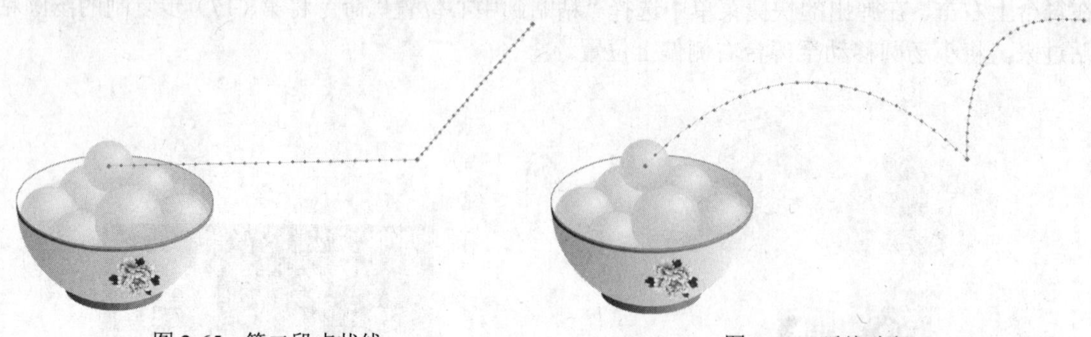

图 2-65　第二段点状线　　　　图 2-66　弧线路径

图 2-67　舞台中的汤圆娃娃

31 使用“选择工具”选中“五官”，在属性面板的“色彩效果”栏单击“样式”下拉箭头按钮，选择“Alpha”选项，设置 Alpha 值为 10%。

32 在时间轴选择“五官”图层的第 84 帧，按下 F6 键插入关键帧。使用“选择工具”选中“五官”，在属性面板的“色彩效果”栏设置 Alpha 值为 20%。

33 按照上一步的方法，在第 85 帧设置 Alpha 值为 30%，第 86 帧设置 Alpha 值为 40%，第 87 帧设置 Alpha 值为 50%，第 88 帧设置 Alpha 值为 40%，第 89 帧设置 Alpha 值为 30%，第 90 帧设置 Alpha 值为 20%，第 91 帧设置 Alpha 值为 10%，第 92 帧设置 Alpha 值为 20%，第 93 帧设置 Alpha 值为 30%，第 94 帧设置 Alpha 值为 40%，第 95 帧设置 Alpha 值为 50%，第 96 帧设置 Alpha 值为 60%，第 97 帧设置 Alpha 值为 70%，第 98 帧设置 Alpha 值为 80%，第 99 帧设置 Alpha 值为 90%，第 100 帧设置 Alpha 值为 100%。

34 此时时间轴如图 2-68 所示。按下 Ctrl+Enter 组合键即可测试动画。

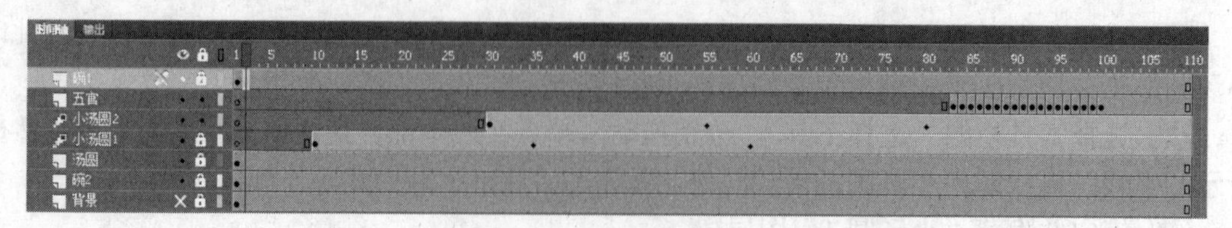

图 2-68　最终时间轴

35 执行【文件】|【另存为】命令，将文件保存为“汤圆_动画.fla”。

第3章 高级动画

3.1 高级动画概述

3.1.1 运动引导动画技法

什么是引导层呢？引导层就是把画出的线条作为动作补间元件的轨道。引导层类似于一个引路者，指引相关物体按照预定的想法来行动。比如：一个纸飞机要从 A 点飞到 B 点，它的运动轨迹就是要绘制的引导层。

引导层的作用：绘制其他图层对象的运动轨迹的图层。如图 3-1 所示，引导层为一个球指定运动轨迹。

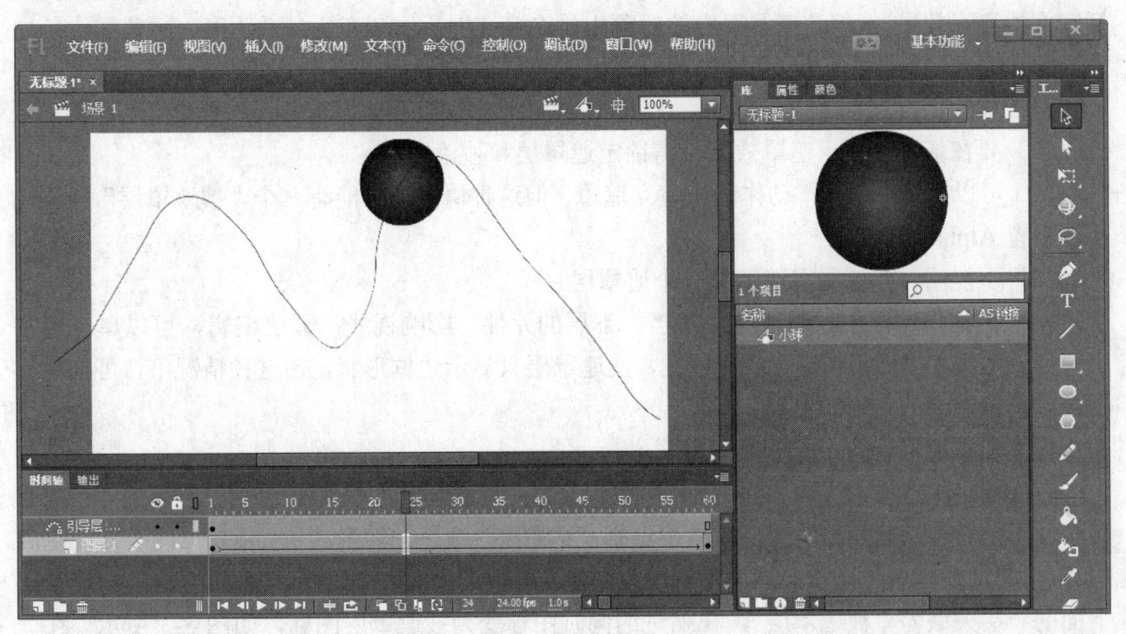

图 3-1 引导层

引导层的特点：

（1）引导层在导出的 SWF 文件中不可见，不会对画面的美观造成影响，不会增加文件的大小，而且还可以多次使用。通常情况下，引导层和补间动画一起使用，指定动画对象的运动轨迹，两者相辅相成。

（2）引导层必须是打散的图形，也就是画的线不能组合。

（3）被引导层在引导层的下面，并且呈现缩进状态，表明一种引导和被引导的关系。

（4）被引导层对象吸附到引导线时一定要准确。运动对象在起始关键帧中的位置一定要在引导层线条上（通常与引导层线条的一端重合）；运动对象在终止关键帧中的位置也一定要在引导层线条上（通常与引导层线条的另一端重合）。

创建引导层的方法有两种，一种方法是直接选择一个图层，执行“添加传统运动引导层”命令，即可在该图层上创建该图层的引导层，如图 3-1 所示；另一种方法是先执行“引导层”命令，使其自身变成引导层，再将其他图层拖曳到引导层中，使其归属于引导层。在一个运动引导层下可以建立一个或多个被引导层。

3.1.2 遮罩动画技法

遮罩动画是 Flash 中一个很重要的动画类型，很多效果丰富的动画都是通过遮罩动画来完成的。在 Flash 的图层中有一个遮罩图层类型，为了得到特殊的显示效果，可以在遮罩层上创建一个任意形状的“视窗”，遮罩层下方的对象可以通过该“视窗”显示出来，而“视窗”之外的对象将不会显示。

在 Flash 动画中，“遮罩”主要有两种用途，一种是用在整个场景或一个特定区域，使场景外的对象或特定区域外的对象不可见；另一种是用来遮罩住某一元件的一部分，从而实现一些特殊的效果。

遮罩层的基本原理是：能够透过该图层中的对象看到“被遮罩层”中的对象及其属性（包括它们的变形效果），但是遮罩层中的对象中的许多属性，如渐变色、透明度、颜色和线条样式等却是被忽略的。

遮罩层的特点：

（1）要在场景中显示遮罩效果，需锁定遮罩层和被遮罩层。

（2）可以用“Actions”动作语句建立遮罩，但这种情况下只能有一个“被遮罩层”，同时，不能设置 Alpha 属性。

（3）不能用一个遮罩层遮蔽另一个遮罩层。

（4）在制作过程中，遮罩层经常挡住下层的元件，影响视线，无法编辑，可以单击遮罩层时间轴面板的“显示图层轮廓”按钮，使遮罩层只显示边框形状，在这种情况下，可拖动边框调整遮罩图形的外形和位置。

（5）在被遮罩层中不能放置动态文本。

在 Flash 中没有一个专门的按钮来创建遮罩层，遮罩层其实是由普通图层转化的。只需在某个图层上右击，在弹出的快捷菜单中选择“遮罩层”命令，如图 3-2 所示，该图层就会生成遮罩层，“层图标”就会从普通层图标变为遮罩层图标，如图 3-3 所示；系统会自动把遮罩层下面的一层关联为“被遮罩层”，在缩进的同时图标变为被遮罩层图标，如图 3-3 所示。在一个遮罩层下可以关联一个或多个被遮罩层。

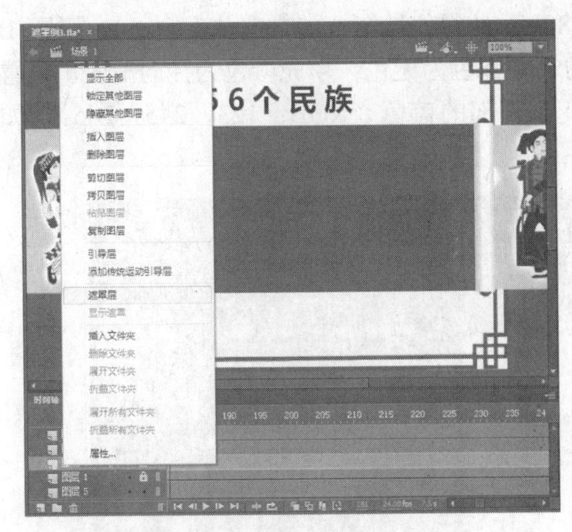

图 3-2　选取“遮罩层”

图 3-3　普通层图标变为遮罩层图标

3.2　案例应用

3.2.1　运动引导动画——蝴蝶会

案例说明：本例主要使用变形工具、引导层与3D旋转功能来制作。

操作步骤：

1 设置文档。新建一个 Flash 空白文档，执行【修改】|【文档】命令，打开“文档设置”对话框，在对话框中将“舞台大小”设置为 850×500，将“帧频”设置为“24”（默认值），完成后单击“确定”按钮。

2 导入所需图片。执行【文件】|【导入】|【导入到库】命令，将背景4图片导入到库。

3 制作背景。选中图层1的第1帧，将背景4图片拖入舞台，执行【修改】|【变形】|【缩放和旋转】命令，将图片缩放 75%，调整图片位置。使用“工具”面板中的“文本工具”在舞台上输入“蝴蝶会”三个字，在属性面板中设置字符系列为幼圆，大小为56磅，颜色为黑色，字符间距为2。使用“工具”面板中的“文本工具”在舞台上输入一段关于蝴蝶会的介绍文字，在属性面板中设置字符系列为幼圆，大小为18磅，颜色为黑色，如图3-4所示。

4 添加图层。添加图层2、图层3，在图层1的第240帧上右击，在弹出的快捷菜单中执行“插入帧”命令，将背景图片延长到第240帧，锁定图层1。

5 制作飞舞的蝴蝶。

（1）执行【文件】|【导入】|【导入到库】命令，将处理好的蝴蝶翅膀图片导入到库中。执行【插入】|【新建元件】命令，建立一个名称为“翅膀”的影片剪辑元件，同时打开元件编辑舞台。选中图层1的第1帧，将蝴蝶翅膀图片拖入到舞台中。

（2）执行【插入】|【新建元件】命令，建立一个名称为“蝴蝶”的影片剪辑元件，同时打开元件的编辑舞台。选中图层1的第1帧，使用“工具”面板中的“椭圆工具”在舞台上绘制两个椭圆。其中椭圆A作为蝴蝶的身子，在颜色面板中（执行【窗口】|【颜色】命令可调用颜色面板）设置椭圆A的笔触颜色为无色；填充颜色为线性渐变，设置效果为蓝（RGB：60，245，245）黑相间，尾部为褐色（RGB：93，37，18），如图3-5所示（可执行【修改】|

【变形】|【任意变形】命令，将椭圆 A 旋转 180°，使得线性渐变的方向从上到下）。椭圆 B 作为蝴蝶的头部，在颜色面板中设置椭圆 B 的笔触颜色为无色；填充颜色为径向渐变，设置效果为从中心的褐色（RGB：60，12，12）变到外部的蓝色（RGB：123，245，245），如图 3-6 所示。

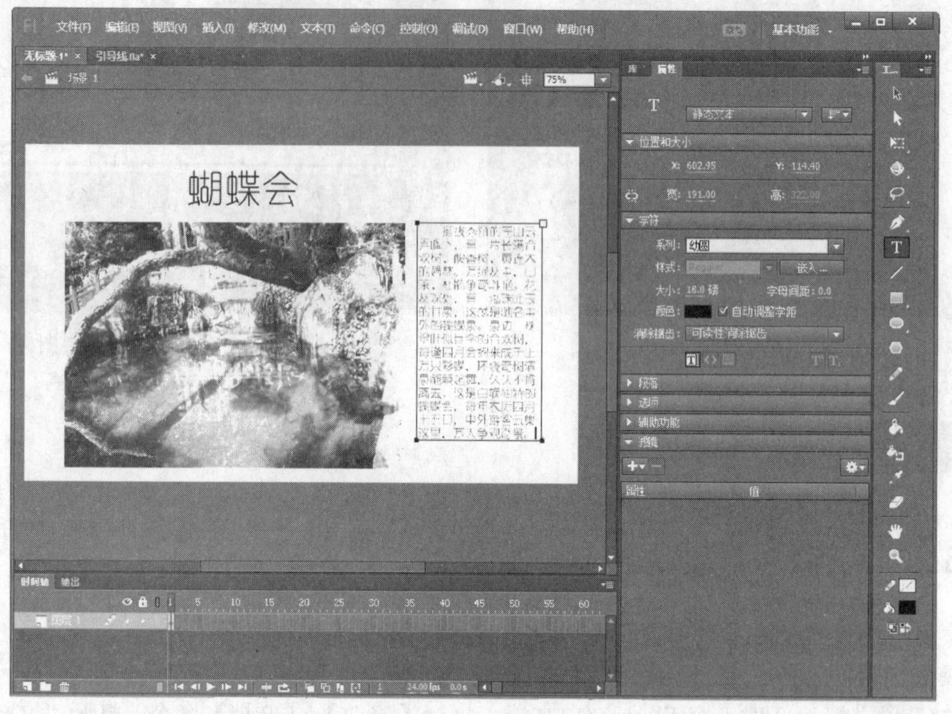

图 3-4　字体设置

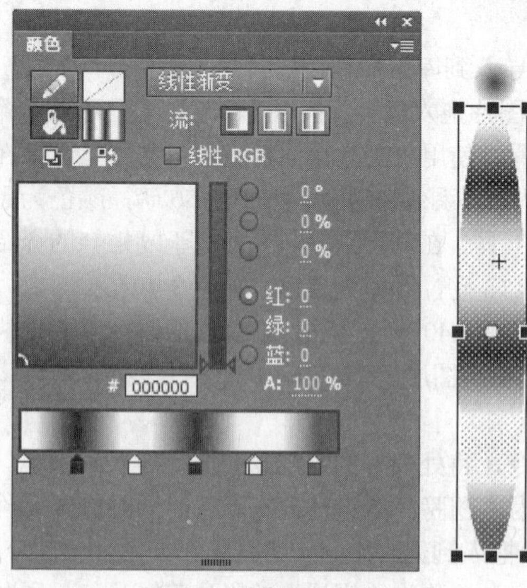

图 3-5　设置椭圆 A 的颜色

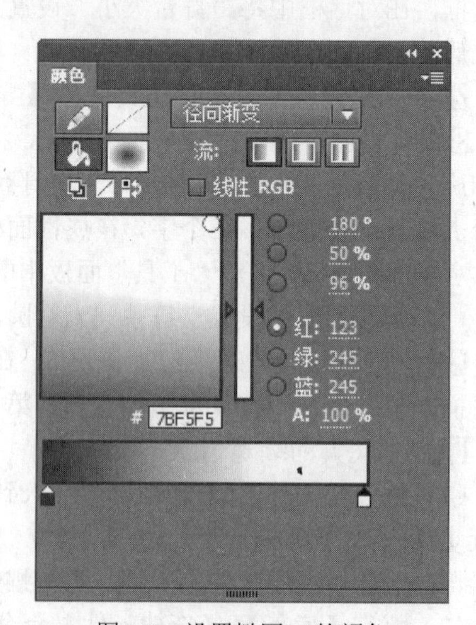

图 3-6　设置椭圆 B 的颜色

（3）选中图层 1 的第 1 帧，使用“工具”面板中的“铅笔工具”在舞台上绘制两条触须。

（4）添加图层 2、图层 3。在图层 1 的第 25 帧上右击，在弹出的快捷菜单中执行“插入帧”命令，将蝴蝶的身子延长到第 25 帧，锁定图层 1。

（5）选中图层 2 第 1 帧，将“翅膀”元件拖入舞台中，放置到合适的位置。选中图层 2 第 1 帧舞台上的蝴蝶翅膀，执行【编辑】|【复制】命令。选中图层 3 第 1 帧，执行【编辑】|【粘贴到当前位置】命令，将其复制粘贴一份。移动图形的变形点（图片变形时，图片上有一个白色的空心圆点即为变形点）到最左边中间的位置，如图 3-7 所示。执行【修改】|【变形】|【水平翻转】命令，将其翻转，翻转效果如图 3-8 所示。

图 3-7　翻转前，设置变形点

图 3-8　翻转后的效果

（6）锁定图层 3。执行【窗口】|【变形】命令，调出变形面板，如图 3-9 所示。在图层 2 的第 1 帧上右击，在弹出的快捷菜单中执行“创建补间动画”命令。在图层 2 的第 25 帧上右击，在弹出的快捷菜单中执行“插入帧”命令。选中图层 2 的第 25 帧，使用“工具”面板中的“3D 旋转工具”对翅膀元件 Y 轴方向旋转-76°（先要将 3D 中心点设置在翅膀最左边中间的位置），如图 3-9 所示。

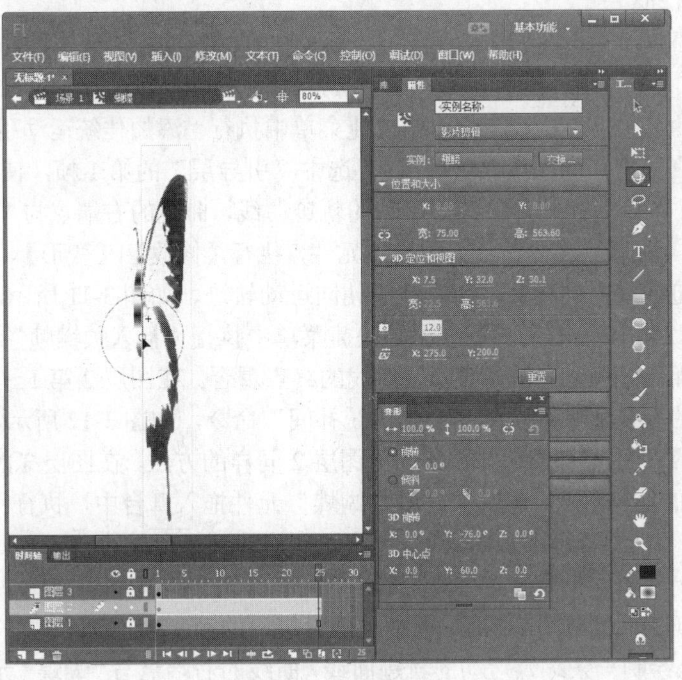

图 3-9　变形面板

（7）锁定图层 2，解锁图层 3。用同样的方法，在图层 3 的第 1 帧上右击，在弹出的快捷菜单中执行“创建补间动画”命令。在图层 3 的第 25 帧上右击，在弹出的快捷菜单中执行“插入帧”命令。选中图层 3 的第 25 帧，使用“工具”面板中的“3D 旋转工具”对翅膀元件 Y 轴方向旋转 76°（先要将 3D 中心点设置在翅膀最右边中间的位置），如图 3-10 所示。

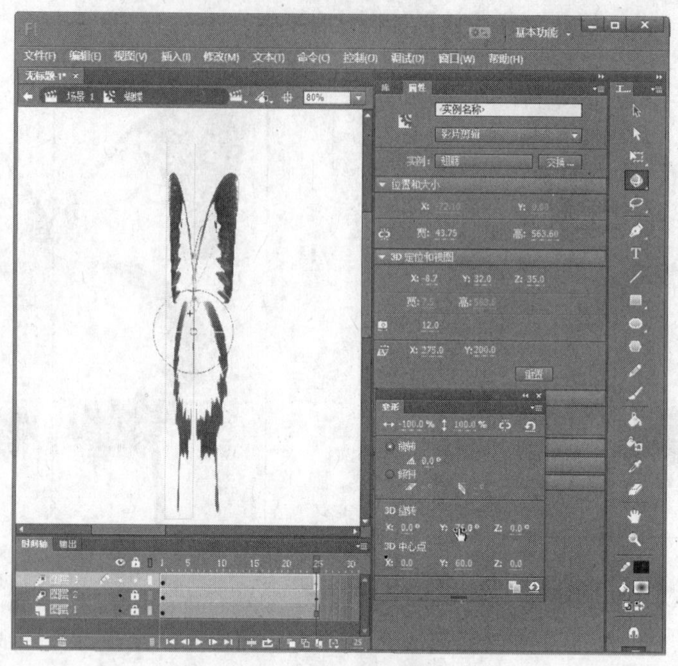

图 3-10　旋转翅膀元件

此时，执行【控制】|【播放】命令，可以看到蝴蝶扇动翅膀的效果。

注意： *为了在场景中有更好的动态效果，则需在属性面板中调整合适的透视角度，此例调整透视角度为 12°。*

6 返回到场景 1，选中图层 2 的第 1 帧，将制作好的蝴蝶元件拖入舞台中，执行【修改】|【变形】|【缩放和旋转】命令，将元件缩放 6%，并将元件移动到舞台外的右下方，如图 3-11 所示。在图层 2 的名称上右击，在弹出的快捷菜单中执行“添加传统运动引导层”命令，将自动在图层 2 上建立一个新的图层“引导层”。选中“引导层”的第 1 帧，使用“工具”面板中的“铅笔工具”在舞台上绘制一条蝴蝶运动的轨迹曲线，曲线的右端点与“蝴蝶”元件的变形点重合，如图 3-11 所示。选中舞台上的蝴蝶元件，执行【修改】|【变形】|【任意变形】命令，将蝴蝶元件沿轨迹曲线方向旋转，使蝴蝶头朝向运动轨迹，如图 3-11 所示。

在图层 2 第 240 帧上右击，在弹出的快捷菜单中执行“插入关键帧”命令，然后将“蝴蝶”元件移动至舞台外左上方的位置，与曲线的终点重合。在图层 2 第 1～第 240 帧的时间轴上右击，在弹出的快捷菜单中执行“创建传统补间”命令，如图 3-12 所示。

7 锁定图层 2 及图层 2 的引导层。用与图层 2 同样的方法，在图层 3 的第 40 帧插入关键帧。选中图层 3 的第 40 帧，将制作好的“蝴蝶”元件拖入舞台中，执行【修改】|【变形】|【缩放和旋转】命令，将元件缩放 6.4%，并将元件移动到舞台外的右下方，如图 3-13 所示。在图层 3 的名称上右击，在弹出的快捷菜单中执行“添加传统运动引导层”命令，将自动在图层 3 上建立一个新的图层“引导层”。选中“引导层”的第 1 帧，使用“工具”面板中的“铅笔工具”在舞台上绘制一条蝴蝶运动的轨迹曲线，曲线的右端点与“蝴蝶”元件的变形点重合，如图 3-13 所示。

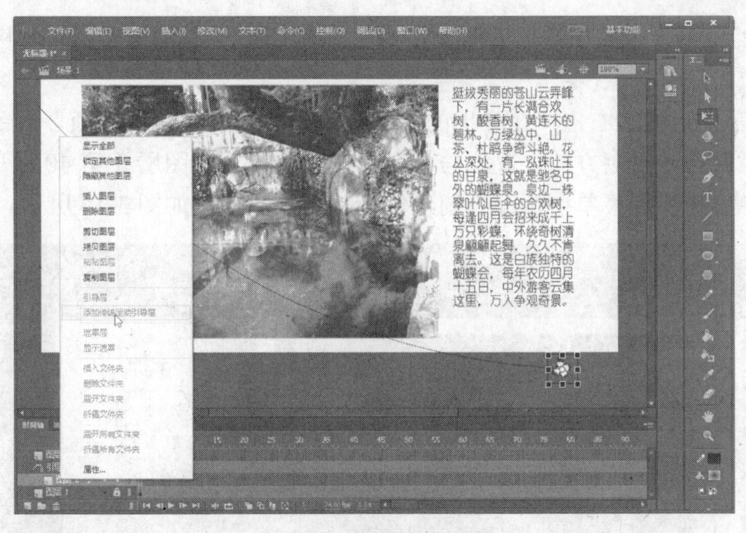

图 3-11　旋转蝴蝶元件

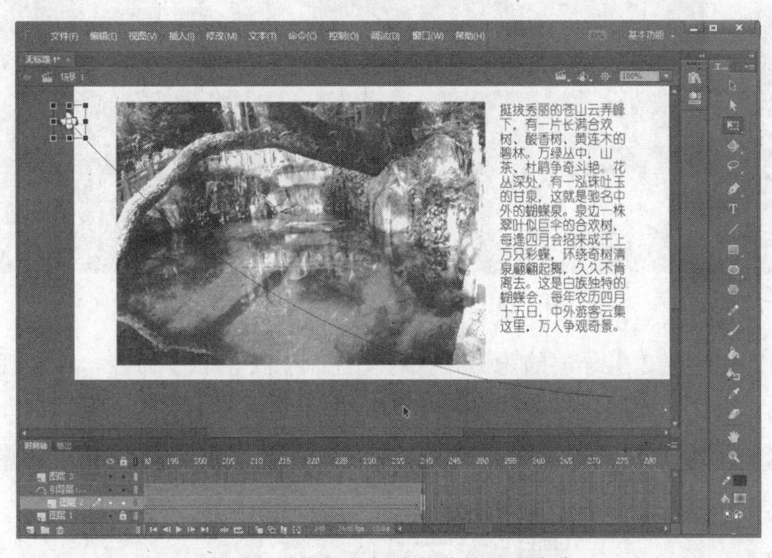

图 3-12　执行“创建传统补间”命令

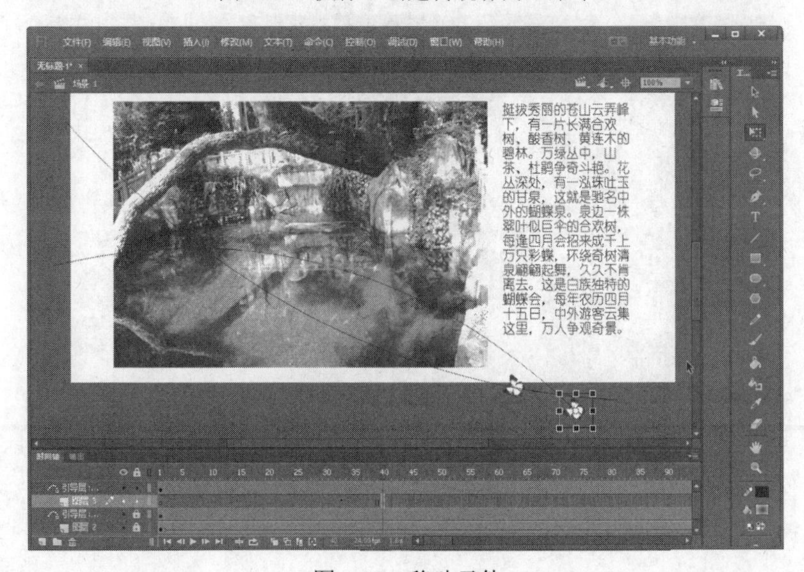

图 3-13　移动元件

为了图层 2 和图层 3 在制作时相互不影响。在制作图层 3 的时候，可将图层 2 及图层 2 的引导层锁定或隐藏。

在图层 3 第 240 帧上右击，在弹出的快捷菜单中执行“插入关键帧”命令。然后将“蝴蝶”元件移动至舞台外左上方的位置，与曲线的终点重合。在图层 3 第 40～第 240 帧的时间轴上右击，在弹出的快捷菜单中执行“创建传统补间”命令，如图 3-14 所示。

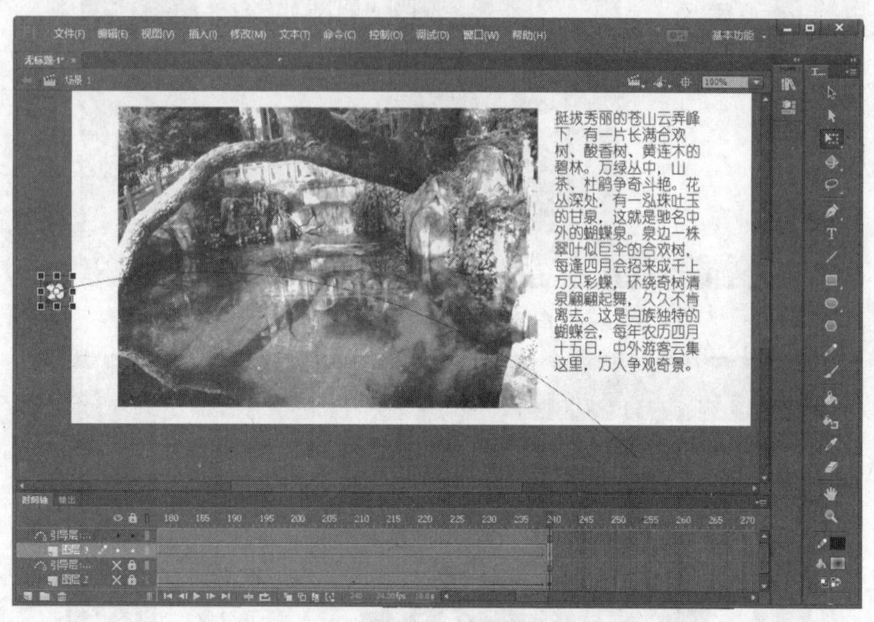

图 3-14　绘制蝴蝶运动的轨迹曲线

取消图层 2 及图层 2 引导层的隐藏，执行【控制】|【测试】命令，即可观看动画效果，如图 3-15 所示。制作完成后，保存文件。

图 3-15　动画效果

3.2.2 案例：遮罩动画——那达慕

案例说明：本例主要使用文本工具、遮罩与逐帧动画来制作马赛克效果。

操作步骤：

1 设置文档。新建一个Flash空白文档，执行【修改】|【文档】命令，打开“文档设置”对话框，在对话框中将“舞台大小”设置为550×400（默认值），将“帧频”设置为“24”（默认值），完成后单击“确定”按钮。

2 导入所需图片。执行【文件】|【导入】|【导入到库】命令，将摔跤图片、赛马图片导入到库。

3 添加图层。在场景1中执行【插入】|【时间轴】|【图层】命令，添加图层2～图层4。在时间轴面板中双击各图层名称，分别将“图层1”“图层2”“图层3”“图层4”重命名为“背景”“摔跤”“赛马”“zz”，如图3-16所示。

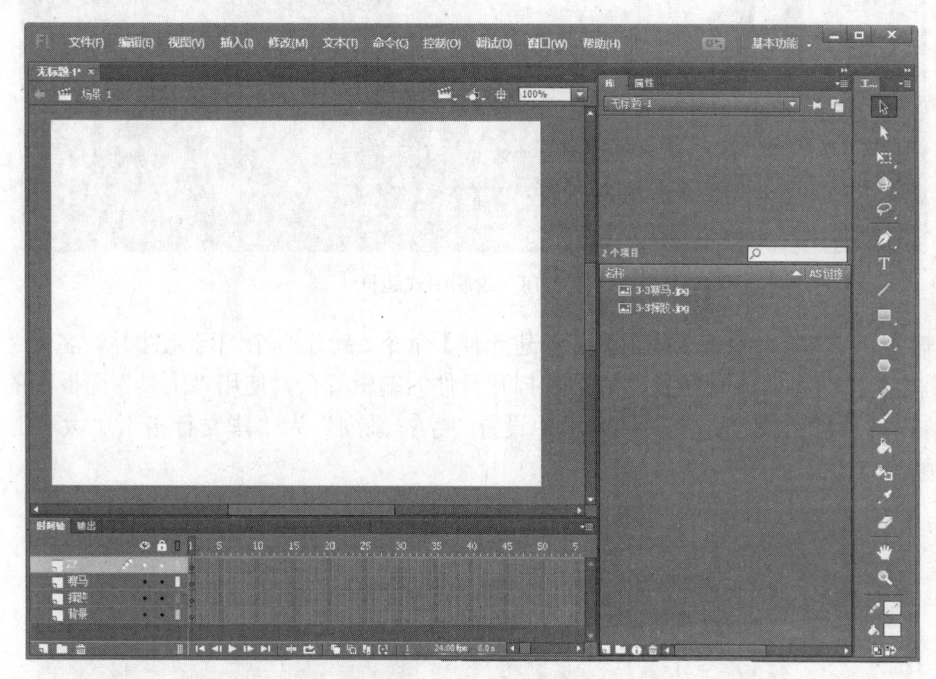

图3-16 添加图层并重命名

4 绘制中式边框。执行【插入】|【新建元件】命令，新建一个图像元件并命名为“中式边框”，如图3-17所示。

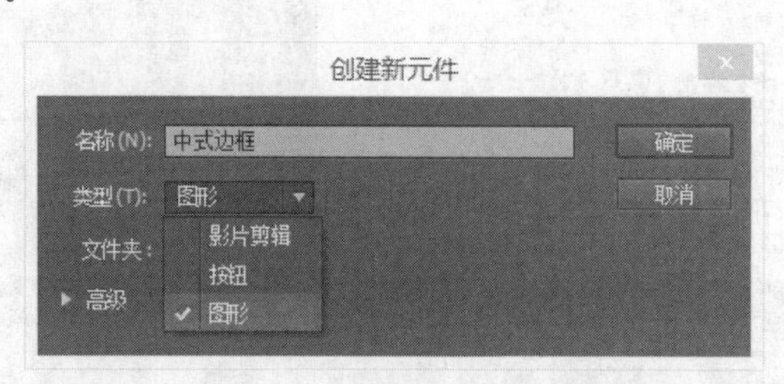

图3-17 新建图像元件

单击“确定”按钮将在建立新元件的同时打开元件的编辑舞台，使用“工具”面板中的“线条工具”，在“线条工具”的属性面板中设置“笔触”颜色为红色、“填充”颜色为无色、

“笔触”粗细为“5.00”、端点为“方形”。然后在舞台中绘制中式边框（绘制时可用橡皮擦工具擦除多余的线条），如图 3-18 所示。

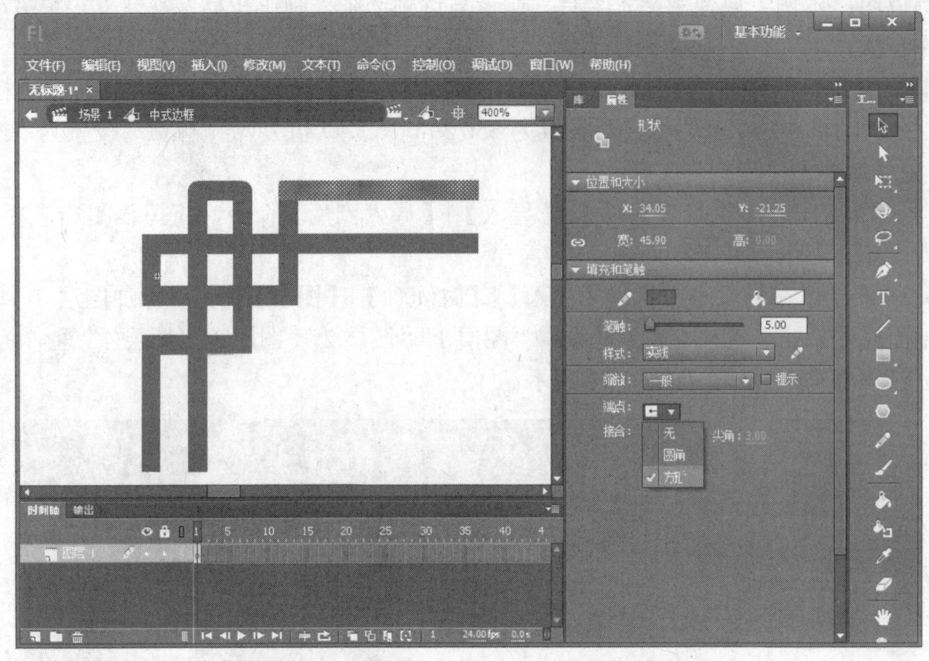

图 3-18　绘制中式边框

5 输入介绍文字。执行【插入】|【新建元件】命令，新建一个图形元件并命名为“介绍”。单击“确定”按钮将在建立新元件的同时打开元件的编辑舞台，使用“工具”面板中的“文本工具”在舞台中输入文字，在属性面板中设置“字符系列”为“华文行楷”、“大小”为“18 磅”、颜色为黑色。如图 3-19 所示。

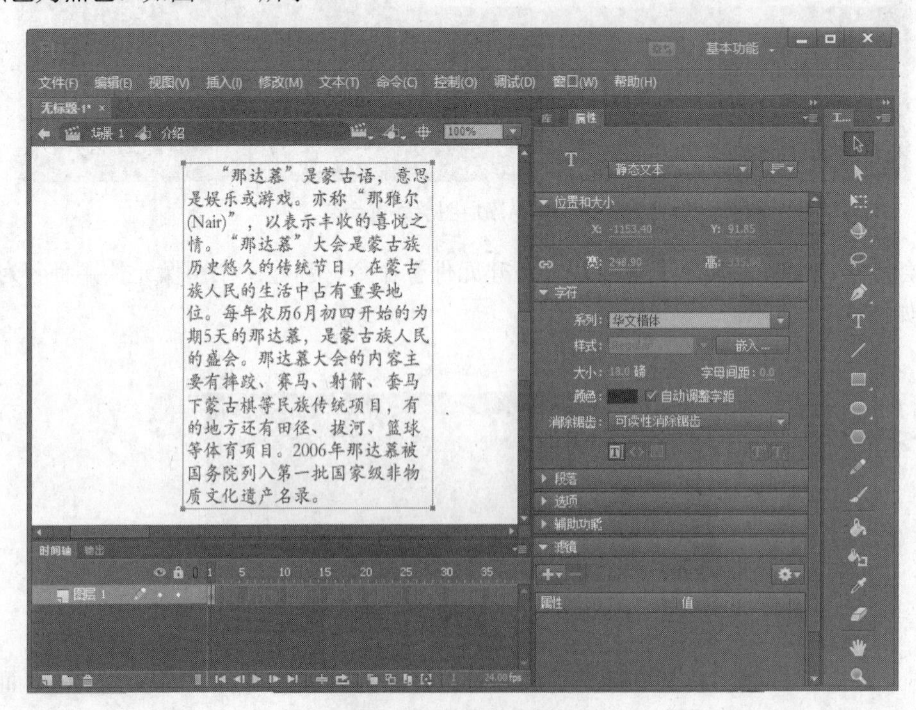

图 3-19　设置文字属性

6 锁定图层。返回到场景 1，按住 Ctrl 键，选取“摔跤”“赛马”“zz” 3 个图层，执行【修改】|【时间轴】|【图层属性】命令，在打开的“图层属性”对话框中，将选取的 3 个图层设置为锁定状态，如图 3-20 和图 3-21 所示。

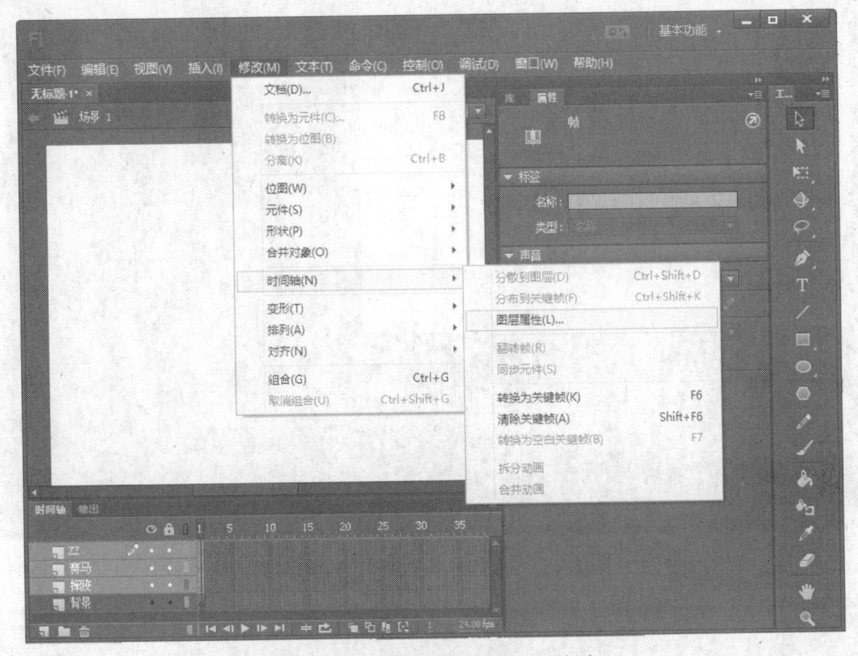

图 3-20　选取“图层属性”命令

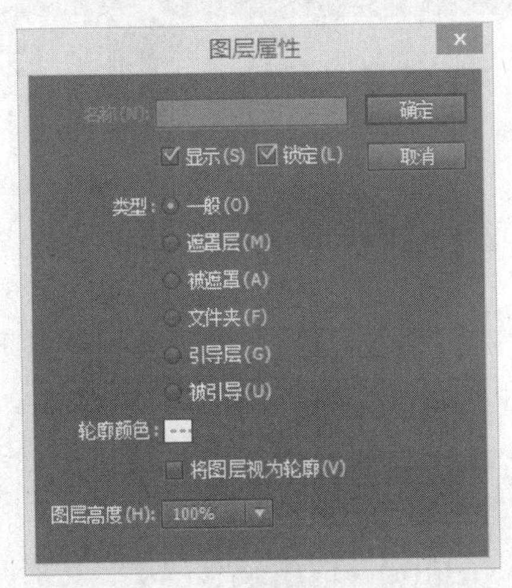

图 3-21　锁定 3 个图层

7 设置背景。选取“背景”图层的第 1 帧，将图形元件“介绍”拖入舞台，放置在合适的位置。将图形元件“中式边框”拖入舞台，放置在合适的位置，如图 3-22 所示。

选取舞台中的“中式边框”元件，执行【编辑】|【复制】命令，再执行【编辑】|【粘贴到中心位置】命令，舞台中心将复制产生一个“中式边框”元件。选取此元件，执行【修改】|【变形】|【任意变形】命令，将元件旋转 180°，并移动到舞台的右下角，如图 3-23 所示。

选取“背景”图层的第 1 帧，使用“工具”面板中的“文本工具”，在舞台中输入“那达慕”三个字，在属性面板中设置字符系列为“华文琥珀”、大小为 58 磅、颜色为黑色。调整好文字在舞台中的位置，如图 3-24 所示。

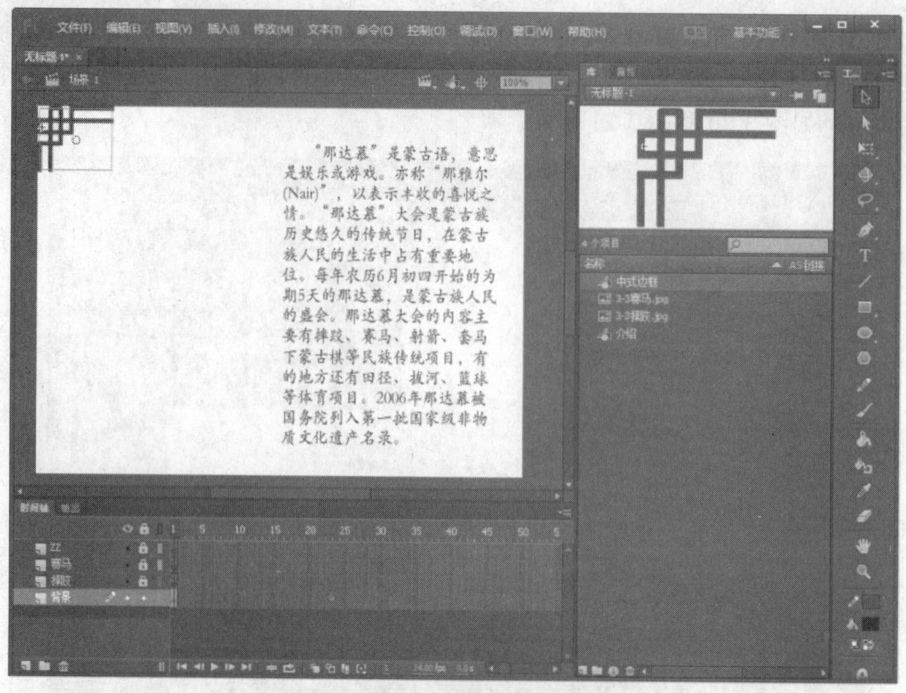

图 3-22　将"中式边框"拖入舞台

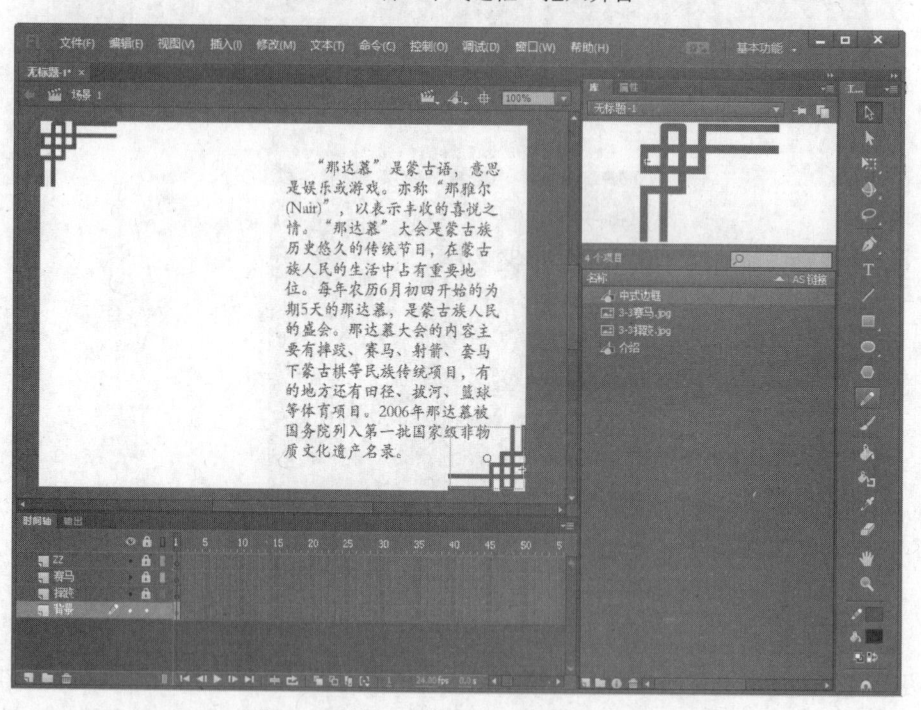

图 3-23　旋转元件并移动到舞台右下角

在"背景"图层的第 60 帧上右击，在弹出的快捷菜单中选择"插入帧"命令，将背景效果延长至第 60 帧，如图 3-25 所示。

8 设置第一张图片。锁定"背景"图层，解锁"摔跤"图层，选取"摔跤"图层的第 1 帧，将库中的"摔跤"图像拖入舞台中，并调整其大小（缩放 25%），放置到合适的位置（X 坐标为 32，Y 坐标为 152），如图 3-26 所示。

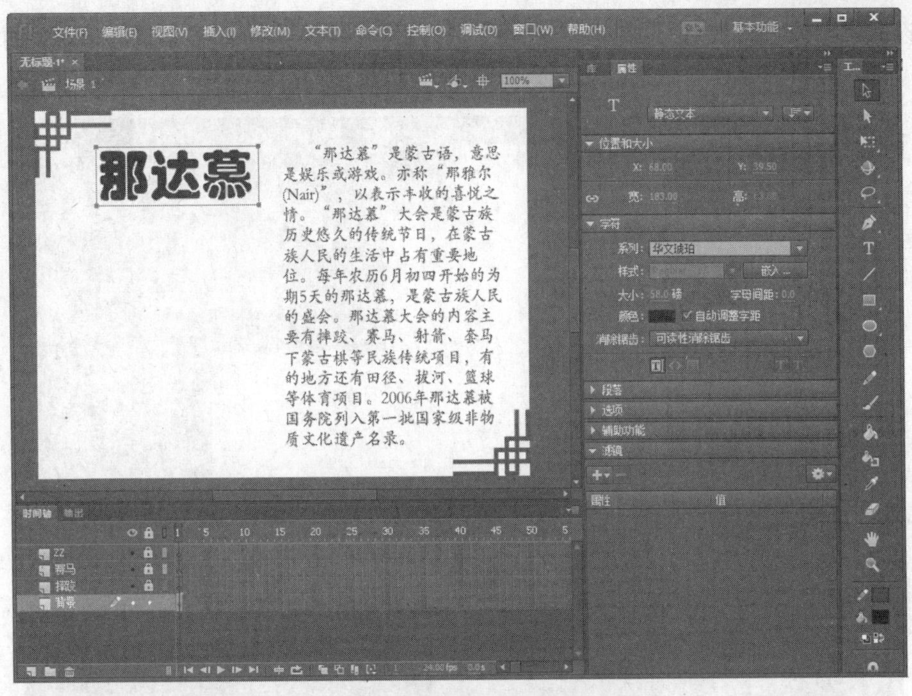

图 3-24　调整文字在舞台中的位置

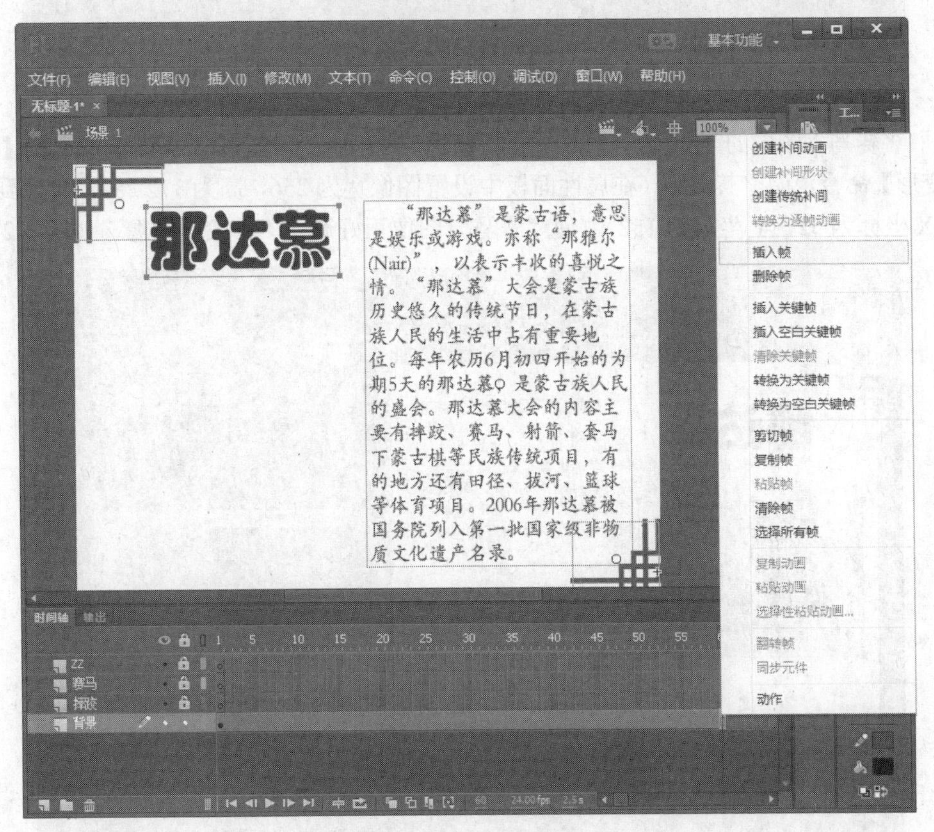

图 3-25　在第 60 帧处插入帧

在“摔跤”图层的第 60 帧上右击，在弹出的快捷菜单中选择“插入帧”命令，将图像显示延长至第 60 帧。

9 设置第二张图片。锁定“摔跤”图层，解锁“赛马”图层。在“赛马”图层的第 10 帧上右击，在弹出的快捷菜单中选择“插入关键帧”命令。

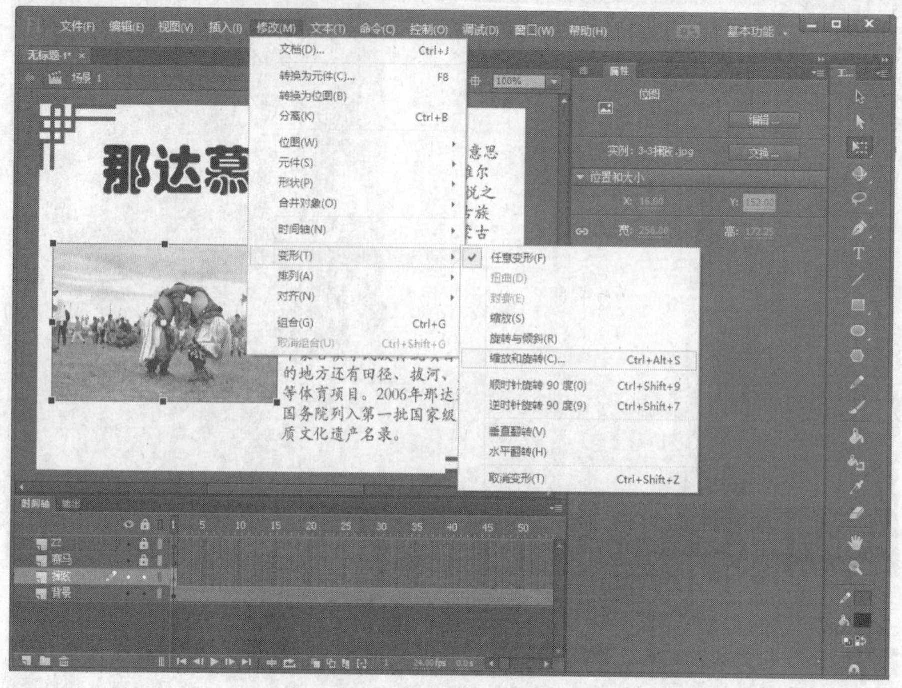

图 3-26　设置第一张图片

选取“赛马”图层的第 10 帧，将库中的“赛马”图像拖入舞台中，执行【修改】|【变形】|【任意变形】命令，调整其大小（在属性面板中设置图像宽为 256，高为 172.25），放置到合适的位置（X 坐标为 32，Y 坐标为 152），使“赛马”图像正好遮住“摔跤”图像，如图 3-27 所示。

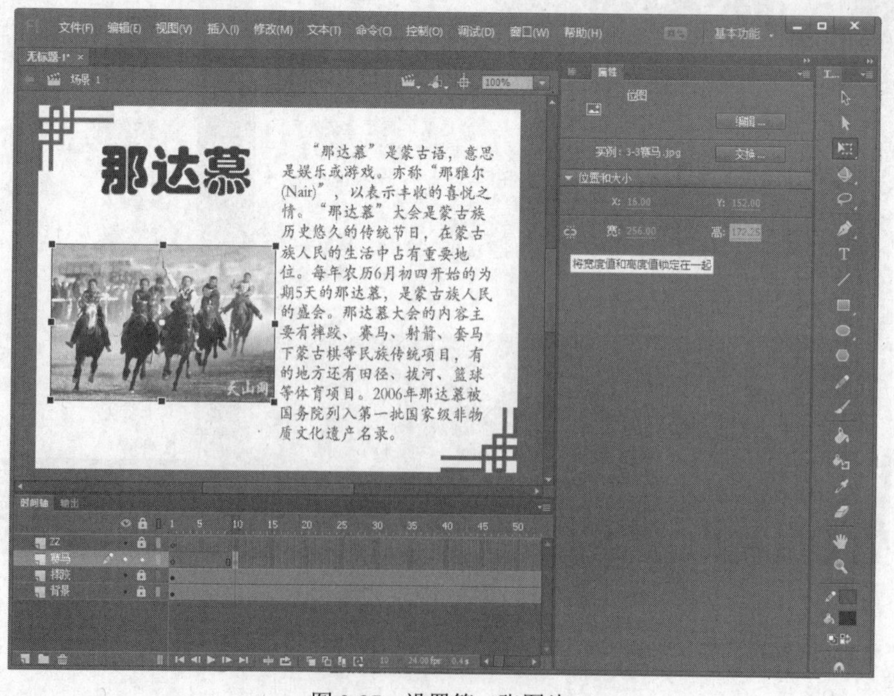

图 3-27　设置第二张图片

在“赛马”图层的第60帧上右击，在弹出的快捷菜单中选择“插入帧”命令，将图像显示延长至第60帧。

10 制作马赛克效果（1）。锁定“赛马”图层，解锁“zz”图层。在“zz”图层的第10帧上右击，在弹出的快捷菜单中执行“插入关键帧”命令。

执行【视图】|【网格】|【编辑网格】命令，在打开的“网格”对话框中设置“显示网格”“在对象上方显示”，设置网格大小为水平方向“30像素”、垂直方向“30像素”，如图3-28所示。单击“确定”按钮，可看到舞台上出现灰色网格线。

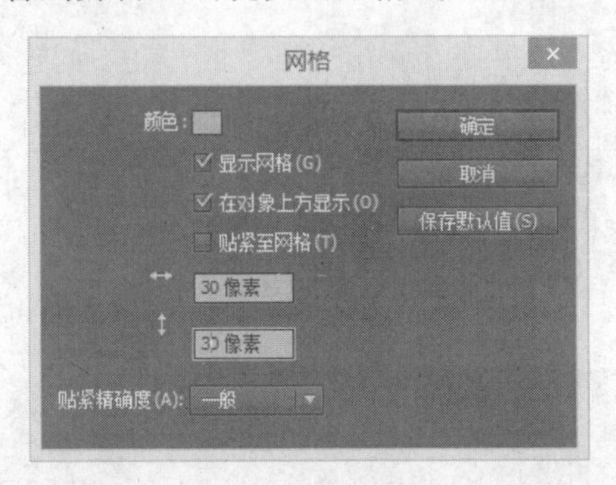

图3-28 编辑网格

选取“zz”图层第10帧，使用“工具”面板上的“矩形工具”，在属性面板中设置笔触颜色为无色，填充颜色为红色，绘制一个32×32像素的矩形，如图3-29所示。

图3-29 绘制矩形

执行【修改】|【分离】命令，将红色矩形打散。选取打散后的红色“矩形”，执行【编辑】|【复制】命令将其复制，再执行【编辑】|【粘贴到中心位置】命令10次，复制出10个红色矩形，并将它们分别移动到网格的不同位置，如图3-30所示。

11 制作马赛克效果（2）。在“zz”图层第20帧上右击，在弹出的快捷菜单中执行“插入关键帧”命令。继续执行【编辑】|【粘贴到中心位置】命令11次，复制出11个红色矩形，

并将它们分别移动到网格的不同位置，如图 3-31 所示。

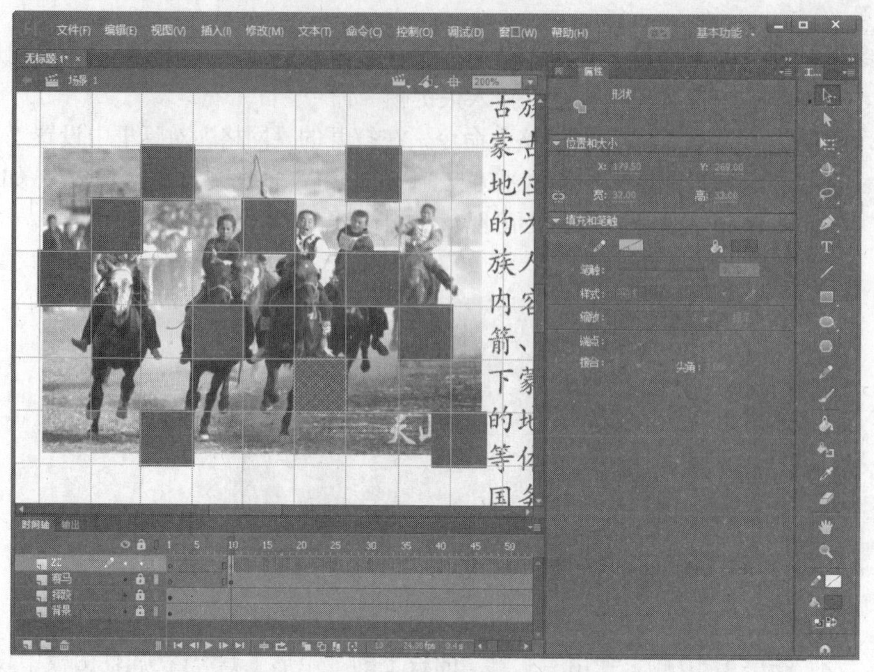

图 3-30　复制红色矩形并移动位置（1）

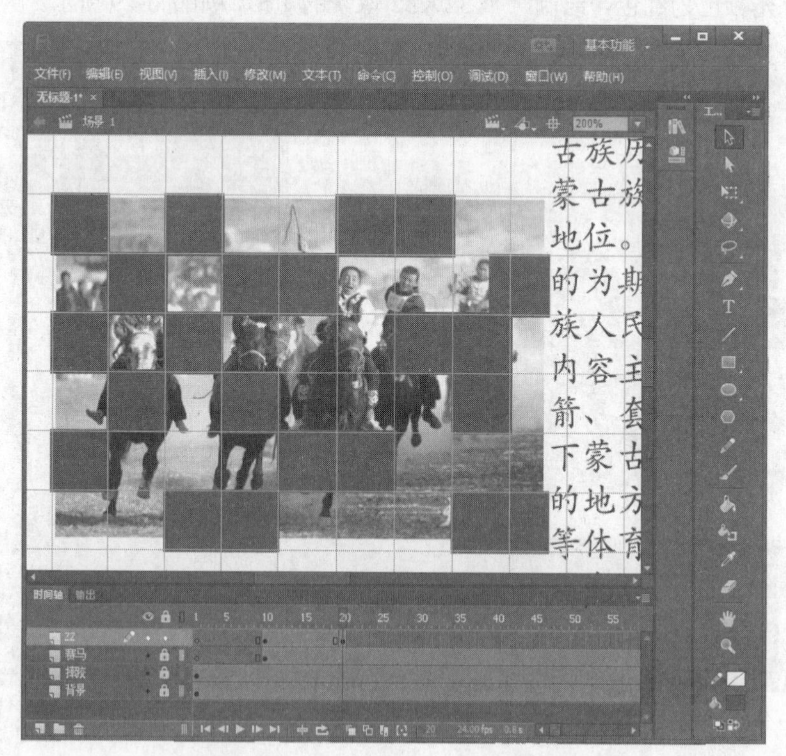

图 3-31　复制红色矩形并移动位置（2）

同样的方式，在“zz”图层第 30 帧上右击，在弹出的快捷菜单中执行“插入关键帧”命令。继续执行【编辑】|【粘贴到中心位置】命令 11 次，复制出 11 个红色矩形，并将它们分别移动到网格的不同位置，如图 3-32 所示。

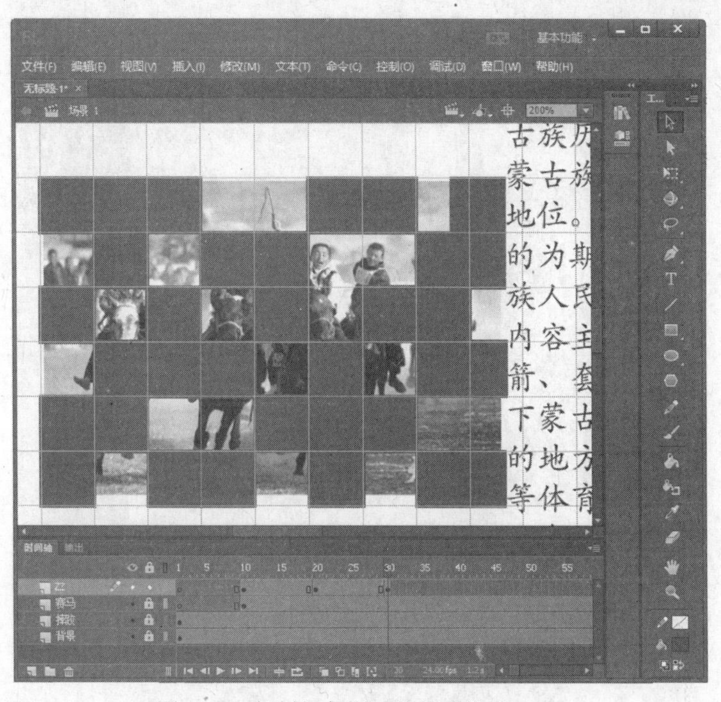

图 3-32　复制红色矩形并移动位置（3）

在“zz”图层第 40 帧上右击，在弹出的快捷菜单中执行“插入关键帧”命令。继续执行【编辑】|【粘贴到中心位置】命令 11 次，复制出 11 个红色矩形，并将它们分别移动到网格的不同位置，如图 3-33 所示。

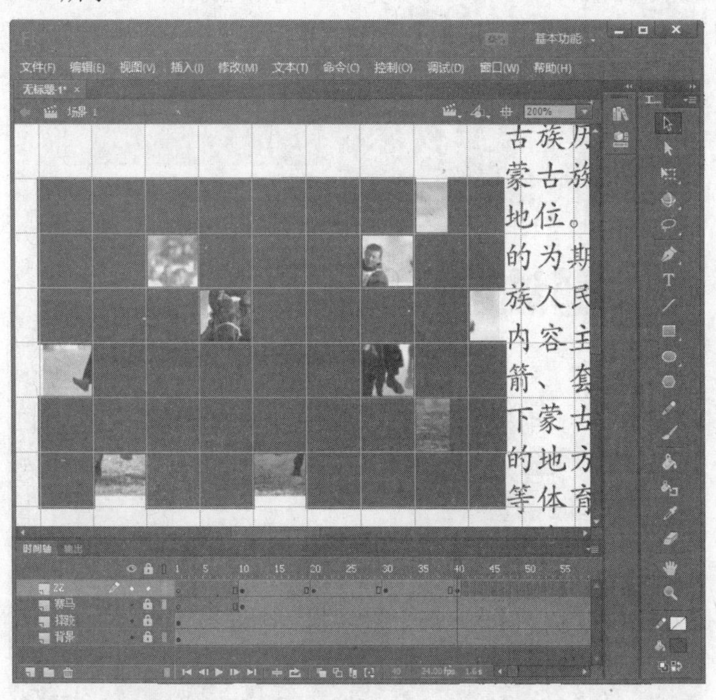

图 3-33　复制红色矩形并移动位置（4）

在“zz”图层第 50 帧上右击，在弹出的快捷菜单中执行“插入关键帧”命令。继续执行【编辑】|【粘贴到中心位置】命令 10 次，复制出 10 个红色矩形，并将它们分别移动到网格的不同位置，直到把图像完全遮住，如图 3-34 所示。

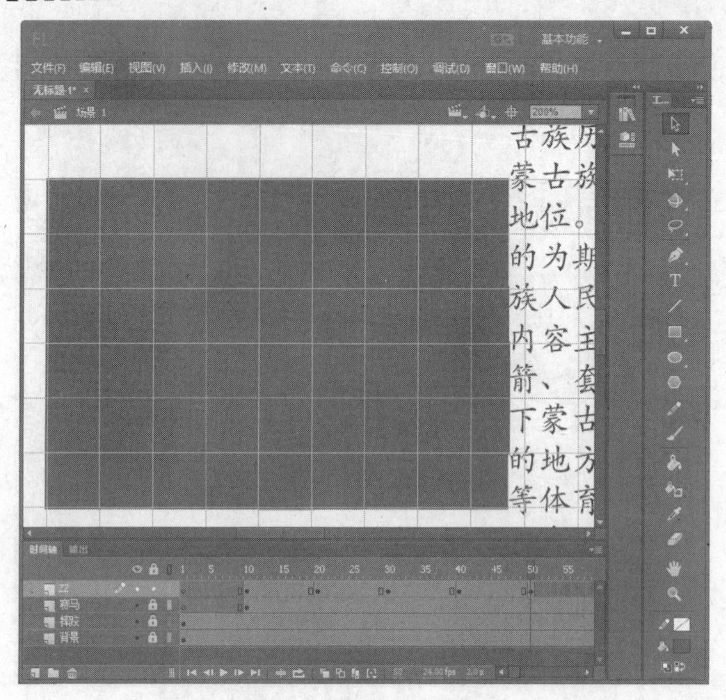

图 3-34 复制红色矩形并移动位置（5）

在“zz”图层第 60 帧上右击，在弹出的快捷菜单中执行“插入帧”命令，让图像完全遮盖状态延长至第 60 帧。在图层“zz”名称上右击，在弹出的快捷菜单中选择“遮罩层”命令，将图层“zz”设置为遮罩层，即可完成马赛克动画效果的制作。

执行【视图】|【网格】|【显示网格】命令，取消选中“显示网格”复选框，使得场景中不再显示网格线。执行【控制】|【播放】命令，即可播放动画效果，如图 3-35 所示。

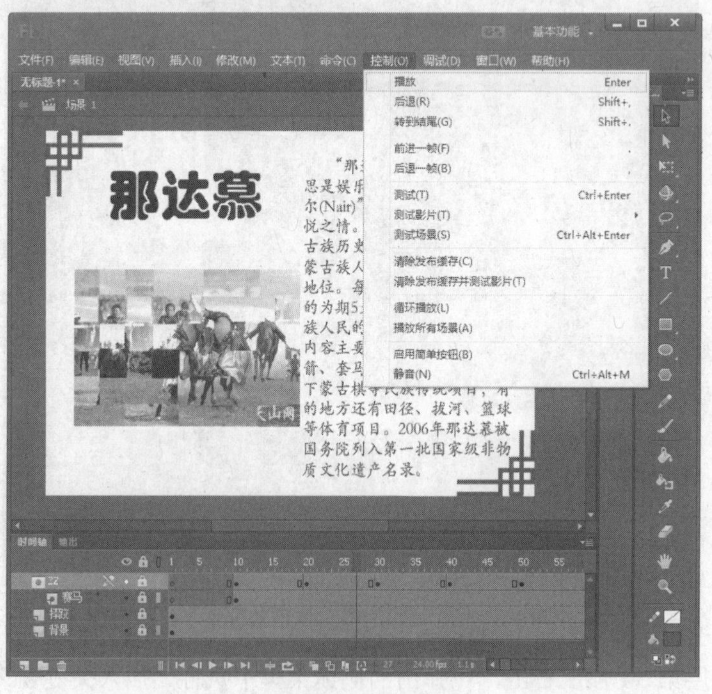

图 3-35 播放动画

3.2.3 案例：遮罩动画——中秋月

案例说明：本例主要使用文本工具、传统补间、遮罩来制作水波纹效果。

操作步骤：

1 设置文档。新建一个 Flash 空白文档，执行【修改】|【文档】命令，打开“文档设置”对话框，在对话框中将“舞台大小”设置为 550×400（默认值），将“帧频”设置为“24”（默认值），舞台颜色设置为黑色，完成后单击“确定”按钮。

2 导入所需图片。执行【文件】|【导入】|【导入到库】命令，将中秋月图片导入到库。

3 添加图层。在场景 1 中执行【插入】|【时间轴】|【图层】命令，添加图层 2～图层 4。在时间轴面板中双击各图层名称，分别将“图层 1”“图层 2”“图层 3”“图层 4”重命名为“背景”“倒影”“zz”“中式边框”，如图 3-36 所示。

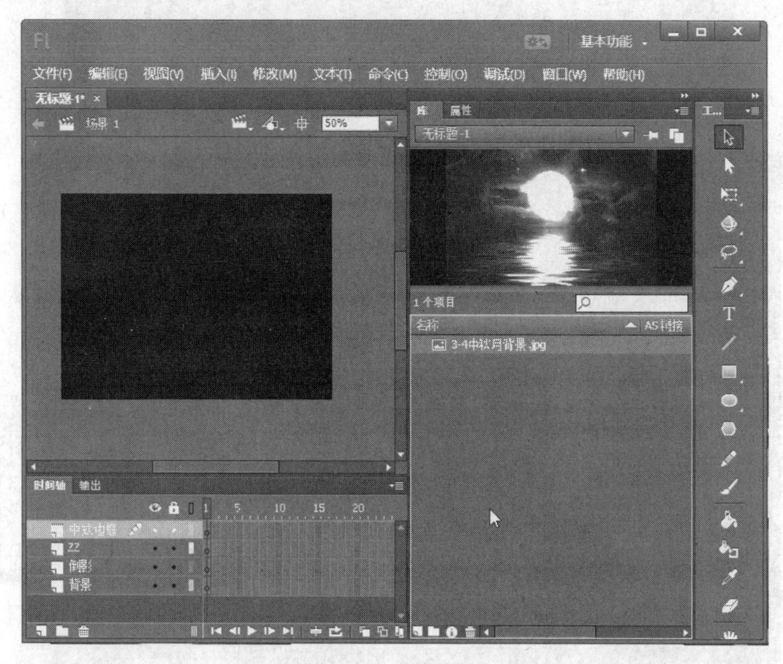

图 3-36 添加图层

4 锁定图层。在场景 1 中，按住 Ctrl 键，选取“倒影”“zz”“中式边框”3 个图层，执行【修改】|【时间轴】|【图层属性】命令，在打开的“图层属性”对话框中，将选取的 3 个图层设置为锁定状态，如图 3-37 所示。

5 设置背景。选取“背景”图层的第 1 帧，将中秋月图片拖入舞台，调整图片大小（缩放 20%），放置在合适的位置（X：29，Y：120.30）。使用“工具”面板中的“文本工具”在舞台上输入一句古诗“海上升明月 天涯共此时”，在属性面板中设置字体系列为“华文行楷”、大小为“30 磅”、颜色为白色，字符间距为 2，如图 3-38 所示。使用“工具”面板中的“文本工具”在舞台上输入“中秋节”三个字，在属性面板中设置字体系列为“微软雅黑”、样式为“Bold”、大小为 48 磅、字符间距为 20、颜色为#FDFD91（RGB：253，253，145），如图 3-38 所示。

使用属性面板中的滤镜功能，设置“中秋节”三个字为发光效果，属性值设置为模糊（X：20 像素，模糊 Y：20 像素），颜色设置为#FDFD91，如图 3-39 所示。

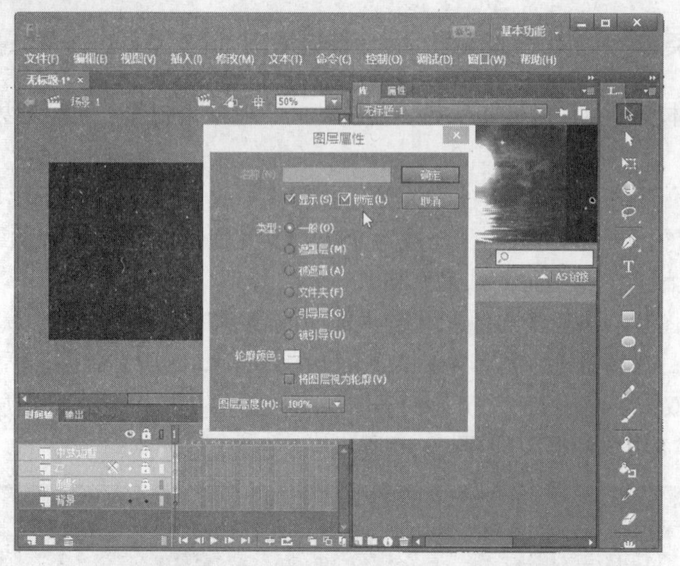

图 3-37 锁定图层

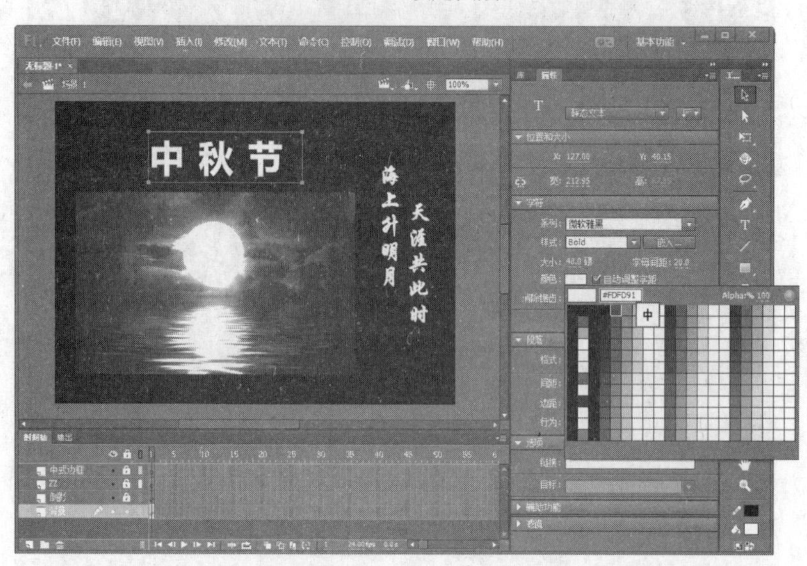

图 3-38 输入文字

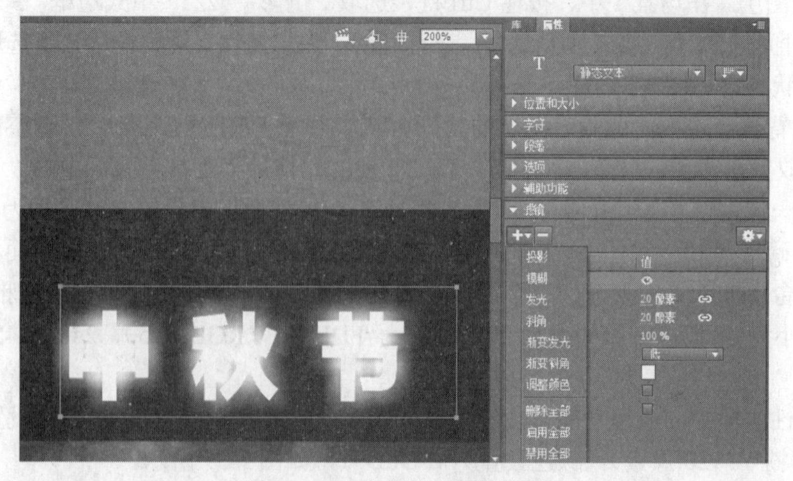

图 3-39 “中秋节”属性设置

在“背景”图层的第 40 帧上右击，在弹出的快捷菜单中选择“插入帧”命令，将背景效果延长至第 40 帧。

6 制作倒影元件。选择场景 1 中的中秋月图片，执行【编辑】|【复制】命令，再执行【插入】|【新建元件】命令，建立一个名称为“倒影”的图形元件，同时打开“倒影”元件的编辑舞台。执行【编辑】|【粘贴到当前位置】命令，将复制的水上月图片粘贴到“倒影”元件中。

执行【修改】|【分离】命令，将图片打散，使用“工具”面板中的“选择工具”选取图片的上半部分（即水上部分），按 Delete 键将其删除，如图 3-40 所示。

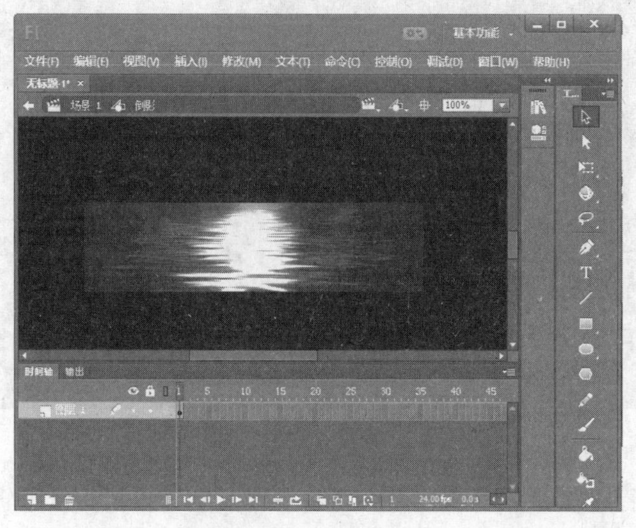

图 3-40　制作倒影元件

7 将倒影放入舞台。返回到场景 1，锁定“背景”图层，解锁“倒影”图层。选取“倒影”图层的第 1 帧，将“倒影”元件拖入舞台并调整大小，放置在与中秋月图片完全重合的位置（可利用属性面板上的坐标、尺寸进行精确地调整）。然后将“倒影”元件下移 5 个像素。

在“倒影”图层第 40 帧上右击，在弹出的快捷菜单中选择“插入帧”命令，将倒影延长至第 40 帧，如图 3-41 所示。

图 3-41　将倒影放入舞台

8 制作“线条”元件。锁定“倒影”图层，解锁“zz”图层。执行【插入】|【新建元件】命令，建立一个名称为“线条”的图形元件，同时打开“线条”元件编辑舞台。使用“工具”面板中的“线条工具”在编辑舞台中绘制一条直线，在属性面板中设置直线的笔触为3.5、笔触颜色为红色、线条宽为400，如图3-42所示。

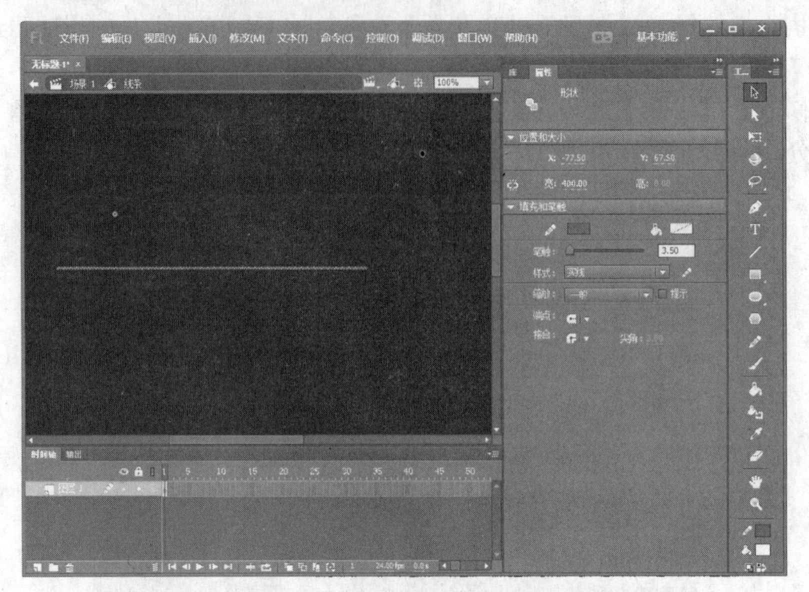

图3-42 建立“线条”图形元件

选中直线，执行【编辑】|【复制】命令将直线复制，再执行【编辑】|【粘贴到当前位置】命令16次，复制出16条直线，调整直线的位置，然后按住鼠标左键，框选所有直线，执行【修改】|【对齐】|【按高度均匀分布】命令，将直线均匀排列，如图3-43所示。

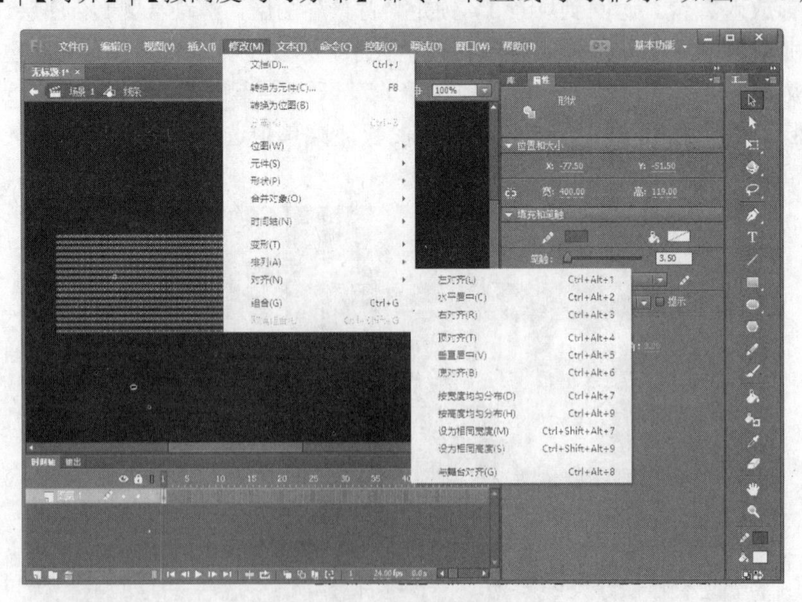

图3-43 均匀排列直线

框选所有直线，执行【修改】|【形状】|【将线条转换为填充】命令，如图3-44所示，将所有直线转换为填充图形。

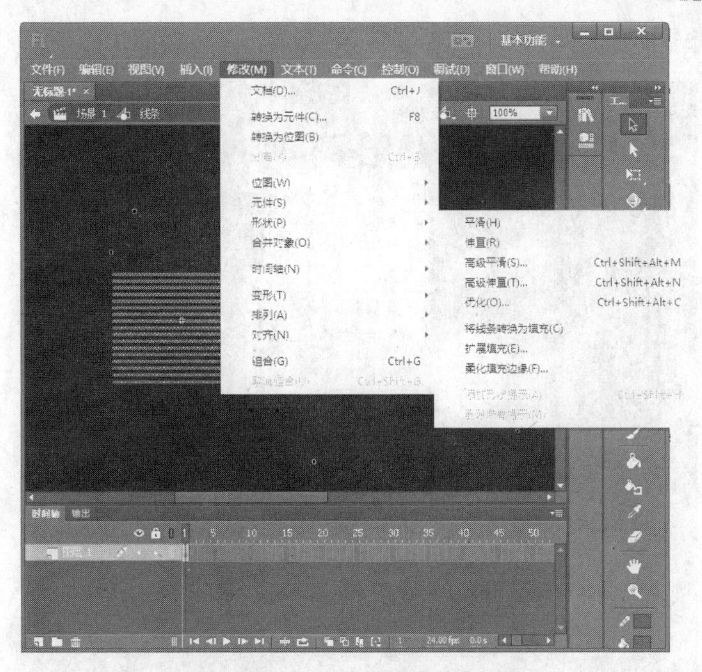

图 3-44　将直线转换为填充图形

9 制作水波纹动态效果。返回到场景 1，选取“zz”图层的第 1 帧，将“线条”元件拖入舞台中，调整“线条”元件的位置，将其放置在“月亮”的下方，并使线条宽度长过图片宽度，如图 3-45 所示。

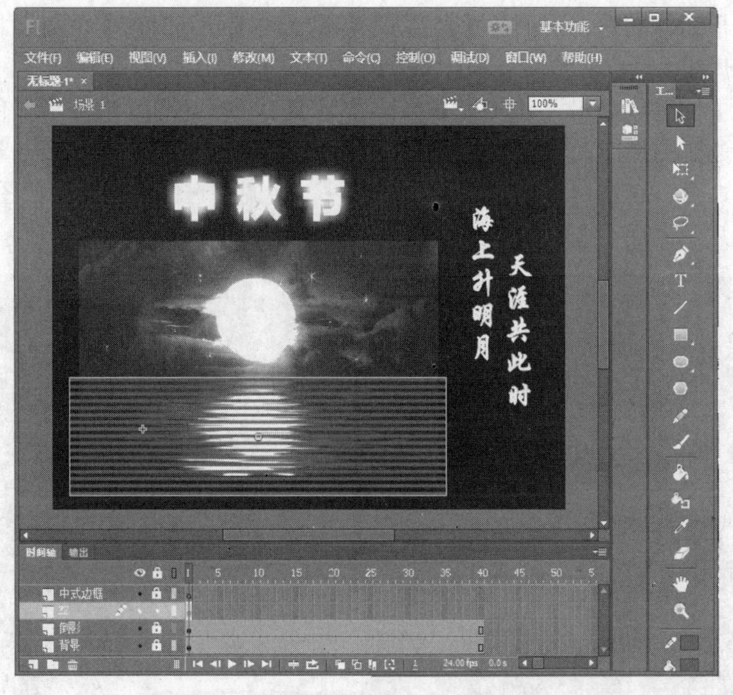

图 3-45　调整“线条”元件的位置

在“zz”图层第 40 帧上右击，在弹出的快捷菜单中选择“插入关键帧”命令，将第 40 帧处的“线条”元件下移 36 个像素。

在“zz”图层第 1～第 40 帧的时间轴上右击，在弹出的快捷菜单中选择“创建传统补间”

命令，如图 3-46 所示。

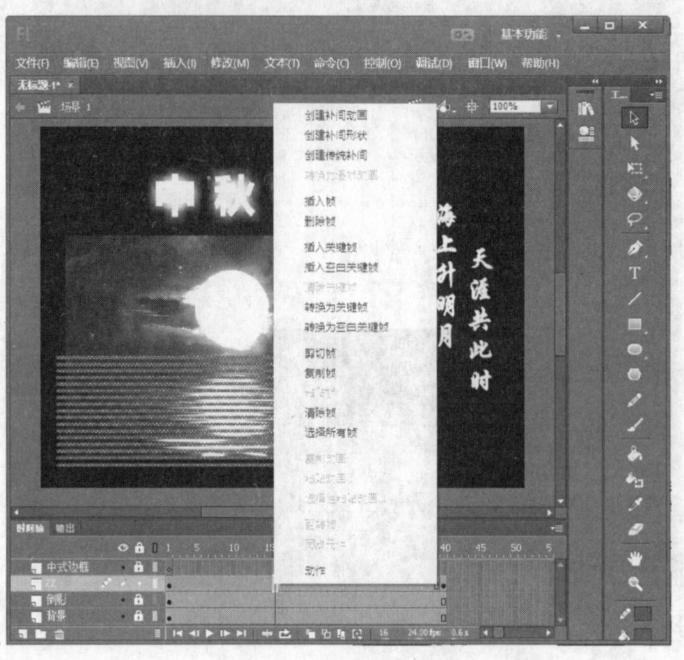

图 3-46　创建传统补间

在“zz”图层的图层名称上右击，在弹出的快捷菜单中选择“遮罩”命令，将“zz”图层设置为遮罩层。执行【控制】|【测试】命令，即可看到水波荡漾的动画效果。

10 中式边框元件的建立。执行【文件】|【导入】|【导入到库】命令，将已经设计好的边框图片导入到库中。

执行【插入】|【新建元件】命令，建立一个名称为“横边框”的图形元件。打开图形元件编辑舞台，将边框图片拖入舞台中。执行【编辑】|【复制】命令，再执行 5 次【编辑】|【粘贴到中心位置】命令，在舞台上粘贴 5 个边框图片，并调整它们的位置，如图 3-47 所示。选择其中的 3 个图片，执行【修改】|【变形】|【水平翻转】命令，如图 3-47 所示，将图片变形。

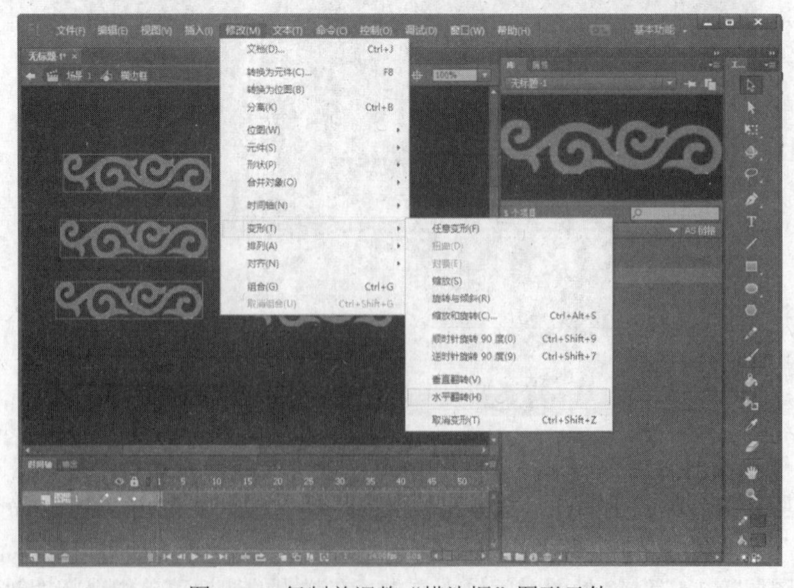

图 3-47　复制并调整“横边框”图形元件

调整 6 个图片的位置，使 6 个边框图片连接成一个长的边框效果，如图 3-48 所示。

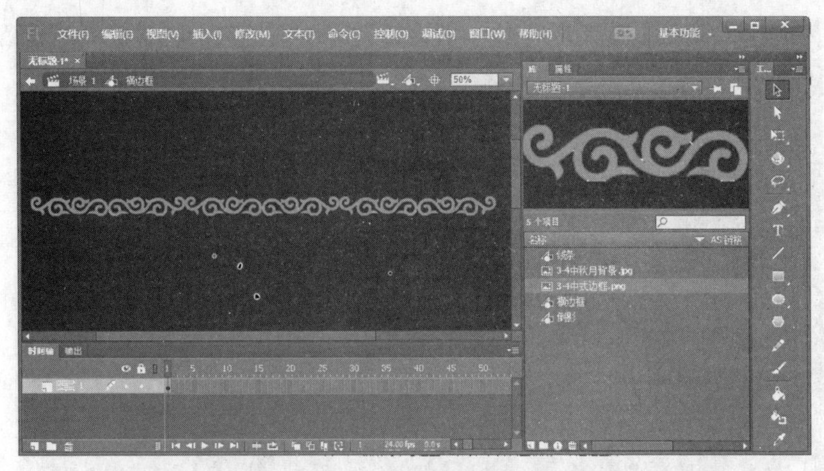

图 3-48　将 6 个边框图片连成一个长边框

用同样的方式，执行【插入】|【新建元件】命令，建立一个名称为“竖边框”的图形元件。打开图形元件编辑舞台，将中式边框图片拖入舞台中。执行【编辑】|【复制】命令，再执行 3 次【编辑】|【粘贴到中心位置】命令，在舞台上粘贴 3 个边框图片。选择其中的 2 个图片，执行【修改】|【变形】|【水平翻转】命令，将图片变形。调整 4 个图片的位置，使 4 个边框图片连接成一个长的边框效果，如图 3-49 所示。

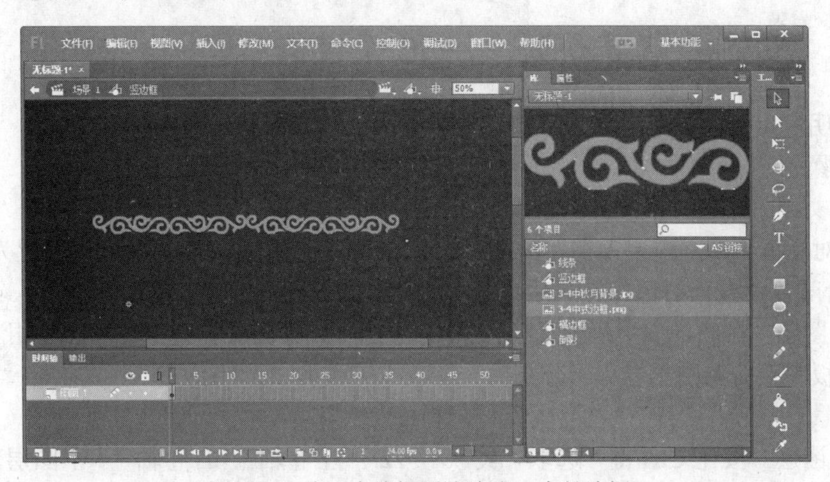

图 3-49　将 4 个边框图片连成一个长边框

11 中式边框的制作。返回到场景 1，解锁“中式边框”图层。选中“中式边框”图层的第 1 帧，将“横边框”元件拖入舞台，调整元件的大小（缩放 47.5%）及位置，将元件放置在舞台的正上方。选中舞台上的“横边框”元件，执行【编辑】|【复制】命令，再执行【编辑】|【粘贴到中心位置】命令，复制出第二个“横边框”元件，将复制产生的“横边框”元件移动到舞台的正下方。

用同样的方法，将“竖边框”元件拖入舞台，执行【修改】|【变形】|【任意变形】命令，使元件旋转 90°，调整元件的大小（缩放 47%）及位置，将元件放置在舞台的左边。选中舞台上的“竖边框”元件，执行【编辑】|【复制】命令，再执行【编辑】|【粘贴到中心位置】命令，复制出第二个“竖边框”元件，将复制产生的“竖边框”元件移动到舞台的右边。

在“中式边框”图层第 40 帧上右击，在弹出的快捷菜单中选择“插入帧”命令，将中式边框效果延时到第 40 帧，如图 3-50 所示。

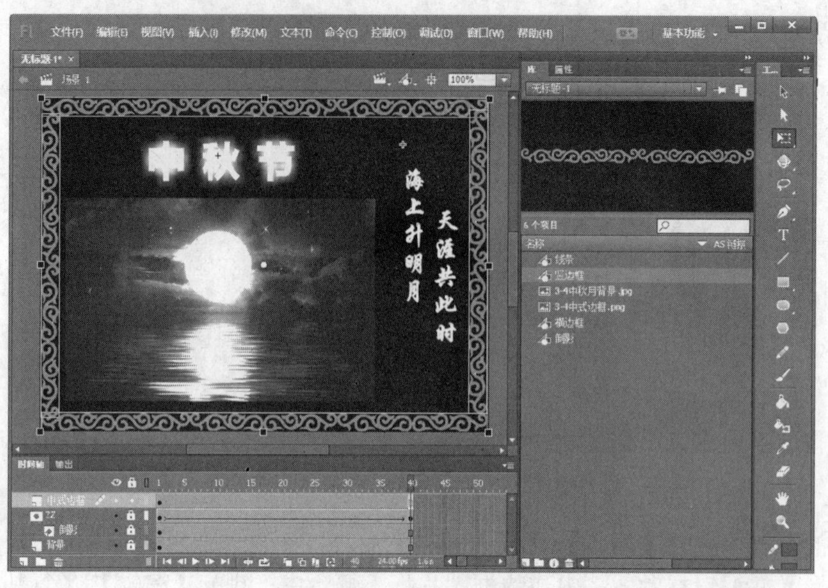

图 3-50　中式边框的制作

制作完成，执行【文件】|【保存】命令，将文件保存。此时可执行【控制】|【测试】命令，测试动画效果。

3.2.4　案例：遮罩动画——56 个民族

案例说明：本例主要使用文本工具、传统补间、遮罩来制作卷轴效果。

操作步骤：

1 设置文档。新建一个 Flash 空白文档，执行【修改】|【文档】命令，打开“文档设置”对话框，在对话框中将“舞台大小”设置为 550×400（默认值），将“帧频”设置为“24”（默认值），舞台颜色设置为白色，完成后单击“确定”按钮。

2 添加图层。在场景 1 中执行【插入】|【时间轴】|【图层】命令，添加图层 2～图层 5。在时间轴面板中双击各图层名称，分别将“图层 1”“图层 2”“图层 3”“图层 4”“图层 5”重命名为“背景”“民族”“zz”“左卷轴”“右卷轴”。

3 锁定图层。按住 Ctrl 键，选取“民族”“zz”“左卷轴”“右卷轴”4 个图层，执行【修改】|【时间轴】|【图层属性】命令，在打开的“图层属性”对话框中，将选取的 4 个图层设置为锁定状态，如图 3-51 所示。

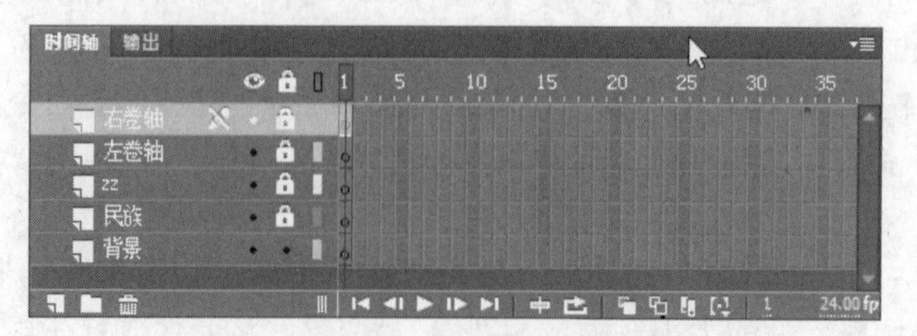

图 3-51　锁定图层

4 绘制中式边框元件。执行【插入】|【新建元件】命令，建立一个名称为“角边”的图形元件，同时打开“角边”元件的编辑舞台。使用“工具”面板中的“线条工具”，在舞台上

绘制中式边框，在“属性”面板中设置线条颜色为红色、笔触为 5.5 磅、填充颜色为无色，如图 3-52 所示。

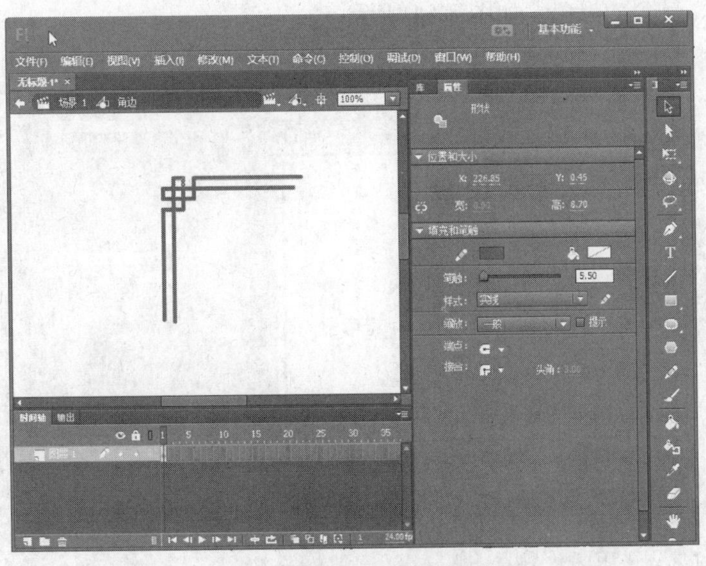

图 3-52 绘制中式边框元件

5 制作背景边框。返回到场景 1，选中“背景”图层第 1 帧，拖入 4 个“角边”元件，选中第 1 个“角边”元件，移动到舞台左上角。选中第 2 个“角边”元件，执行【修改】|【变形】|【顺时针旋转 90 度】命令，将元件旋转后移动到舞台右上角。选中第 3 个“角边”元件，执行【修改】|【变形】|【逆时针旋转 90 度】命令，将元件旋转后移动到舞台左下角。选中第 4 个“角边”元件，执行【修改】|【变形】|【顺时针旋转 90 度】命令 2 次，将元件旋转后移动到舞台右下角。

使用“工具”面板中的“线条工具”，在“属性”面板中设置线条颜色为红色、笔触为 5.5 磅、填充颜色为无色、端点为方形。在舞台中绘制 8 条直线，将角边元件连接起来，如图 3-53 所示。

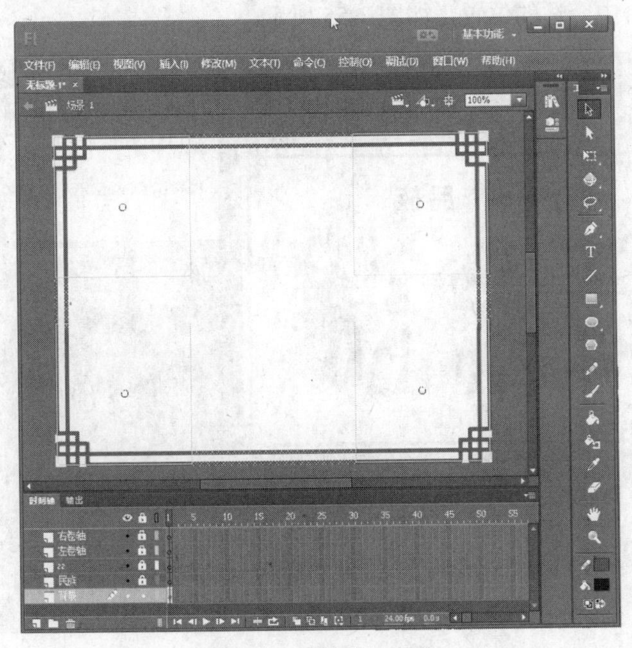

图 3-53 连接角边元件

选中“背景”图层第 1 帧，使用“工具”面板中的“文本工具”在舞台上输入文字“56个民族”，在属性面板中设置文字的字符系列为“微软雅黑”、样式为“Bold”、大小为 36 磅、字符间距为 10.0、颜色为黑色，如图 3-54 所示。

图 3-54　输入文字“56 个民族”

在“背景”图层第 300 帧上右击，在弹出的快捷菜单中选择“插入帧”命令，将背景边框延长至第 300 帧。

6 导入民族图片。锁定“背景”图层，解锁“民族”图层。执行【文件】|【导入】【导入到库】命令，将一张民族舞蹈图片导入到库中。执行【插入】|【新建元件】命令，新建一个图形元件“民族”，同时打开“民族”元件的编辑窗口，将民族舞蹈的图片拖入舞台中。返回场景 1，选取“民族”图层的第 1 帧，将“民族”元件拖入舞台中。调整图片的位置，将图片的最右端移动到舞台中合适的位置，如图 3-55 所示。

图 3-55　调整图片位置

在“民族”图层第40帧上右击，在弹出的快捷菜单中选择“插入关键帧”命令，使得“民族”元件延时至第40帧。在“民族”图层第300帧上右击，在弹出的快捷菜单中选择“插入关键帧”命令。选取“民族”图层的第300帧，将舞台上的“民族”元件向右平移，使得图片的左端出现在舞台中合适的位置。在“民族”图层第40～第300帧的时间轴上右击，在弹出的快捷菜单中执行“创建传统补间”命令，如图3-56所示。

图3-56　创建传统补间

7 绘制卷轴。锁定“民族”图层，执行【插入】|【新建元件】命令，建立一个名称为“卷轴”的图形元件，同时打开“卷轴”元件的编辑舞台。添加图层2，锁定图层2。选取图层1的第1帧，使用“工具”面板中的“线条工具”绘制一条直线，在“属性”面板中设置直线高为340、笔触为20、端点为“圆角”，如图3-57所示。

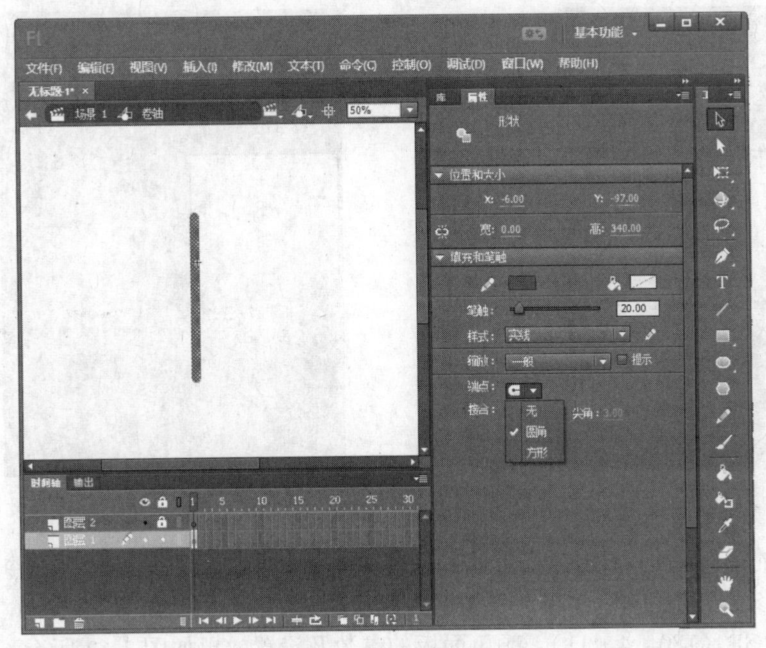

图3-57　绘制直线

在“颜色”面板中（可执行【窗口】|【颜色】命令打开“颜色”面板）设置笔触颜色为“线性渐变”，两边的渐变色设置为：RGB（60，0，0），中间的渐变色设置为：RGB（180，4，11）。颜色面板的参数及设置效果如图 3-58 所示。

在图层 1 的第 5 帧上右击，在弹出的快捷菜单中选择“插入关键帧”命令。选取图层 1 的第 5 帧，修改线条的颜色面板，设置笔触颜色左边的渐变色为：RGB（180，4，11），右边的渐变色为：RGB（60，0，0）。颜色面板的参数及设置效果如图 3-59 所示。

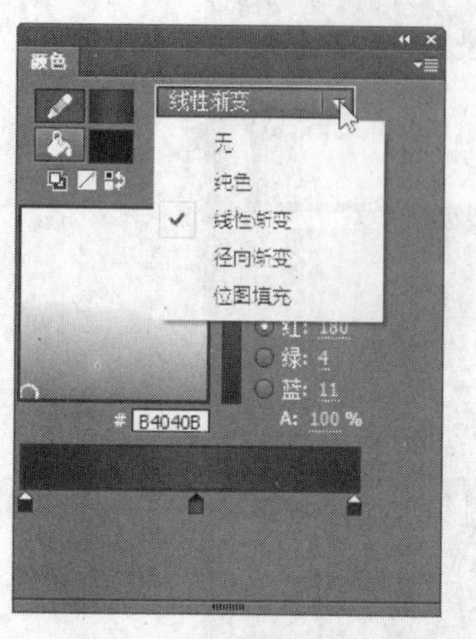

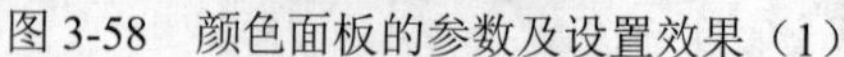

图 3-58　颜色面板的参数及设置效果（1）

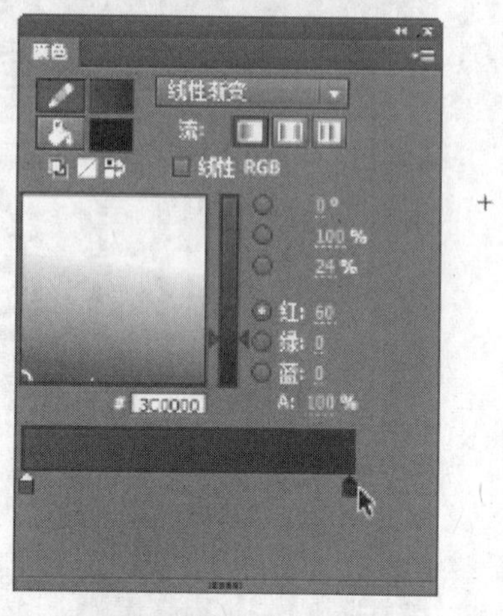

图 3-59　颜色面板的参数及设置效果（2）

在图层 1 的第 10 帧上右击，在弹出的快捷菜单中选择“插入关键帧”命令。选取图层 1 的第 10 帧，修改线条的颜色面板，设置笔触颜色两边的渐变色为：RGB（180，4，11），中间的渐变色为：RGB（60，0，0）。颜色面板的参数及设置效果如图 3-60 所示。

在图层 1 的第 15 帧上右击，在弹出的快捷菜单中选择“插入关键帧”命令。选取图层 1 的第 15 帧，修改线条的颜色面板，设置笔触颜色左边的渐变色为：RGB（60，0，0），右边的渐变色为：RGB（180，4，11）。颜色面板的参数及设置效果如图 3-61 所示。

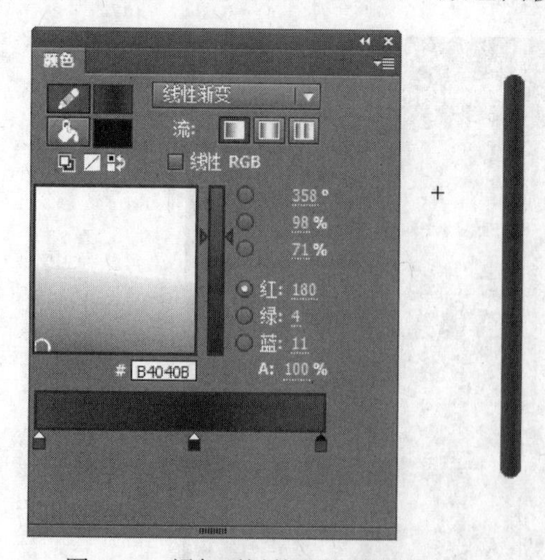

图 3-60　颜色面板的参数及设置效果（3）

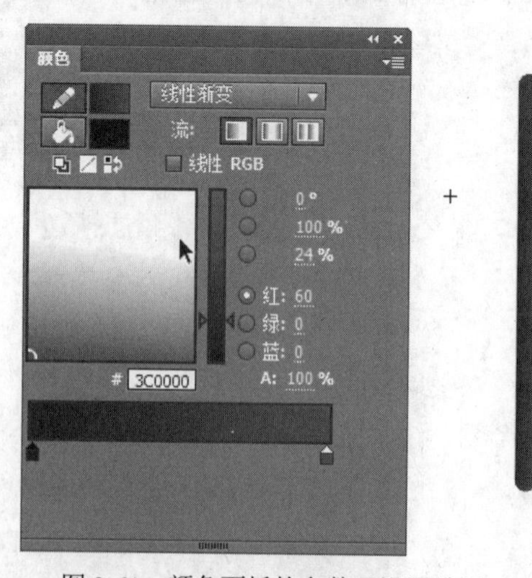

图 3-61　颜色面板的参数及设置效果（4）

在图层 1 的第 20 帧上右击，在弹出的快捷菜单中选择“插入关键帧”命令。选取图层 1 的第 20 帧，修改线条的颜色面板，设置笔触颜色两边的渐变色为：RGB（60，0，0），中间的渐变色为：RGB（180，4，11）。颜色面板的参数及设置效果如图 3-62 所示。

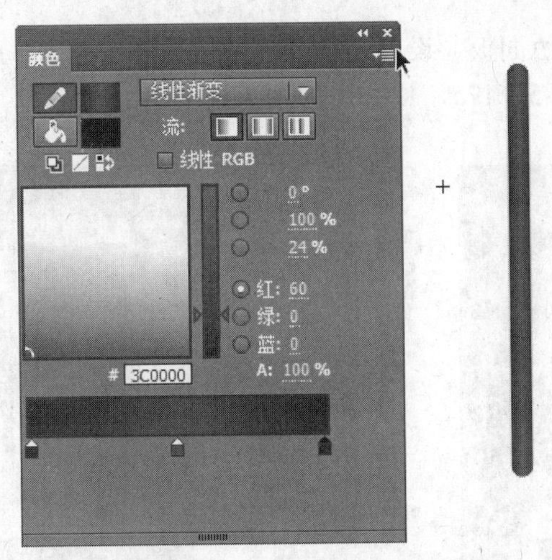

图 3-62　颜色面板的参数及设置效果（5）

锁定图层 1，解锁图层 2。选取图层 2 的第 1 帧，使用“工具”面板中的“矩形工具”，在舞台上绘制一个无边框的直角矩形，遮盖住图层 1 中的直线，略微露出直线的两端。矩形的填充颜色属性设置为线性渐变，两边的渐变色设置为：RGB（175，175，120），中间的渐变色设置为：RGB（255，255，255），如图 3-63 所示。

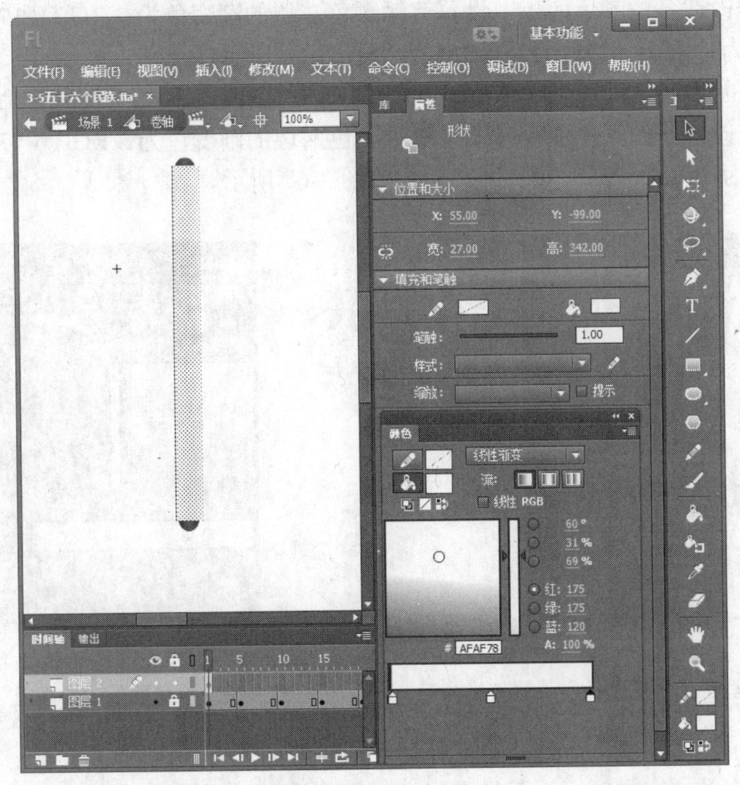

图 3-63　颜色面板的参数及设置效果（6）

在图层 2 的第 5 帧上右击，在弹出的快捷菜单中选择“插入关键帧”命令。选取图层 2 的第 5 帧，修改矩形的颜色面板，设置笔触颜色左边的渐变色为：RGB（255，255，255），右边的渐变色为：RGB（175，175，120），如图 3-64 所示。

在图层 2 的第 10 帧上右击，在弹出的快捷菜单中选择“插入关键帧”命令。选取图层 2

的第 10 帧，修改线条的颜色面板，设置笔触颜色两边的渐变色为：RGB（255，255，255），中间的渐变色为：RGB（175，175，120），如图 3-65 所示。

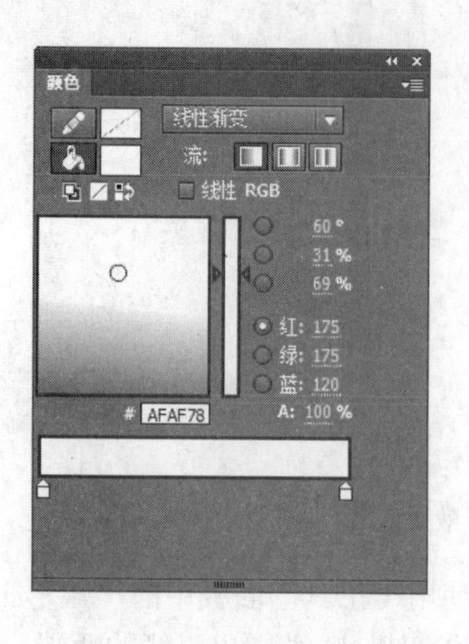

图 3-64　颜色面板的参数及设置效果（7）

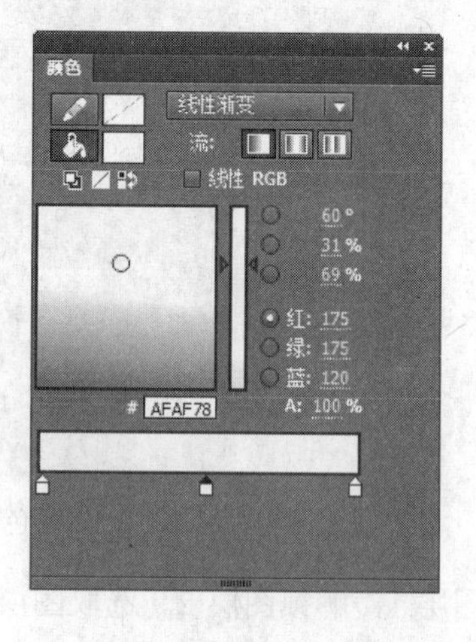

图 3-65　颜色面板的参数及设置效果（8）

在图层 2 的第 15 帧上右击，在弹出的快捷菜单中选择“插入关键帧”命令。选取图层 2 的第 15 帧，修改线条的颜色面板，设置笔触颜色左边的渐变色为：RGB（175，175，120），右边的渐变色为：RGB（255，255，255），如图 3-66 所示。

在图层 2 的第 20 帧上右击，在弹出的快捷菜单中选择“插入关键帧”命令。选取图层 2 的第 20 帧，修改线条的颜色面板，设置笔触颜色两边的渐变色为：RGB（175，175，120），中间的渐变色为：RGB（255，255，255），如图 3-67 所示。

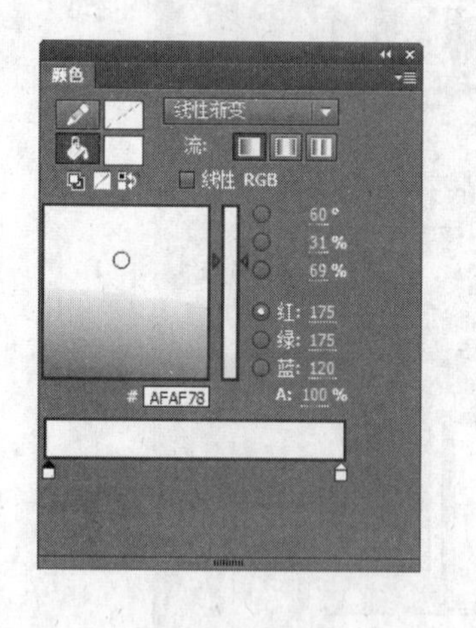

图 3-66　颜色面板的参数及设置效果（9）

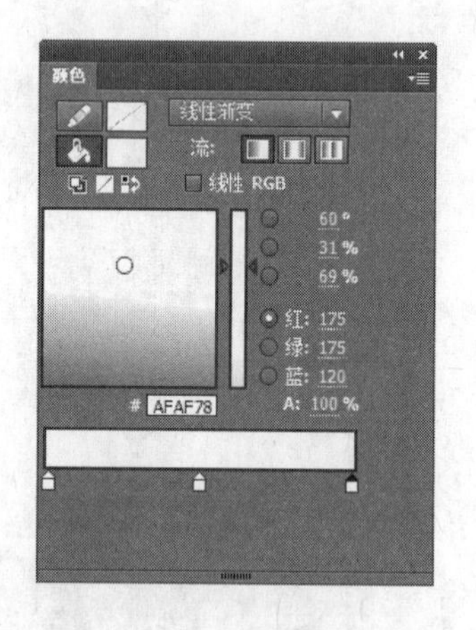

图 3-67　颜色面板的参数及设置效果（10）

执行【控制】|【播放】命令，即可看到卷轴的转动效果。

8 在场景中放置右卷轴。返回场景 1，解锁“右卷轴”图层。选取“右卷轴”图层第 1 帧，将“卷轴”元件拖入舞台，执行【修改】|【变形】|【缩放和旋转】命令，将“卷轴”元件缩放到合适的尺寸，并将其放置在舞台中央的位置（可以利用属性面板中的 X 坐标进行设置），两端略长出民族图片，如图 3-68 所示。

图 3-68　将“卷轴”元件放置在舞台中央

在“右卷轴”图层的第 40 帧上右击，在弹出的快捷菜单中选择“插入关键帧”命令。选取“右卷轴”图层第 40 帧，将卷轴水平移至民族图片的最右端（注意要与图片连接在一起，不要有缝隙），如图 3-69 所示。

图 3-69　将卷轴移至民族图片最右端

在“右卷轴”图层第 1～第 40 帧的时间轴上右击，在弹出的快捷菜单中执行“创建传统补间”命令，制作卷轴的打开效果。在“右卷轴”图层的第 300 帧上右击，在弹出的快捷菜单中执行“插入帧”命令。

9 在场景中放置左卷轴。锁定“右卷轴”图层，解锁 “左卷轴”图层。选取“左卷轴”图层第 1 帧，将“卷轴”元件拖入舞台，执行【修改】|【变形】|【缩放和旋转】命令，将“卷轴”元件缩放到合适的尺寸（可以利用属性面板中的坐标进行设置），并将其放置在舞台中央的位置，两端略长出民族图片，且与右卷轴并列，如图 3-70 所示。

图 3-70　将“卷轴”元件放置在舞台中央

在“左卷轴”图层的第 40 帧上右击，在弹出的快捷菜单中选择“插入关键帧”命令。选取“左卷轴”图层第 40 帧，将卷轴水平向左移动，移动距离为右卷轴第 40 帧向右移动的距离，具体数据可依据“右卷轴”属性面板 X 坐标的变化计算出，如图 3-71 所示。

图 3-71　向左移动左卷轴

在“左卷轴”图层第 1～第 40 帧的时间轴上右击，在弹出的快捷菜单中执行“创建传统补间”命令，制作卷轴的打开效果。在“左卷轴”图层的第 300 帧上右击，在弹出的快捷菜单中执行“插入帧”命令。

10 调整民族图片。锁定“左卷轴”图层，解锁“民族”图层。选中“民族”图层第 300 帧，调整民族舞蹈图片，使图片与左卷轴连接在一起，没有缝隙，如图 3-72 所示。

图 3-72　调整民族图片

11 遮罩的制作。锁定“民族”图层，解锁“zz”图层。在“zz”图层的第2帧上右击，在弹出的快捷菜单中选择“插入关键帧”命令。使用“工具”面板中的“矩形工具”绘制一个无边框红色矩形，其大小正好遮盖住两卷轴中间的图片，如图3-73所示。

图 3-73　绘制无边框红色矩形

在“zz”图层第40帧上右击，在弹出的快捷菜单中执行“插入关键帧”命令。选中舞台中的红色无边框矩形，使用“工具”面板中的“任意变形工具”，将红色矩形拉宽至正好遮住两卷轴中间的图片（略宽点也可以，但是不能超过两边的卷轴），如图3-74所示。

在“zz”图层第1～第40帧的时间轴上右击，在弹出的快捷菜单中执行“创建补间形状”命令。在“zz”图层的第300帧上右击，在弹出的快捷菜单中执行“插入帧”命令。

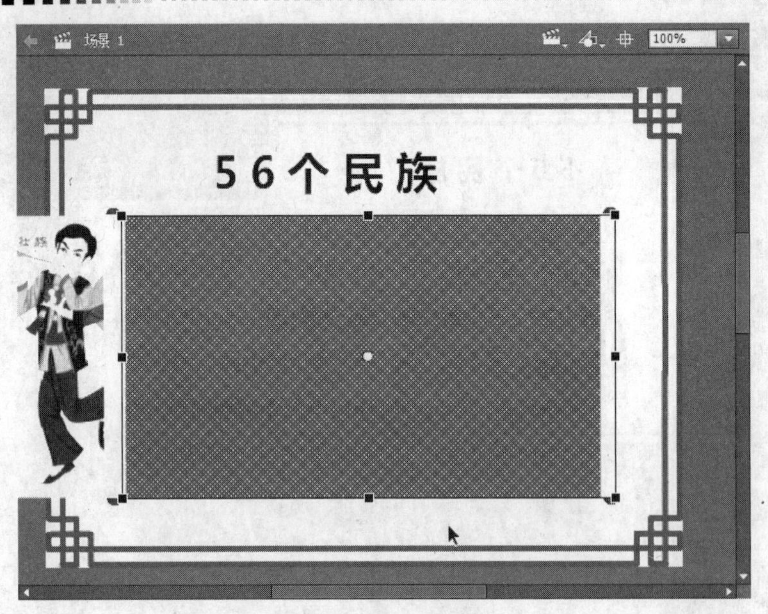

图 3-74　调整红色矩形的大小

在"zz"图层名称上右击，执行"遮罩层"命令，将"zz"图层设置为遮罩层。执行【控制】|【测试】命令，观看动画效果，如图 3-75 所示。

图 3-75　观看动画效果

执行【文件】|【保存】命令，将文件保存。

第4章

文字与3D特效

一部好的Flash动画，文字特效占据着举足轻重的位置。在动画制作过程中，适当地运用独具风格的文字动态效果，能为动画增色不少。Flash CC的文本编辑功能很强大，可以制作出各种漂亮的文字特效。本章主要介绍几种常见的文字特效及Flash通过二维实现的三维动画效果。

4.1 文字特效

4.1.1 写字效果

实例4-1：天路

案例说明：本例主要使用文本工具、橡皮擦与创建逐帧动画来制作。

操作步骤：

1 设置文档。新建一个flash空白文档，执行【修改】|【文档】命令，打开"文档设置"对话框，在对话框中将"舞台大小"设置为576×384，将"帧频"设置为"24"(默认值)，完成后单击"确定"按钮。

2 导入背景图像。执行【文件】|【导入】|【导入到库】命令，将一幅背景图片导入到库中。选中"图层1"的第1帧，将库中的背景图像拖入舞台，如图4-1所示。

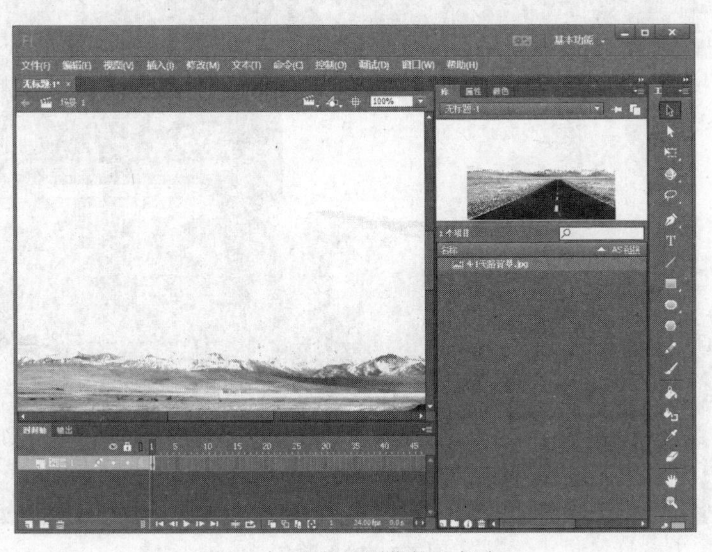

图4-1 将背景图像拖入舞台

选取舞台中的背景图像，单击工具面板中的“任意变形工具”，对背景图像进行变形，将其缩小成 576×384 像素（也可以执行【修改】|【变形】|【缩小和旋转】命令，将图像缩小至 60%)，调整图像的位置，使其遮住整个舞台。

3 添加图层。在场景 1 中执行【插入】|【时间轴】|【图层】命令，添加图层 2～图层 4。在时间轴面板中双击各图层名称，分别将“图层 1”“图层 2”“图层 3”“图层 4”重命名为“背景”“歌名”“歌词”“遮罩”，如图 4-2 所示。

图 4-2　添加图层

4 设置背景。选中“背景”图层的第 350 帧，执行【插入】|【时间轴】|【帧】命令，使得背景图像一直延续到第 350 帧。

5 输入歌名。选中“歌名”图层第 1 帧，使用“工具”面板中的“文本工具”，在场景 1 中输入歌名“天路”，选中“天路”两个字，在“属性”面板中设置“字符系列”为“华文行楷”、“大小”为“90 磅”、颜色为黑色，如图 4-3 所示。

图 4-3　输入歌名

6 锁定其他图层。为了使对“歌名”图层的操作不影响到其他图层，在“时间轴”面板中按住 Ctrl 键的同时选中“背景”“歌词”“遮罩”图层，执行【修改】|【时间轴】|【图层属性】命令，将它们设置为“锁定”，如图 4-4 所示。

图 4-4 锁定“背景”“歌词”“遮罩”图层

7 分离文字。选择“歌名”图层第 1 帧，选中舞台中的“天路”两个字，执行【修改】|【分离】命令两次，将“天路”两个字打散。

8 使用橡皮工具擦除。选中“歌名”图层的第 5 帧，执行【插入】|【时间轴】|【关键帧】命令，在“歌名”图层的第 5 帧插入关键帧。选择“工具”面板中的“橡皮擦工具”，擦除“路”字的最后一笔，如图 4-5 所示。

图 4-5 擦除“路”字最后一笔

9 逐步擦除文字。选中“歌名”图层的第 10 帧，执行【插入】|【时间轴】|【关键帧】命令，在“歌名”图层的第 10 帧插入关键帧。选择“工具”面板中的“橡皮擦工具”，擦除“路”字的倒数第二笔，如图 4-6 所示。

图 4-6 擦除“路”字的倒数第二笔

擦除笔画的过程中，可将场景的显示比例放大，以便更精确的擦除。用同样的方法，在“歌名”图层的第 25 帧插入关键帧，擦除“路”字的倒数第三笔……在“歌名”图层的第 60 帧，擦除“路”字的第一笔（连笔画的处理可酌情考虑），在“歌名”图层的第 65 帧，擦除“天”字的最后一笔，如图 4-7 所示。

图 4-7 继续擦除文字

直至第 80 帧擦除文本“天路”的所有笔画。此时，执行【控制】|【播放】命令，即可看到文字的逐一擦除效果。

10 使用翻转帧命令，制作出写字的动画效果。在“时间轴”面板“歌名”图层的第 84 帧上右击，在弹出的快捷菜单中选择“插入帧”命令。选中“歌名”图层的第 1～第 84 帧，在时间轴上右击，在弹出的快捷菜单中选择“翻转帧”命令，将写字的动画过程翻转过来，如图 4-8 所示。

图 4-8　翻转写字的动画过程

在“时间轴”面板“歌名”图层的第 350 帧上右击，在弹出的快捷菜单中选择“插入帧”命令，使得“天路”两个字显示时间延长至与背景图像一致。此时，执行【控制】|【播放】命令，即可看到写字的动画效果。

11 制作歌词。“歌名”图层动画已经完成，因此锁定“歌名”图层，同时取消“歌词”图层的锁定。执行【插入】|【新建元件】命令，新建一个影片剪辑元件并命名为“歌词”，如图 4-9 所示。

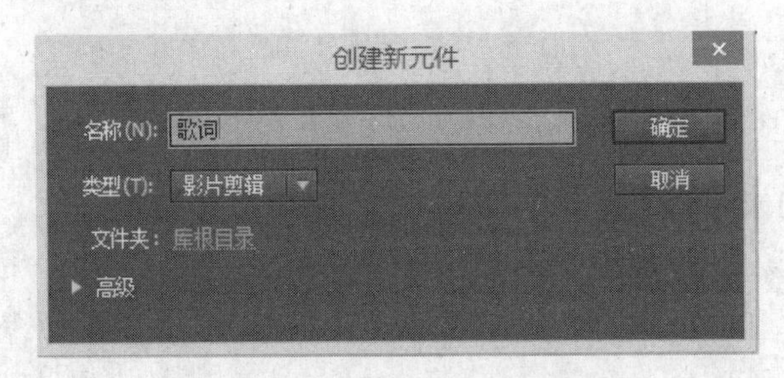

图 4-9　新建“歌词”影片剪辑元件

单击“确定”按钮，在建立新元件的同时打开元件的编辑舞台，使用“工具”面板中的“文本工具”在舞台中输入歌词，在属性面板中设置“字符系列”为“华文行楷”、“大小”为“18 磅”、颜色为黑色，并设置文字框的宽度为 204 像素，如图 4-10 所示。

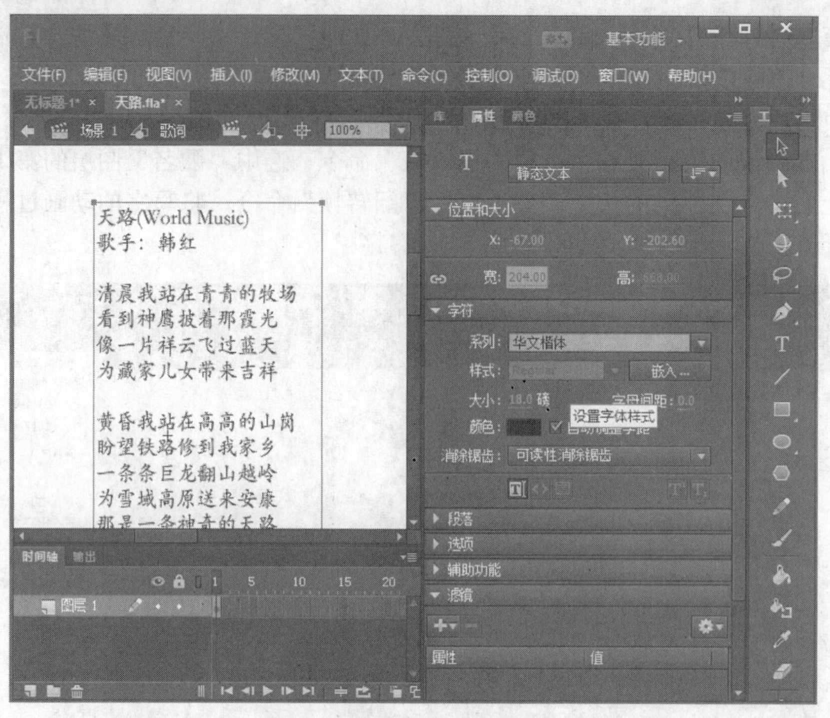

图 4-10　在舞台中输入歌词

12 将歌词放入场景。回到场景 1，在“时间轴”面板“歌词”图层的第 85 帧上右击，在弹出的快捷菜单中选择“插入关键帧”命令。将“库”面板中的影片剪辑元件“歌词”拖入舞台中，放置到合适的位置（将歌词的最开头放置在舞台中的可见位置），如图 4-11 所示。

图 4-11　将影片剪辑元件“歌词”拖入舞台中

13 绘制歌词播放框。锁定“歌词”图层，解锁“遮罩”图层。选中“遮罩”图层第 1 帧，使用“工具”面板中的“矩形工具”在舞台中绘制一个红色填充的无边框矩形。在属性面板中设置矩形宽度为 250 像素，如图 4-12 所示。

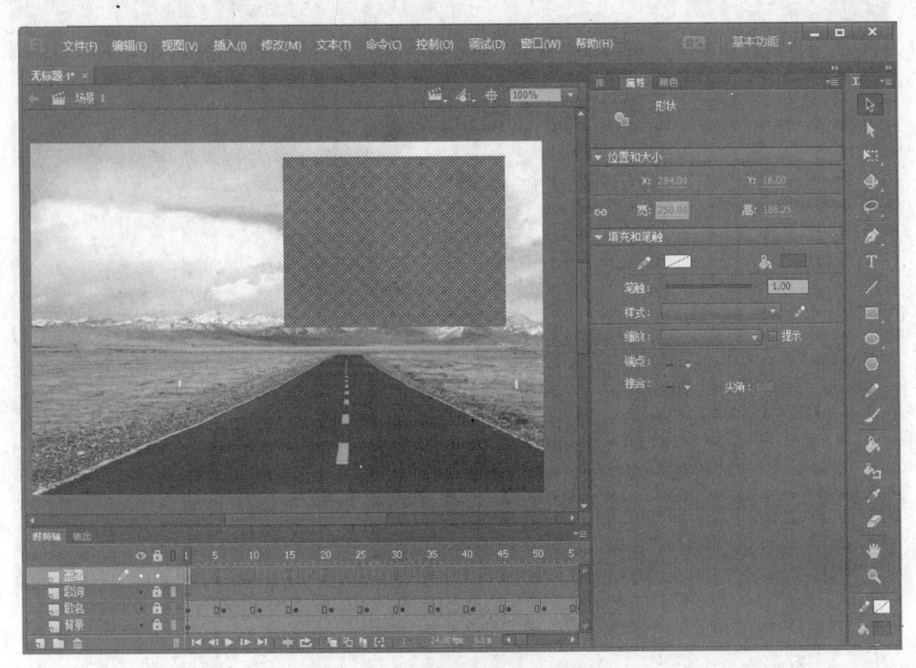

图 4-12 绘制红色无边框矩形

在“时间轴”面板“遮罩”图层的第 350 帧上右击，在弹出的快捷菜单中选择“插入帧”命令。选中第 85 帧，调整矩形的位置，使其遮住歌词的开头部分，如图 4-13 所示。

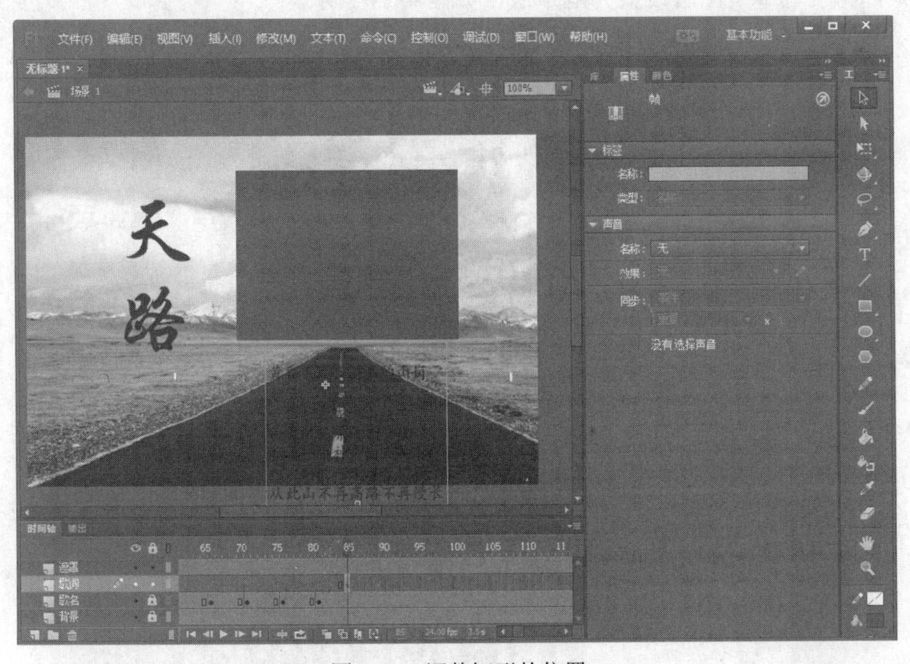

图 4-13 调整矩形的位置

14 制作歌词动态播放效果。解锁“歌词”图层。在“时间轴”面板“歌词”图层的第 350 帧上右击，在弹出的快捷菜单中选择“插入关键帧”命令。选中“歌词”图层的第 350 帧，将舞台中的“歌词”元件向上拖动，直至歌词的最后部分出现在舞台上，并被红色矩形完全遮住，如图 4-14 所示。

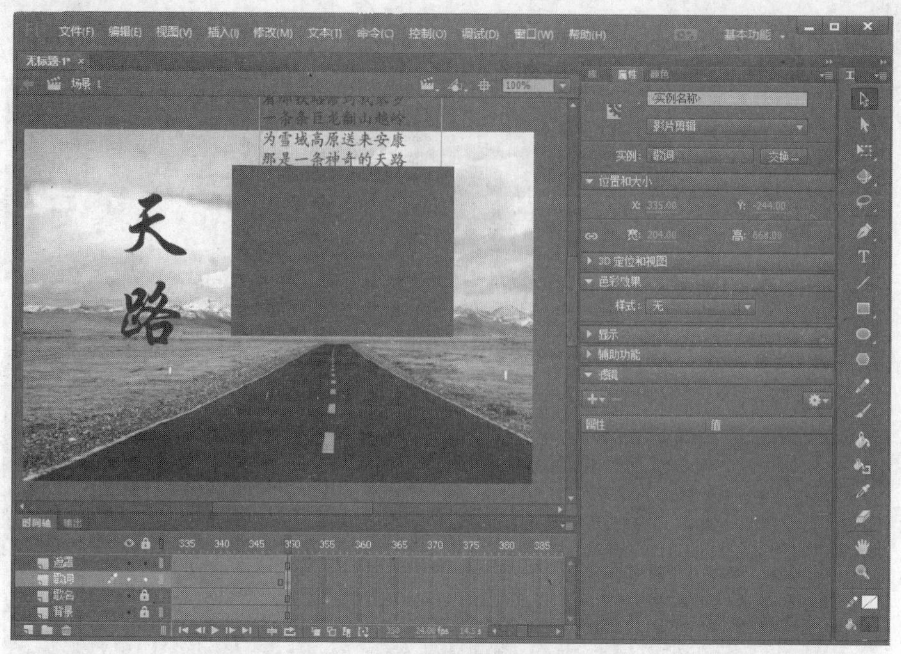

图 4-14　制作歌词动态播放效果

在“歌词”图层的时间轴上（第 350 帧之前）右击，在弹出的快捷菜单中执行“创建传统补间”命令。

15 设置遮罩效果。在“遮罩”图层的图层名称上右击，在弹出的快捷菜单中执行“遮罩层”命令，将“遮罩”图层设置为遮罩层，如图 4-15 所示。

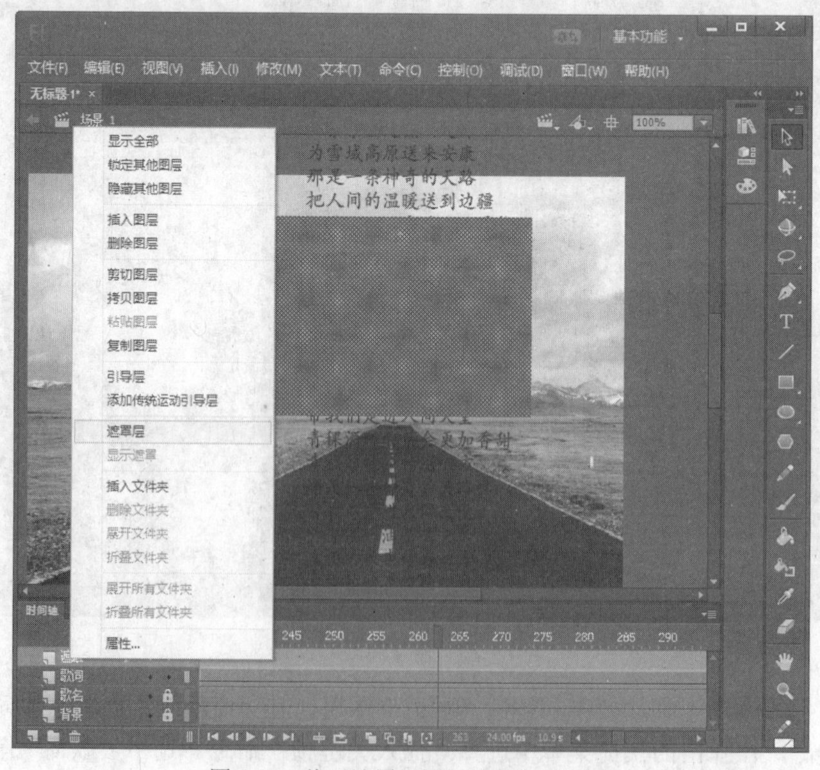

图 4-15　将“遮罩”图层设置为遮罩层

设置后的效果如图 4-16 所示，执行【控制】|【测试】命令，即可看到包括歌名及歌词的完整动态效果，制作完成后，执行【文件】|【保存】命令将其保存。

图 4-16　效果图

本例还可以再添加一个图层，将歌曲的声音文件导入，制作成声音和文字相结合的动态效果。

4.1.2　爆炸文字效果

实例 4-2：泼水节

案例说明：本例主要使用文本工具、分离、传统补间、插入声音等来制作。

操作步骤：

1 设置文档。新建一个 Flash 空白文档，执行【修改】|【文档】命令，打开“文档设置”对话框，在对话框中将“舞台大小”设置为 680×404，将“帧频”设置为“24”（默认值），将舞台颜色设置为白色（默认值），完成后单击“确定”按钮。

2 导入背景图片。执行【文件】|【导入】|【导入到库】命令，将“背景 1”图片导入到库中。选中图层 1 的第 1 帧，将背景图片拖入舞台，放在合适的位置，在图层 1 的第 50 帧上右击，在弹出的快捷菜单中选择“插入帧”命令，将背景延长至第 50 帧。

3 导入声音。锁定图层 1，添加图层 2、图层 3。执行【文件】|【导入】|【导入到库】命令，将“泼水声.mp3”文件导入到舞台。选中图层 2 的第 1 帧，将“泼水声.mp3”文件拖入舞台。其效果如图 4-17 所示。

4 编辑文字。锁定图层 2。执行【插入】|【新建元件】命令，建立一个名称为“文字”的图形元件，同时打开元件编辑舞台。使用“工具”面板中的“文本工具”在舞台上输入“泼

水节”三个字。在“属性”面板中设置文字的字符系列为华文琥珀、大小为 60 磅、颜色为 #3C85F7，如图 4-18 所示。

图 4-17　导入声音

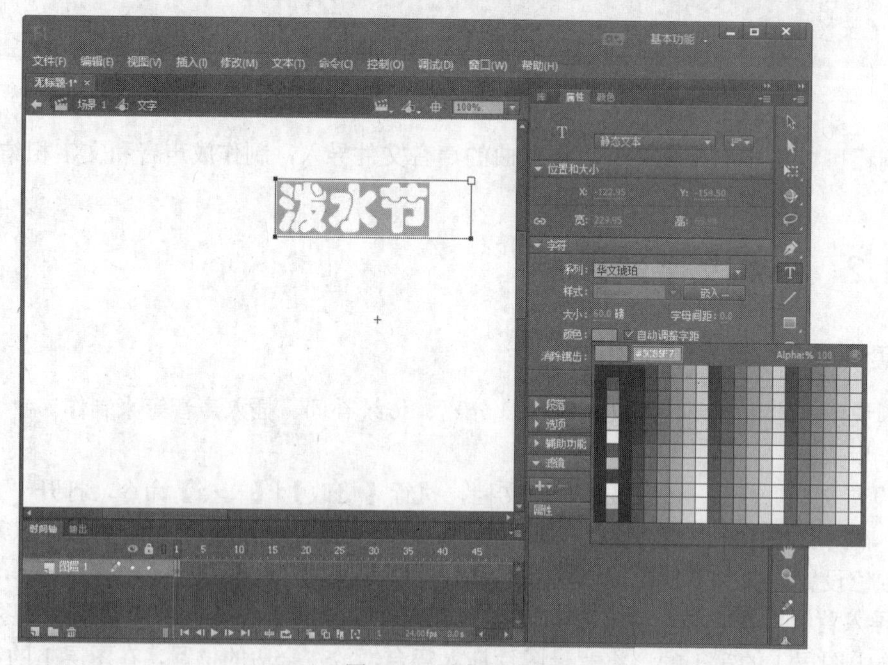

图 4-18　编辑文字

在图层 1 的第 42 帧上右击，在弹出的快捷菜单中执行“插入帧”命令。将文字延长至第 42 帧。

5 显示网格。执行【视图】|【网格】|【编辑网格】命令，在对话框中选中“显示网格”“在对象上方显示”“贴紧至网格”复选框，并将网格大小设置为宽 30 像素、长 30 像素，如图 4-19 所示。

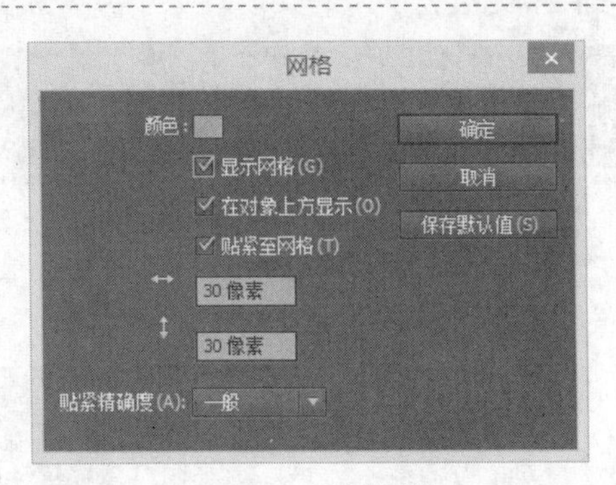

图 4-19　设置网格

设置好后，发现“泼水节”三个字放置在 12 个格子中，如图 4-20 所示。

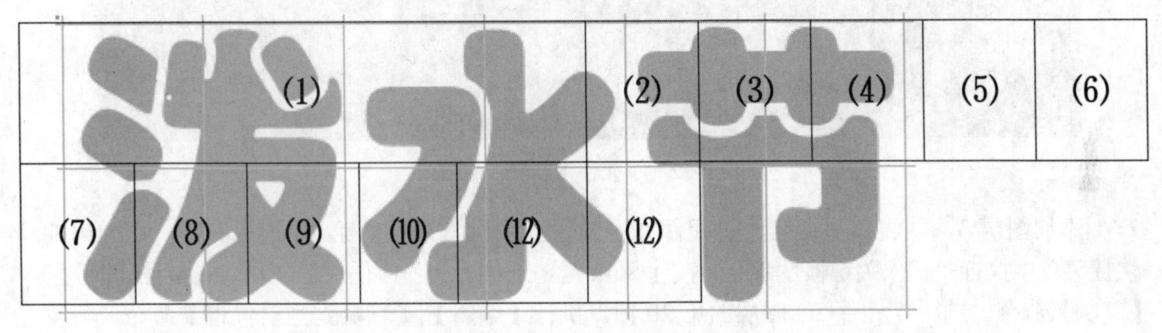

图 4-20　设置网格之后的文字

6 将文字用线条分隔成碎片。执行【修改】|【分离】命令两次，将文字打散。沿着网格线，利用“工具”面板中的“线条工具”绘制 3 条红色的横线、7 条红色的竖线。这些线条的作用只是为了将“爆炸物”分区，动画制作最后是要删除的，因此线条工具的“笔触”尽量小于“1”，如图 4-21 所示。

图 4-21　将文字用线条分隔成碎片

7 将文字碎片按区域分离，并转换为元件。添加图层 2，并将其重命名为“元件 1”，在“元件 1”图层的第 20 帧上右击，在弹出的快捷菜单中执行“插入关键帧”命令。按住 Shift 键，选中“泼”字的（1）区域，执行【编辑】|【复制】命令。选中“元件 1”图层的第 20 帧，执行【编辑】|【粘贴到当前位置】命令，将复制的碎片粘贴到“元件 1”图层中。执行【修改】|【转换为元件】命令，将碎片转换为名称为“元件 1”的图形元件，如图 4-22 所示。

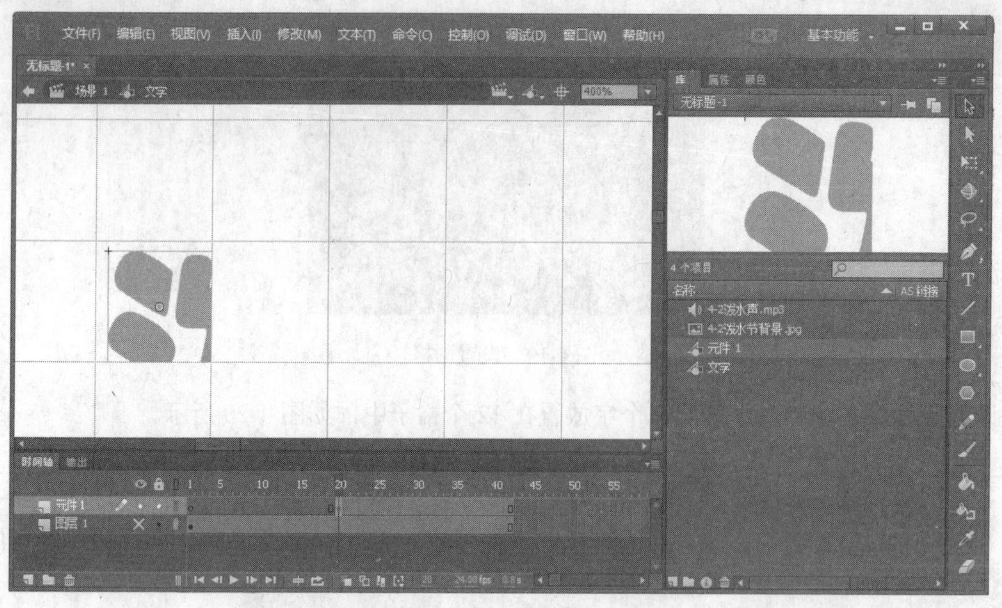

图 4-22　“元件 1”图形元件

添加图层 3，并将其重命名为“元件 2”，在“元件 2”图层的第 20 帧上右击，在弹出的快捷菜单中执行“插入关键帧”命令。按住 Shift 键，选中“泼”字的（2）区域，执行【编辑】|【复制】命令。选中“元件 2”图层的第 20 帧，执行【编辑】|【粘贴到当前位置】命令，将复制的碎片粘贴到“元件 2”图层中。执行【修改】|【转换为元件】命令，将碎片转换为名称为“元件 2”的图形元件，如图 4-23 所示。

图 4-23　“元件 2”图形元件

添加图层 4，并将其重命名为“元件 3”，在“元件 3”图层的第 20 帧上右击，在弹出的快捷菜单中执行“插入关键帧”命令。按住 Shift 键，选中“水”字的（3）区域，执行【编辑】|【复制】命令。选中“元件 3”图层的第 20 帧，执行【编辑】|【粘贴到当前位置】命令，将复制的碎片粘贴到“元件 3”图层中。执行【修改】|【转换为元件】命令，将碎片转换为名称为

“元件 3”的图形元件，如图 4-24 所示。

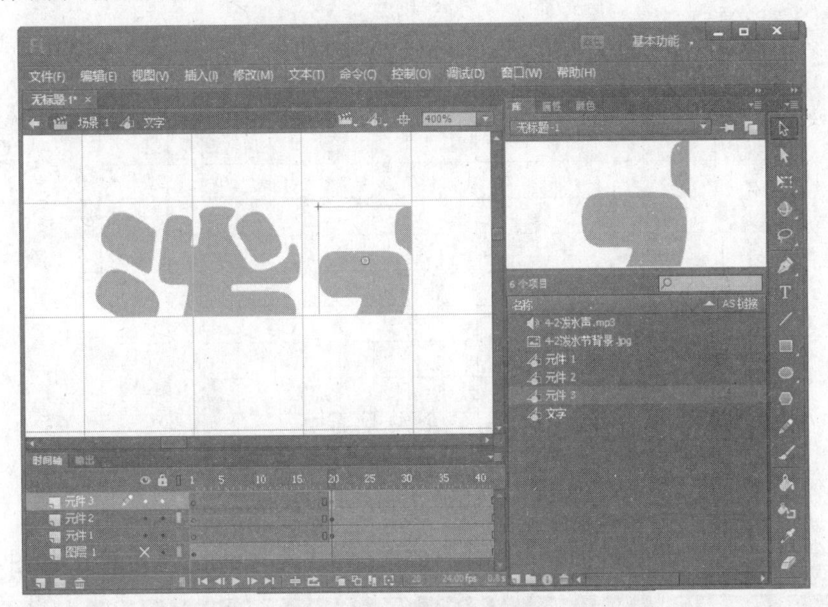

图 4-24 “元件 3”图形元件

用同样的方法，再建立元件 4～元件 12 图层，将分割的碎片分别放入每个图层，并转换为相应的 12 个元件，如图 4-25 所示。

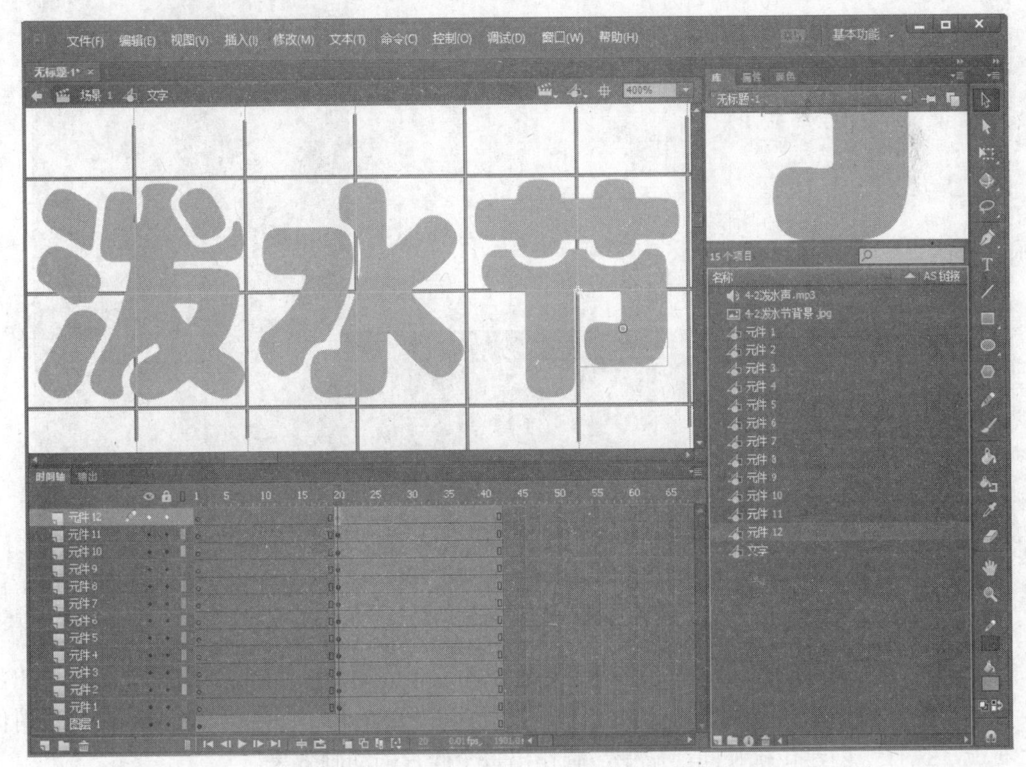

图 4-25 “元件 4”～“元件 12”图形元件

8 设置碎片爆炸后的效果。将图层 1 隐藏，选中“元件 1”～“元件 12”的第 42 帧并右击，在弹出的菜单中执行“插入关键帧”命令。并分别将这些图层第 42 帧中的碎片按“爆炸”

式样调整到合适的位置，如图 4-26 所示。

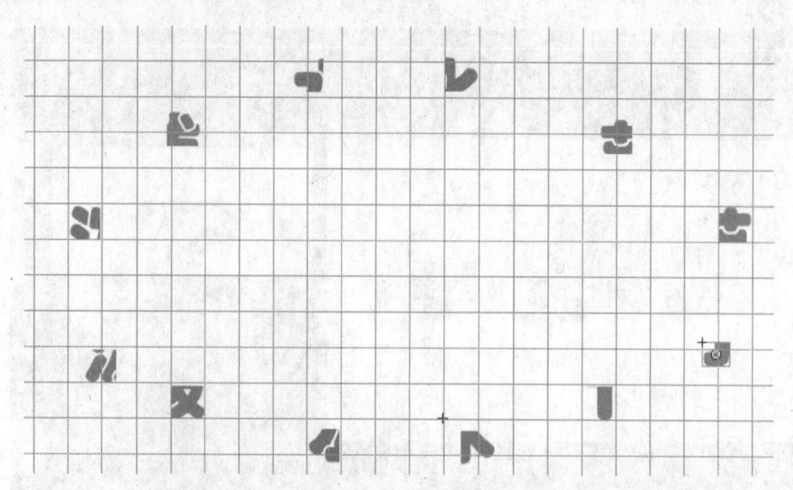

图 4-26　设置碎片爆炸后的效果

选中每一个碎片，利用属性面板设置色彩效果：样式为 Alpha，值为 0%，如图 4-27 所示。

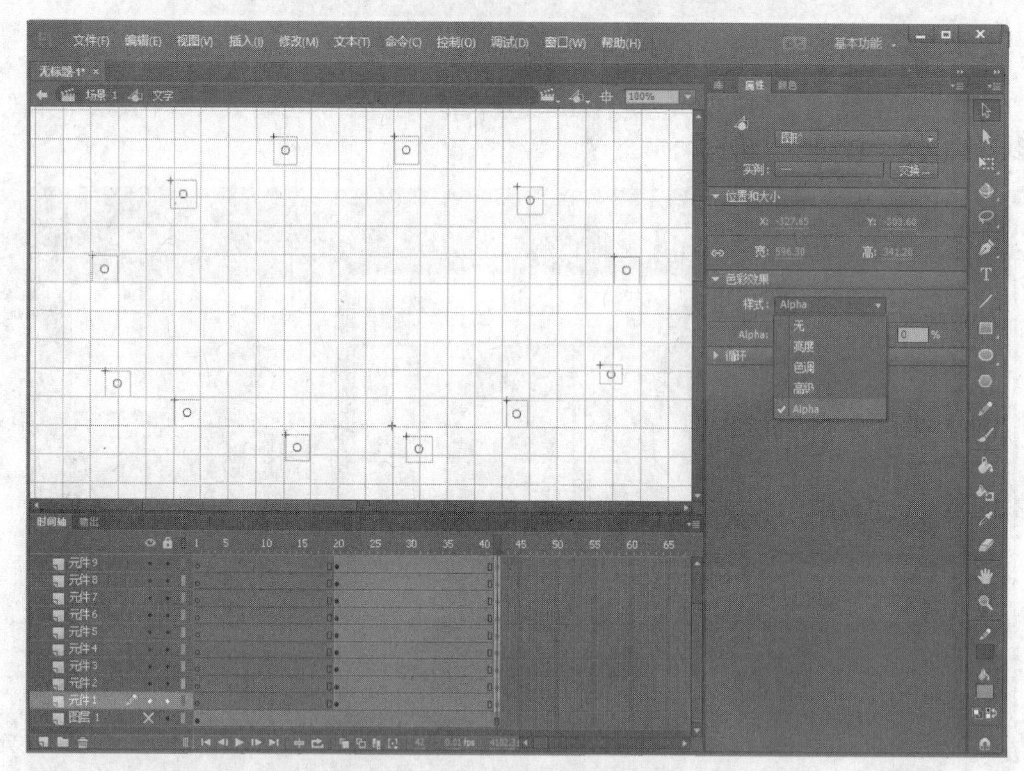

图 4-27　设置每一个碎片的色彩效果

9 制作文字爆炸动画效果。解锁图层 1，选中图层 1 的第 20～第 42 帧并右击，在弹出的快捷菜单中执行“删除帧”命令。在“元件 1”图层到“元件 12”图层第 20～第 42 帧的时间轴上右击，执行“创建传统补间”命令，制作出每个碎片的动画效果。

选中“元件 1”“元件 2”“元件 3”“元件 7”“元件 8”“元件 9”图层第 20～第 42 帧中的任一帧，在【属性】|【补间】|【旋转】中设置方向为“逆时针”。

选中“元件 4”“元件 5”“元件 6”“元件 10”“元件 11”“元件 12”图层第 20～第 42 帧

中的任一帧，在【属性】|【补间】|【旋转】中设置方向为“顺时针”。形成“爆炸”后碎片的旋转效果，如图 4-28 所示。

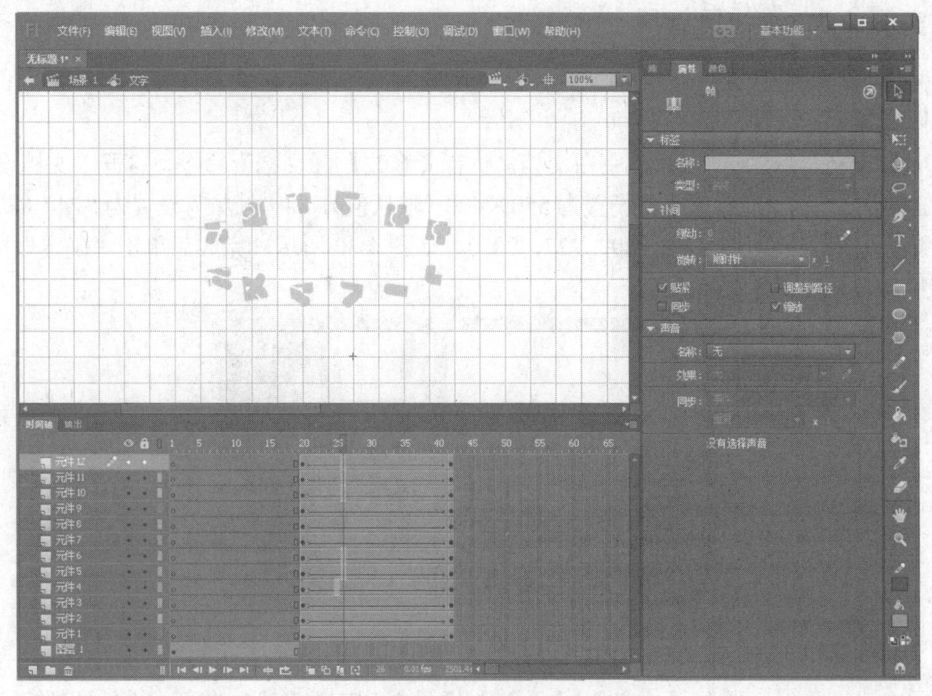

图 4-28　制作文字爆炸动画效果

10 删除多余线条。选中图层 1 的第 1 帧，将绘制的 3 条横线及 7 条竖线逐一删除。

11 制作场景。返回到场景 1 中，执行【视图】|【网格】|【显示网格】命令，取消选中“显示网格”复选框，去除场景 1 中的网格线。选中图层 3 的第 1 帧，将“文字”元件拖入舞台中，并放置到合适的位置。执行【控制】|【播放】命令，即可看到动画效果，如图 4-29 所示。

图 4-29　动画效果

4.1.3 风吹文字效果

实例 4-3：最炫民族风

案例说明：本例主要使用文本工具、分离、分散到图层、传统补间来制作。

操作步骤：

1 设置文档。新建一个 Flash 空白文档，执行【修改】|【文档】命令，打开“文档设置”对话框，在对话框中将“舞台大小”设置为 550×400（默认值），将“帧频”设置为“24”（默认值），将舞台颜色设置为粉色（RGB：249，227，207），如图 4-30 所示，完成后单击“确定”按钮。

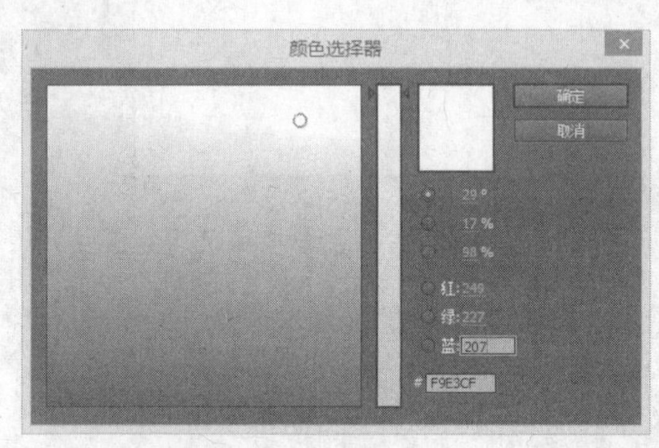

图 4-30 设置文档

2 导入背景图片。执行【文件】|【导入】|【导入到库】命令，将已经绘制好的“背景 2”图片导入到库中。执行【插入】|【新建元件】命令，建立一个名称为“背景”的图形元件，同时打开元件编辑舞台。选取图层 1 的第 1 帧，将“背景 2”图片拖入舞台中。执行【修改】|【分离】命令，将图片打散。新建图层 2，锁定图层 1，选中图层 2 的第 1 帧，使用工具面板中的“椭圆工具”在舞台中绘制一个椭圆。在属性面板中设置椭圆的填充颜色为无色、笔触颜色为红色、笔触为 20，如图 4-31 所示。

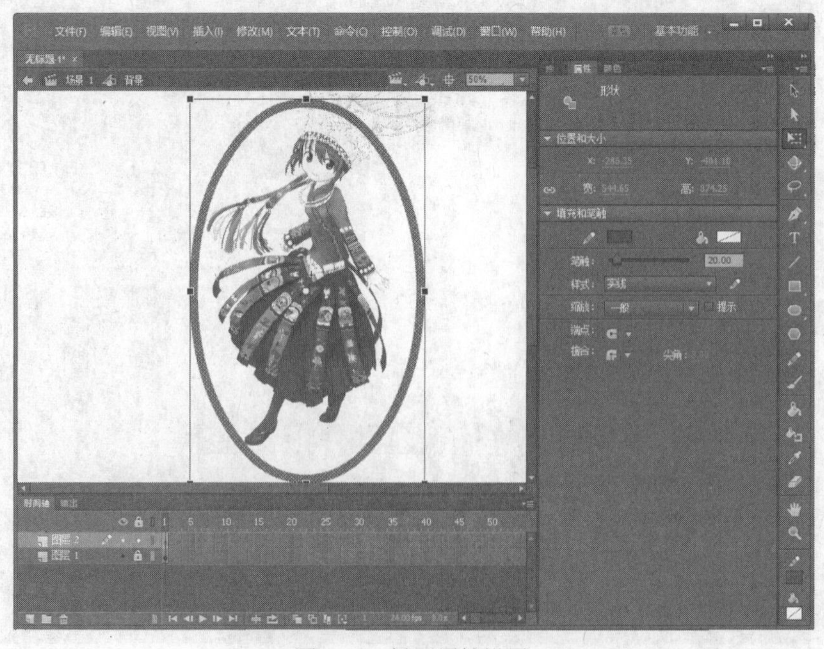

图 4-31 椭圆属性设置

选中椭圆，执行【编辑】|【复制】命令。解锁图层 1，选取图层 1 的第 1 帧，执行【编辑】|【粘贴到当前位置】命令，将图层 2 中的椭圆复制到图层 1 中。在图层 2 名称上右击，在弹出的快捷菜单中执行“删除图层”命令，删除图层 2。

选取图层 1 的第 1 帧，执行【修改】|【文档】命令，将舞台颜色设置为黑色，如图 4-32 所示。

图 4-32　设置舞台颜色

选中图层 1 的第 1 帧，使用“工具”面板中的“橡皮擦”工具，擦除舞台中椭圆外的部分，如图 4-33 所示。

图 4-33　擦除舞台中椭圆外的部分

执行【修改】|【文档】命令，将舞台颜色设置为粉色（RGB：249，227，207）。选择舞台中的椭圆，利用属性面板，设置椭圆的笔触颜色为粉色（RGB：249，227，207），如图4-34所示。

图4-34　设置舞台与椭圆笔触颜色

返回到场景1，选中图层1的第1帧，将制作好的“背景”元件拖入舞台，执行【修改】|【变形】|【缩放和旋转】命令调整其大小（缩放40%），并将元件移动到舞台的左边，如图4-35所示。

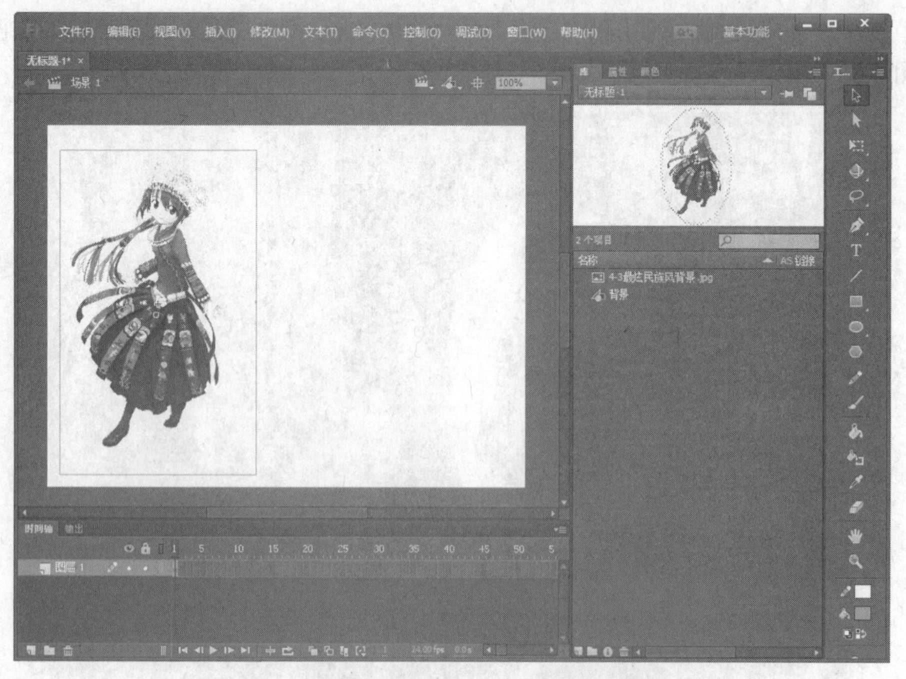

图4-35　调整“背景”元件的大小及位置

3 输入文字。添加图层2、图层3，锁定图层1、图层3。选中图层2第1帧，使用工具面板中的“文本工具”在舞台上输入“最炫民族风”5个字。利用属性面板设置文字字符系列为华文琥珀、大小为 60 磅、颜色为 RGB（60，12，12），如图 4-36 所示。

图 4-36　设置文字属性

解锁图层 1 和图层 3。在图层 1 的第 140 帧上右击，在弹出的快捷菜单中执行“插入帧”命令，将背景图片延长到第 140 帧，锁定图层 1。选中图层 2 第 1 帧中的文字，执行【编辑】|【复制】命令，选中图层 3 中的第 1 帧，执行【编辑】|【粘贴到当前位置】命令，将图层 2 中的文字复制并粘贴到图层 3 中。锁定图层 2，选中图层 3 的第 1 帧，将舞台中的文字向右移动到舞台之外，在图层 3 的第 140 帧上右击，在弹出的快捷菜单中执行“插入帧”命令，将文字显示延长到第 140 帧，锁定图层 3，如图 4-37 所示。

图 4-37　插入帧，延长文字显示

4 制作文字动画效果。解锁图层 2，选中舞台中的文字，执行【修改】|【分离】命令，将文字打散成“最”“炫”“民”“族”“风”。执行【修改】|【时间轴】|【分散到图层】命令，将文字自动分散到 5 个图层中，如图 4-38 和图 4-39 所示。

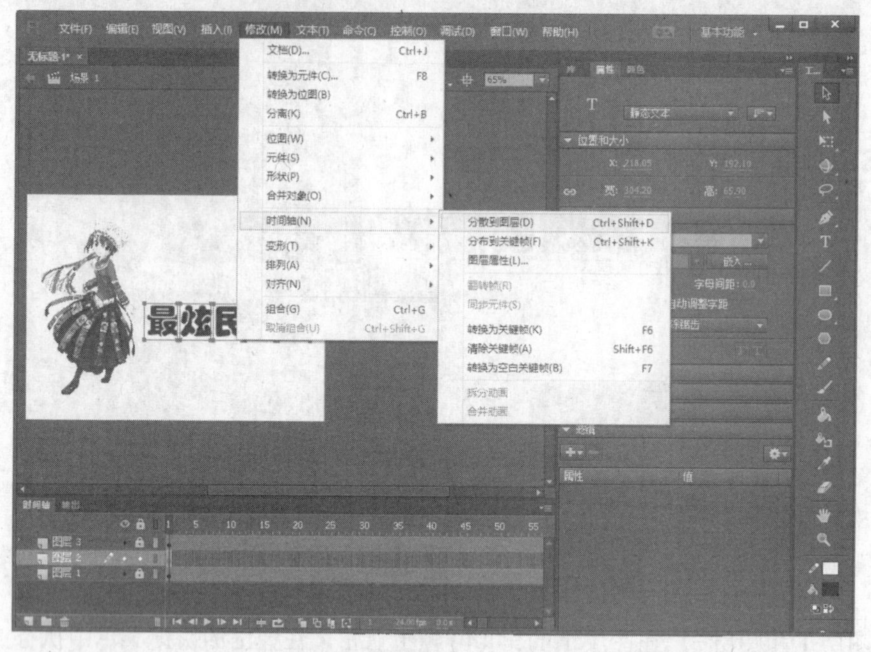

图 4-38 “分散到图层”命令

图 4-39 将文字分散到 5 个图层中

删除图层 2，锁定图层“炫”“民”“族”“风”。选取“最”图层第 1 帧，执行【修改】|【转换为元件】命令，将“最”字转换为一个名称为“最”的图形元件。在“最”图层第 10 帧上右击，在弹出的快捷菜单中执行“插入关键帧”命令。在“最”图层第 60 帧上右击，在弹出的快捷菜单中执行“插入关键帧”命令，将“最”字移动到图层 3 中“最”字所在位置，

执行【修改】|【变形】|【水平翻转】命令，将“最”元件水平翻转，并倾斜变形。在属性面板中设置“最”元件的色彩效果：样式为 Alpha，值为 10%，如图 4-40 所示。

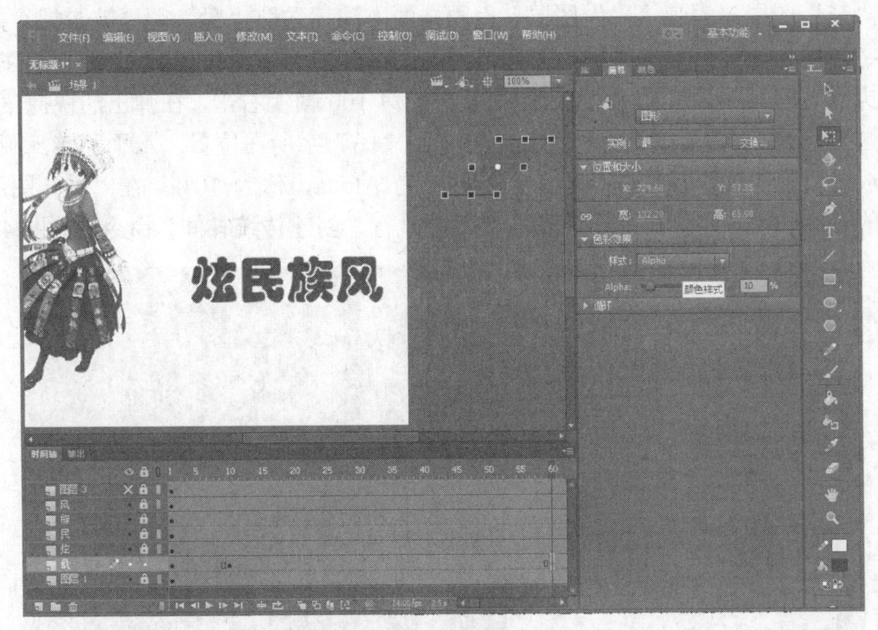

图 4-40　“最”字效果图

在“最”图层第 10～第 60 帧的时间轴上右击，在弹出的快捷菜单中执行“创建传统补间”命令。

锁定“最”图层，解锁“炫”图层。用同样的方法，选取“炫”图层第 1 帧，按 F8 键，将“炫”字转换为一个名称为“炫”的图形元件。在“炫”图层第 30 帧上右击，在弹出的快捷菜单中执行“插入关键帧”命令。在“炫”图层第 80 帧上右击，在弹出的快捷菜单中执行“插入关键帧”命令，将“炫”字移动到图层 3 中“炫”字所在位置，水平翻转，倾斜变形。在属性面板中设置“炫”元件的色彩效果：样式为 Alpha，值为 10%，如图 4-41 所示。

图 4-41　设置“炫”元件的色彩效果

在“炫”图层第30～第80帧的时间轴上右击，在弹出的快捷菜单中执行“创建传统补间”命令。

锁定“炫”图层，解锁“民”图层。用同样的方法，选取“民”图层第1帧，按F8键，将“民”字转换为一个名称为“民”的图形元件。在“民”图层第50帧上右击，在弹出的快捷菜单中执行“插入关键帧”命令。在“民”图层第100帧上右击，在弹出的快捷菜单中执行“插入关键帧”命令，将“民”字移动到图层3中“民”字所在位置，水平翻转，倾斜变形。在属性面板中设置“民”元件的色彩效果：样式为Alpha，值为10%。在“民”图层第50～第100帧的时间轴上右击，在弹出的快捷菜单中执行“创建传统补间”命令，如图4-42所示。

图4-42　创建传统补间

锁定“民”图层，解锁“族”图层。用同样的方法，选取“族”图层第1帧，按F8键，将“族”字转换为一个名称为“族”的图形元件。在“族”图层第70帧上右击，在弹出的快捷菜单中执行“插入关键帧”命令。在“族”图层第120帧上右击，在弹出的快捷菜单中执行“插入关键帧”命令，将“族”字移动到图层3中“族”字所在位置，水平翻转，倾斜变形。在属性面板中设置“族”元件的色彩效果：样式为Alpha，值为10%。在“族”图层第70～第120帧的时间轴上右击，在弹出的快捷菜单中执行“创建传统补间”命令。

锁定“族”图层，解锁“风”图层。用同样的方法，选取“风”图层第1帧，按F8键，将“风”字转换为一个名称为“风”的图形元件。在“风”图层第90帧上右击，在弹出的快捷菜单中执行“插入关键帧”命令。在“封”图层第140帧上右击，在弹出的快捷菜单中执行“插入关键帧”命令，将“风”字移动到图层3中“风”字所在位置，水平翻转，倾斜变形。在属性面板中设置“风”元件的色彩效果：样式为Alpha，值为10%。在“风”图层第90～第140帧的时间轴上右击，在弹出的快捷菜单中执行“创建传统补间”命令。

锁定“风”图层，解锁“图层3”，在图层3的名称上右击，在弹出的快捷菜单中执行“删除图层”命令，将图层3删除。执行【控制】|【测试】命令，即可测试动画效果，如图4-43所示。

图 4-43 动画效果

执行【文件】|【保存】命令，保存文件。

4.2 3D 动画技法

动画制作分为二维动画与三维动画技术，最有魅力并且运用最广的当属三维动画，包括人们常见的动画片、电视广告片头、建筑动画等许多都运用了三维动画技术。Flash 作为专业级矢量动画制作软件，新的 Flash 版本提供了越来越多对 3D 动画制作的支持。使用户通过学习 Flash，就可以制作出丰富多彩的 3D 动画效果，如图 4-44 和图 4-45 所示。

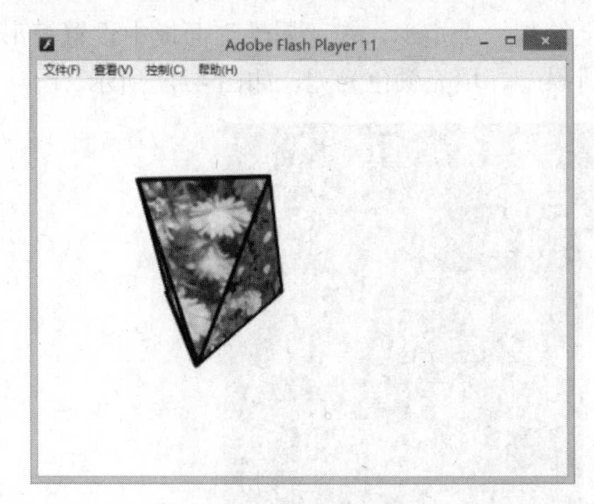

图 4-44 3D 动画效果（1）

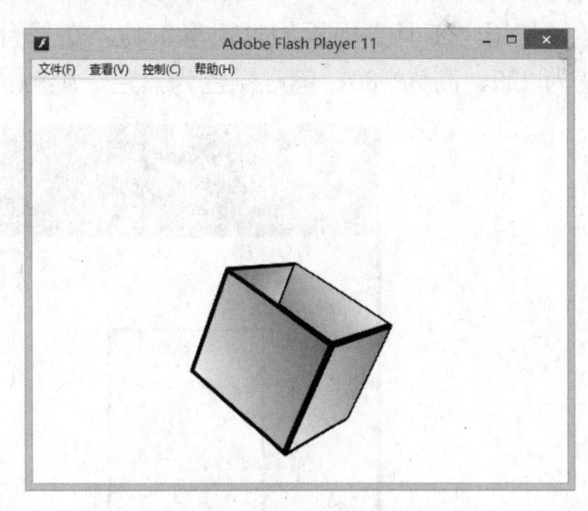

图 4-45 3D 动画效果（2）

翻书效果

实例 4-4：翻动的书页

案例说明：本例主要使用补间动画、传统补间动画、3D 旋转工具等来制作。

操作步骤：

1 设置文档。新建一个 Flash 空白文档，执行【修改】|【文档】命令，打开“文档设置”对话框，在对话框中将“舞台大小”设置为 960×600，完成后单击“确定”按钮。

2 导入背景图片。执行【文件】|【导入】|【导入到库】命令，将一幅背景图片导入到库中。选中“图层 1”的第 1 帧，将库中的背景图片拖入舞台。

选取舞台中的背景图片，执行【修改】|【变形】|【缩小和旋转】命令，将图片缩小 75%，调整图片位置，遮住整个舞台，如图 4-46 所示。

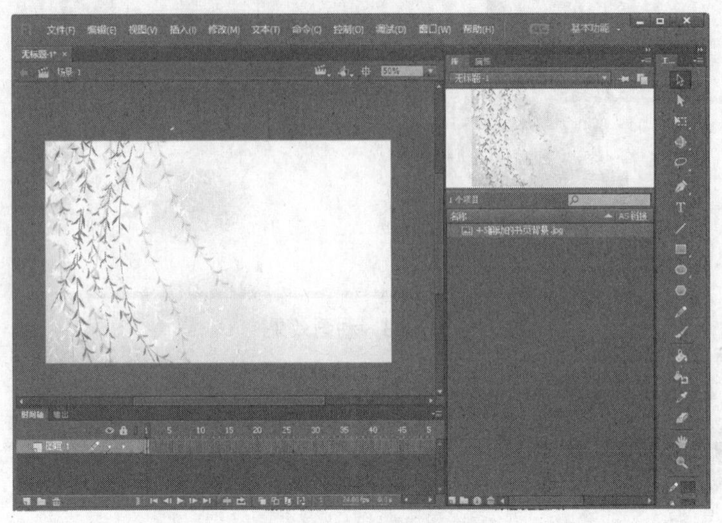

图 4-46　调整图片位置

3 添加图层。单击“时间轴”面板左下角的“新建图层”按钮，新建图层 2～图层 4。

4 制作“书”元件。执行【插入】|【新建元件】命令，建立一个名称为“书”的影片剪辑元件，同时打开“书”元件的编辑舞台。

使用“工具”面板的“矩形工具”在舞台上绘制一个矩形，在“属性”面板中设置矩形宽为 320、高为 480、笔触颜色为黑色、笔触大小为 7、填充颜色为无，如图 4-47 所示。

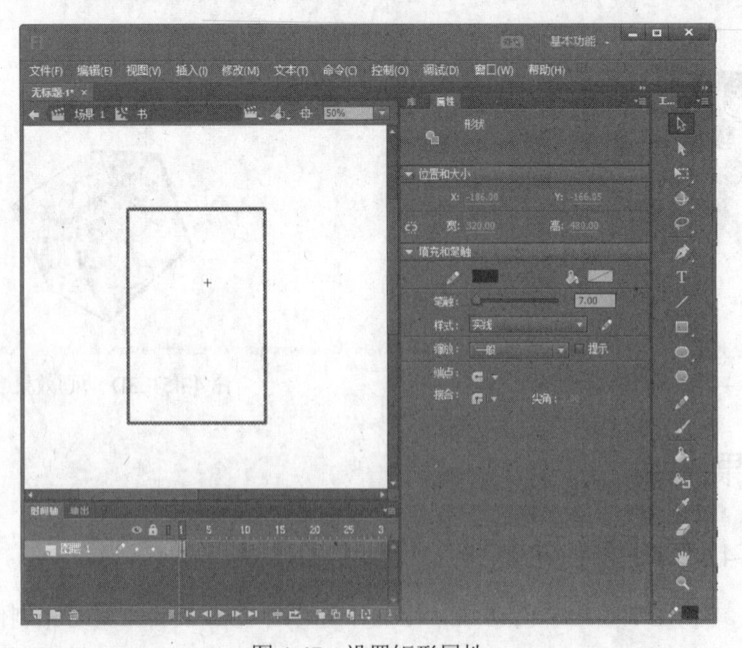

图 4-47　设置矩形属性

执行【编辑】|【复制】命令，再执行【编辑】|【粘贴到中心位置】命令，在编辑舞台中

复制出一个矩形。执行【视图】|【网格】|【显示网格】命令，在编辑舞台中显示出网格，调整两个矩形的位置，使它们水平方向对齐（可选中两个矩形，执行【修改】|【对齐】|【顶对齐】命令），并贴紧网格，中间距离 20 个像素。在两个矩形之间绘制一条细线（此细线主要用于方便设置书页的旋转点，后面是会删除掉的），如图 4-48 所示。

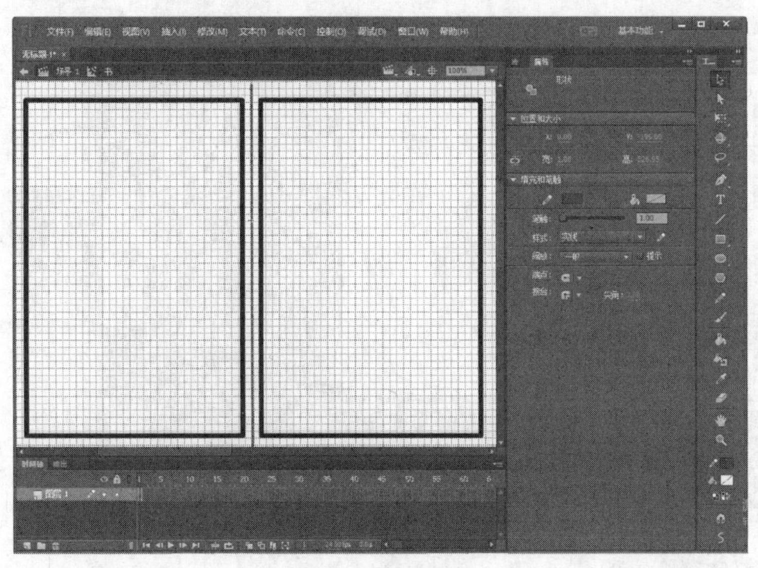

图 4-48 显示网格

使用“时间轴”面板上的“新建图层”按钮添加图层 2～图层 4。锁定图层 1、图层 2、图层 4。执行【文件】|【导入】|【导入到库】命令，将两张图片 A、B 导入到库中。选中图层 3 的第 1 帧，将图片 A 拖入舞台，执行【修改】|【变形】|【缩放和旋转】命令，将图片缩放 40%，移动到左边的矩形框内。将图片 B 拖入舞台，执行【修改】|【变形】|【缩放和旋转】命令，将图片缩放 40%，移动到右边的矩形框内。选中两张图片，执行【修改】|【对齐】|【顶对齐】命令，将两图片对齐，并贴紧网格，中间距离 60 个像素，如图 4-49 所示。

图 4-49 对齐图片

锁定图层 3，解锁图层 2，使用“工具”面板中的“矩形工具”绘制两个矩形。矩形宽：256，高：385，笔触：无颜色，填充颜色：灰色（#666666）。将其中一个矩形移动到图片 A 偏左下一点的位置，产生阴影效果。将另一个矩形移动到图片 B 偏右下一点的位置，产生阴影效果，如图 4-50 所示。

图 4-50　阴影效果

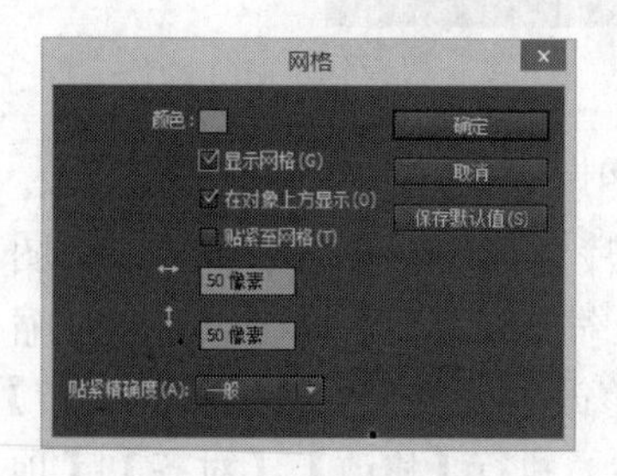

图 4-51　设置网格

锁定图层 2，解锁图层 4。执行【视图】|【网格】|【编辑网格】命令，将网格调整为宽：50 像素，高：50 像素，并选中“在对象上方显示”复选框，如图 4-51 所示。

选取“工具”面板中的“线条工具”，在属性面板中设置笔触颜色为黑色，笔触大小为 10。在舞台上绘制 4 条短直线，如图 4-52 所示。

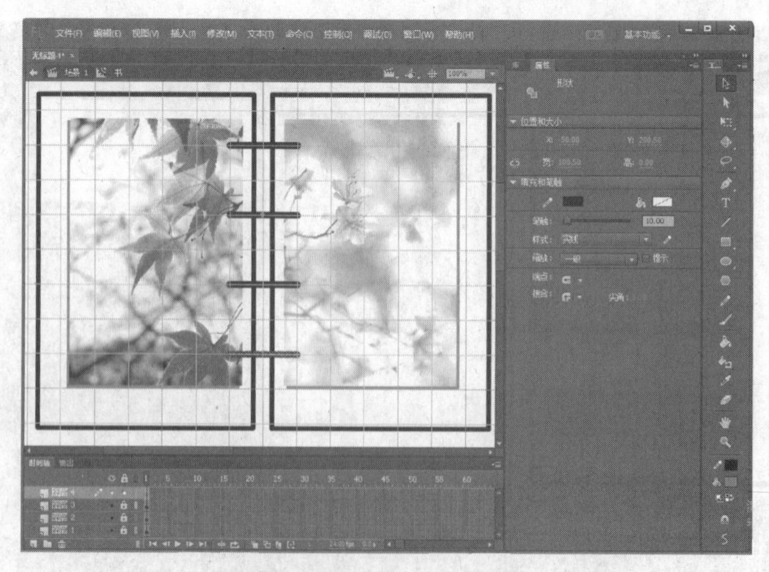

图 4-52　绘制 4 条短直线

选中图层 4 中绘制的 4 条直线，执行【修改】|【转换为元件】命令，将其转换为一个名

称为“元件 3”的影片剪辑元件。锁定图层 4。

5 制作翻页元件。执行【插入】|【新建元件】命令，建立一个名称为“元件 1”的影片剪辑元件，同时打开元件编辑舞台。执行【文件】|【导入】|【导入到舞台】命令，将图片 C 导入到舞台中，执行【修改】|【变形】|【缩放和旋转】命令，将图片缩放 40%。执行【插入】|【新建元件】命令，建立一个名称为“元件 2”的影片剪辑元件，同时打开元件编辑舞台。执行【文件】|【导入】|【导入到舞台】命令，将图片 D 导入到舞台中，执行【修改】|【变形】|【缩放和旋转】命令，将图片缩放 40%，如图 4-53 所示。

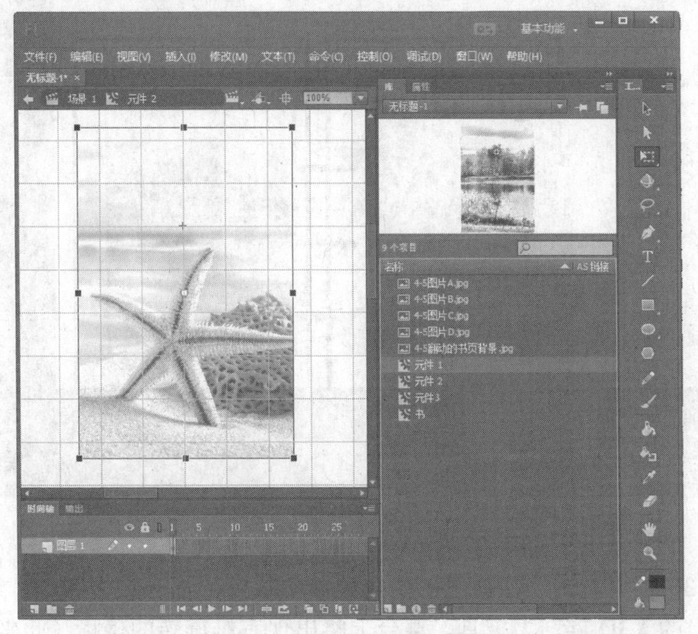

图 4-53　制作翻页元件

6 制作书背景。返回到场景 1，执行【视图】|【网格】|【显示网格】命令（即取消选中“显示网格”复选框），隐藏网格的显示。选中图层 1 的第 1 帧，将“书”元件拖入舞台中，如图 4-54 所示。

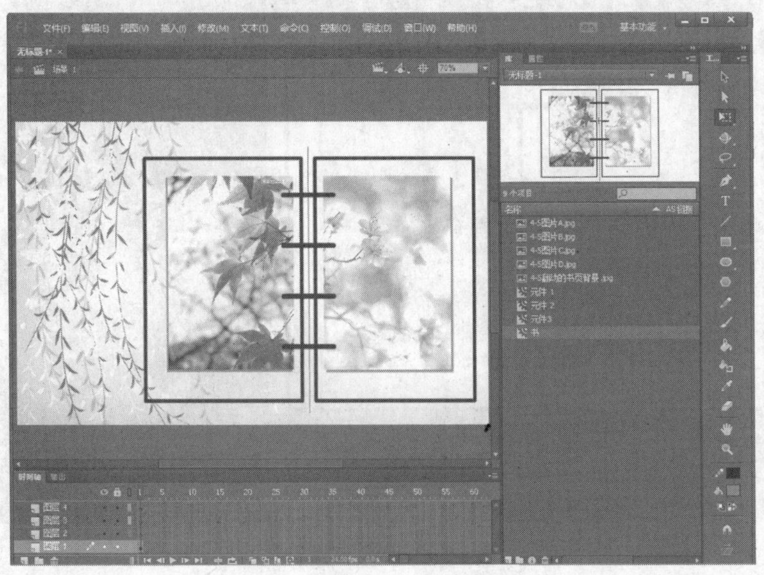

图 4-54　将“书”元件拖入舞台

在图层 1 的第 60 帧上右击，在弹出的快捷菜单中执行“插入帧”命令，让书背景延长至第 60 帧。锁定图层 1。

7 制作右翻页动画。选中图层 2 的第 1 帧，将“元件 1”拖入舞台中，放置在书中右边的图片上，完全遮盖住右边的图片，如图 4-55 所示。在图层 2 的第 1 帧上右击，在弹出的快捷菜单中执行“创建补间动画”命令，如图 4-55 所示。

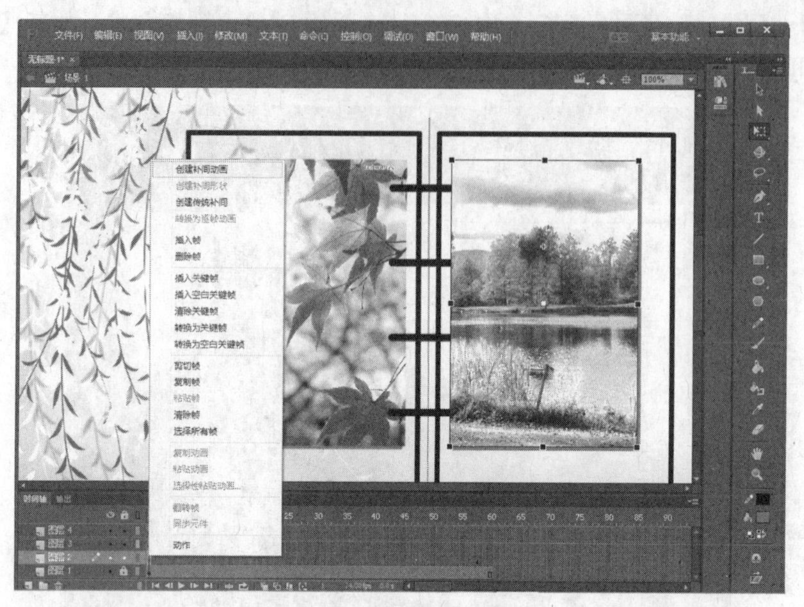

图 4-55　创建补间动画

在图层 2 第 30 帧上右击，在弹出的快捷菜单中执行“插入帧”命令。选中第 30 帧，使用“工具”面板上的“3D 旋转”工具，舞台上将出现三维旋转的坐标（此坐标绿线是沿 Y 轴旋转，红线是沿 X 轴旋转，蓝线是沿 Z 轴旋转，橙色是任意旋转），将变形点移动到红线上，在属性面板中设置透视角度为“1”，如图 4-56 所示。

图 4-56　设置透视角度

选中图层 2 第 30 帧，设置图片沿 Y 轴旋转 90°（鼠标指针指向绿线拖动出一个小的角度，然后在变形面板中设置 3D 旋转，Y：90 度），如图 4-57 所示。

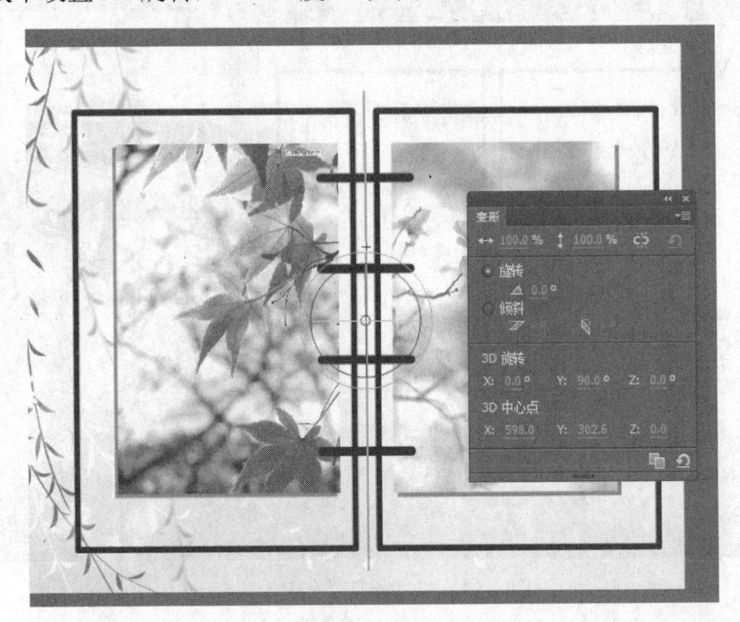

图 4-57　设置图片沿 Y 轴旋转 90°

此时执行【控制】|【播放】命令，可以看到右书页翻动的效果，如图 4-58 所示。

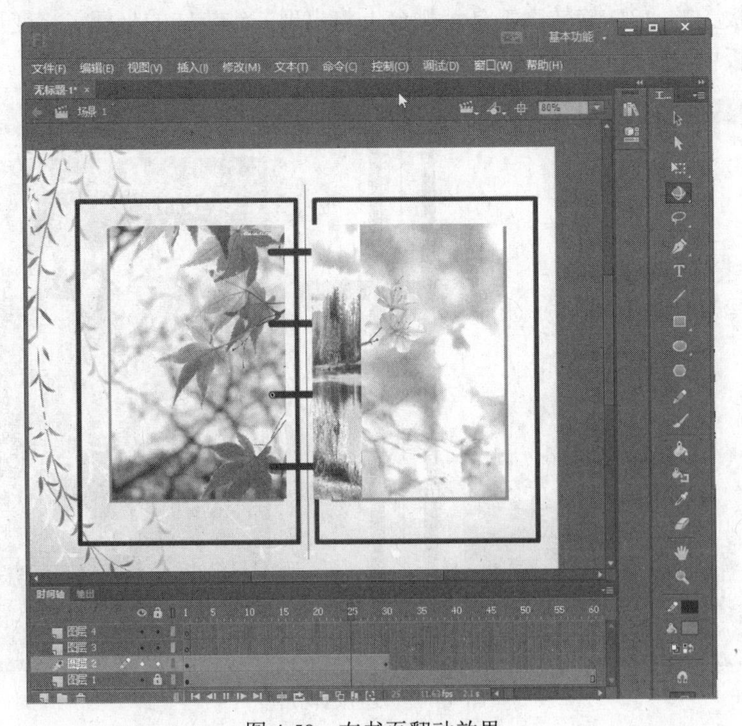

图 4-58　右书页翻动效果

8 制作书页翻到左边的动画效果。锁定图层 2，在图层 3 的第 31 帧上右击，在弹出的快捷菜单中执行“插入关键帧”命令。将库中的“元件 2”拖入舞台中，放置在书中左边的图片上，完全遮盖住左边的图片，如图 4-59 所示。

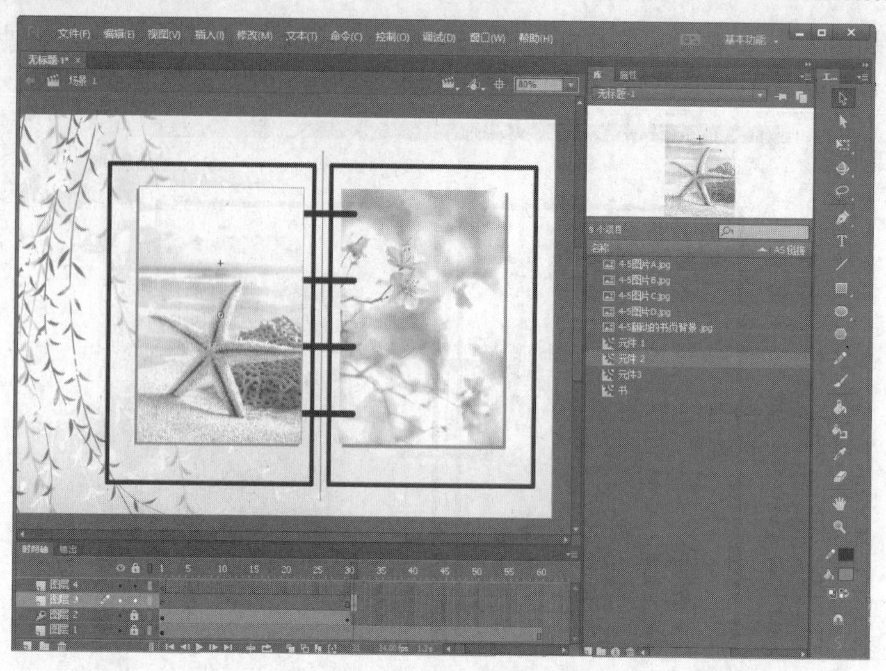

图 4-59　将“元件 2”拖入舞台

在图层 3 的第 31 帧上右击，在弹出的快捷菜单中执行“创建补间动画”命令。

在图层 3 第 60 帧上右击，在弹出的快捷菜单中执行“插入帧”命令。选中第 60 帧，使用“工具”面板上的“3D 旋转”工具，舞台上将出现三维旋转的坐标，将变形点移动到红线上，在属性面板中设置透视角度为“1”，如图 4-60 所示。

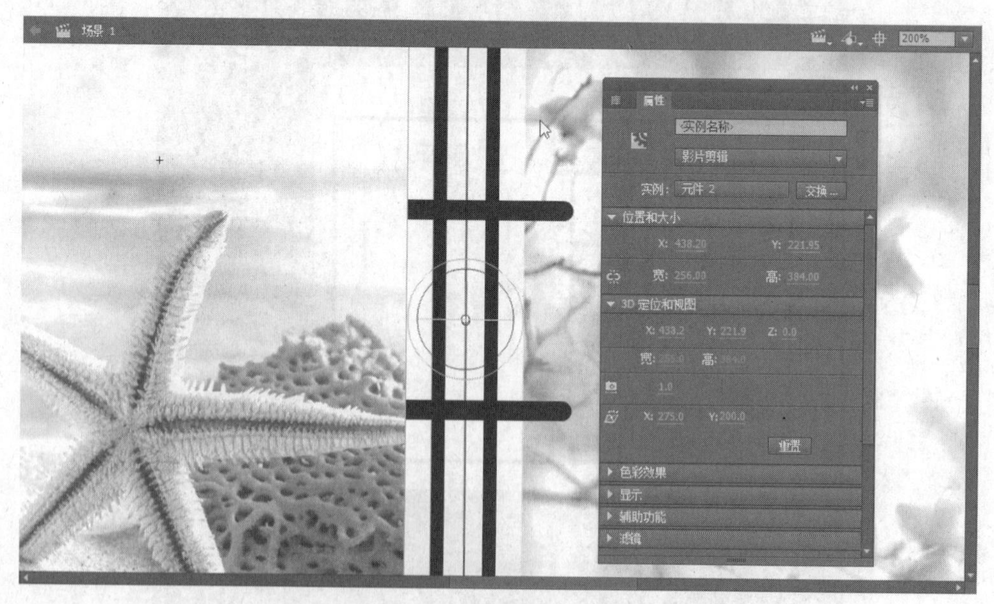

图 4-60　设置透视角度

选中图层 3 第 60 帧，设置图片沿 Y 轴旋转 90°（鼠标指针指向绿线拖动出一个小的角度，然后在变形面板中设置 3D 旋转，Y：90 度），如图 4-61 所示。

图 4-61 将图片沿 Y 轴旋转 90°

选中图层 3 第 31～第 60 帧，在时间轴上右击，在弹出的快捷菜单中执行“翻转关键帧”命令，将左边书页的翻书效果变化成打开效果，如图 4-62 所示。

图 4-62 翻转关键帧

此时执行【控制】|【播放】命令，可以看到书页从右边翻动到左边的效果。

9 制作活页夹的变化效果。锁定图层 3，选中图层 4 的第 1 帧，将元件 3 拖入舞台中，并移动到书上活页的位置，将原图片活页完全遮盖。单击“工具”面板中的“任意变形工具”，调整元件 3 的变形点到最左边的位置，如图 4-63 所示。

图 4-63　调整元件 3 的变形点到最左边的位置

在图层 4 的第 30 帧、31 帧、60 帧处分别插入关键帧。选中图层 4 的第 30 帧。将元件 3 向左缩小一半，如图 4-64 所示。

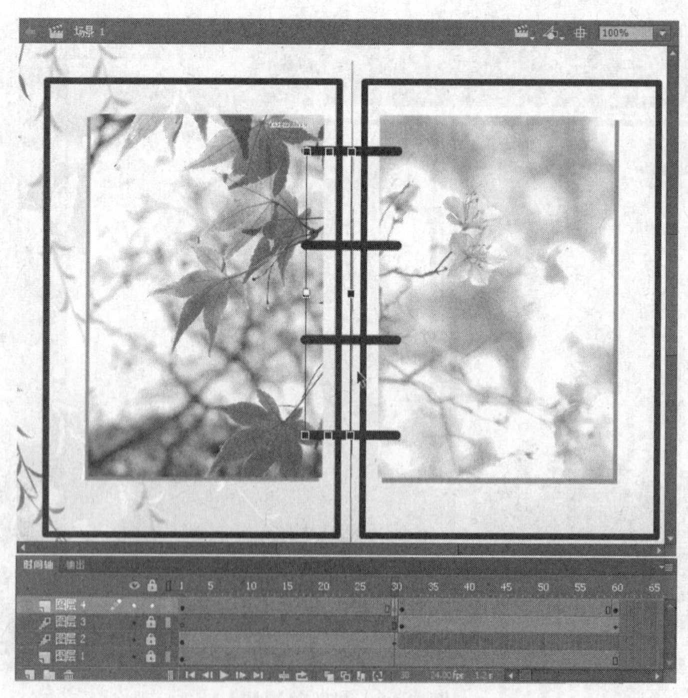

图 4-64　将元件 3 向左缩小一半

在图层 4 的第 1～第 30 帧的任意一帧上右击，在弹出的快捷菜单中执行“创建传统补间”命令。右翻页时活页的变化制作完成。

选中图层 4 的第 31 帧，调整元件 3 的变形点到最右边的位置，并将元件 3 向右缩小一半，如图 4-65 所示。

图 4-65　将元件 3 向右缩小一半

选中图层 4 第 60 帧，调整元件 3 的变形点到最右边的位置。

在图层 4 的第 31～第 60 帧的任意一帧上右击，在弹出的快捷菜单中执行“创建传统补间”命令。翻页效果如图 4-66 所示。

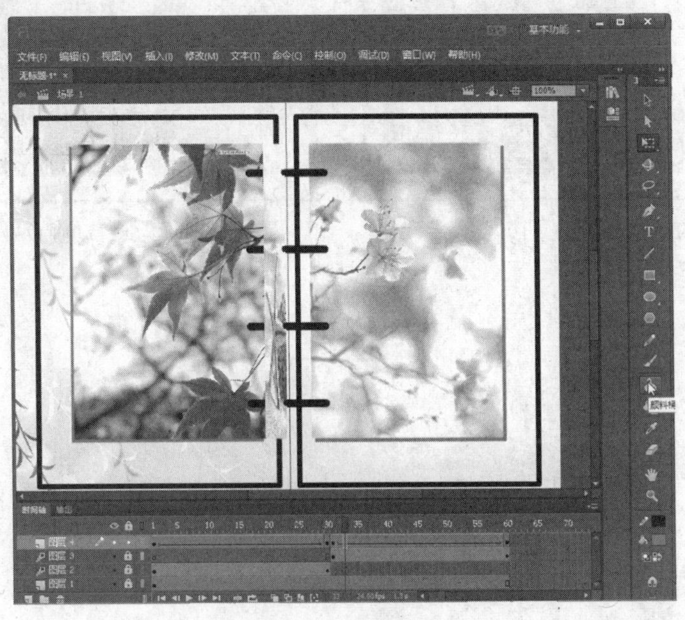

图 4-66　翻页效果

10 对“书”元件进行完善。打开“书”元件的编辑舞台，解锁图层 1。选中两页之间的红色线条，将其删除，并重新设置两个黑色边框矩形的填充颜色也为黑色。调整两个矩形的宽度及位置，使两个矩形连接在一起，如图 4-67 所示。

图 4-67　调整两个矩形的宽度及位置

11 保存文件。返回场景 1，执行【控制】|【测试】命令，测试动画制作的效果，如图 4-68 和图 4-69 所示。执行【文件】|【保存】命令，将文件保存。

图 4-68　动画效果（1）

图 4-69　动画效果（2）

第 5 章

声音与视频技术

Flash 之所以被称为多媒体软件，是因为其能够处理多种媒体类型，Flash 动画中不仅可以加入声音，还可以加入视频。声音元素对于 Flash 动画有很好的烘托作用，可以使动画效果更加丰富。在 Flash 动画中加入视频可以制作出更加炫目多彩的动画效果。在 Flash 中加入音频和视频，首先要考虑 Flash 所支持的文件格式，选择 Flash 支持的文件才能正常地导入和编辑。

5.1 声音技术

声音是 Flash 动画中的一个重要元素， Flash 可以使用的声音类型有很多，一般情况下，在 Flash 中可以直接导入 MP3 格式和 WAV 格式的音频文件。如果用户要在 MAC 平台上制作 Flash 动画，则需要使用 AIF/AIFF 格式的音频文件。

5.1.1 为时间轴添加声音

Flash CC 在库中保存声音，以及位图和组件。与图形组件一样，只需要一个声音文件的副本就可在文档中以各种方式使用这个声音文件。

实例 5-1：新建一个 ActionScript 3.0 文档，将“茶山情歌.mp3”音频文件导入到库，并添加到时间轴

操作步骤：

1 新建一个 ActionScript 3.0 文档，在“图层 1”中导入背景素材，如图 5-1 所示。

图 5-1 背景

2 执行【文件】|【导入】|【导入到库】命令，打开“导入到库”对话框。

3 找到“茶山情歌.mp3”所在的位置并选中，单击“打开”按钮。

4 导入成功，则在“库”面板中可以看到该文件，如图 5-2 所示。

5 单击“时间轴”面板下方的“新建图层”按钮，创建新图层，并重命名为“音乐”，如图 5-3 所示。

图 5-2　导入成功

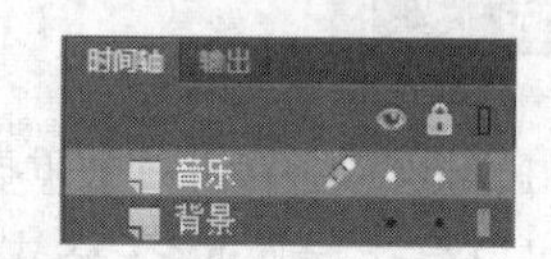

图 5-3　新建“音乐”图层

6 在“库”面板中选中声音文件，并按住鼠标不放将其拖曳到舞台窗口中，在“音乐”图层的第 165 帧处插入关键帧，时间轴上会出现声音文件的波形，如图 5-4 所示。

图 5-4　时间轴

7 按 Ctrl+Enter 组合键进行测试。声音文件添加完毕。

如果遇到 MP3 格式的音频文件导入失败，则 Flash 支持 MP3 和 WAV 两种格式（不支持 WMA 格式）。MP3 文件必须同时满足两个条件：频率必须是 44100 Hz；比特率必须是如图 5-5 所示的数字的其中一个。

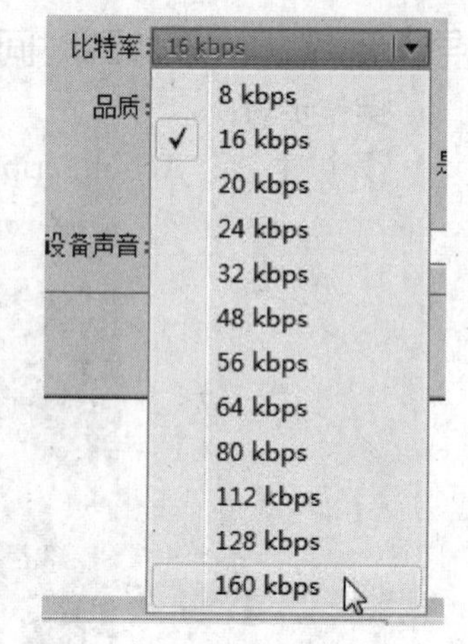

图 5-5　比特率

由于音频文件会占用较大的存储空间，而 Flash 动画制作完成后通过网络发布时对文件的大小又有严格的要求，因此为了保证声音的质量，应尽量减小其音量。要向 Flash 添加音频，最好导入 16 位的声音，如果内存有限，应尽量使用短的声音文件或用 8 位的声音文件。有些 MP3 格式的音频文件在导入 Flash 时会提示出错，无法导入，可以先用音频处理软件将音频文件转换处理后再导入。

5.1.2　为按钮添加声音

如果需要为按钮添加声音，可以为按钮的不同状态添加不同的声音来响应，以达到更好的交互效果。

实例5-2：新建一个按钮元件，并在单击此按钮时音乐响起

操作步骤：

1 新建一个ActionScript 3.0文档，并导入图像“22.png”到库中。

2 执行【插入】|【新建元件】命令，在“创建新元件”对话框中的“类型”文本框中选择“按钮”选项，如图5-6所示，单击“确定”按钮。

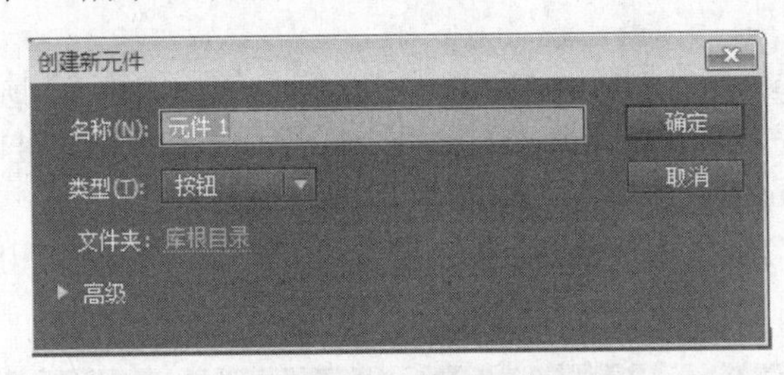

图5-6　创建新元件

3 选中图层1的“弹起”帧，打开“库”面板，将图像“22.png”拖入舞台并调整到合适位置，如图5-7所示。

图5-7　将图像拖入舞台并调整位置

4 在“指针经过”“按下”“点击”帧中分别插入关键帧。

5 执行【文件】|【导入】|【导入到库】命令，将音频文件“33.mp3”导入到库中。

6 新建图层2，在“按下”帧中插入关键帧，并选中“按下”关键帧，单击“属性”面板，在“声音”属性栏的“名称”框中选择“33.mp3”选项，如图5-8所示。

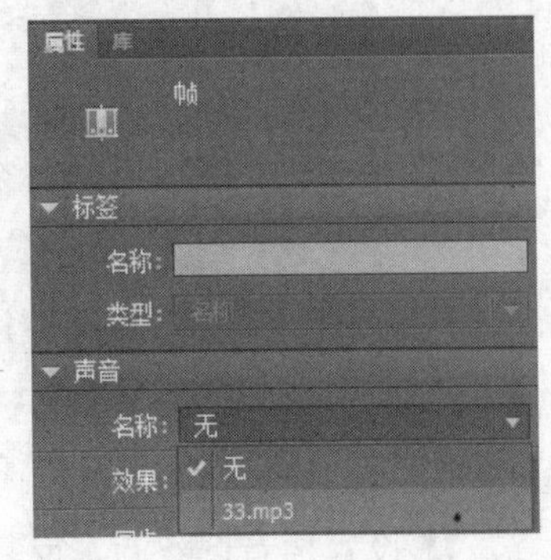

图5-8　选择“33.mp3”选项

7 返回“场景1”，在“图层1”的第1帧，将按钮元件“元件1”拖入到舞台，按Ctrl+Enter组合键进行测试。当单击此按钮时音乐会响起。

音乐会一直播放，直到关闭Flash影片窗口。如果需要用按钮来控制音乐的播放与停止，请参考第7章按钮的特效。

5.1.3 声音的编辑

实例 5-3：在“中国龙.fla”文件中加入音频，并对音频进行编辑和设置

操作步骤：

1 打开 2.2 节创建的文件“中国龙.fla”，单击图层栏的“新建图层”按钮，创建新图层，并将其重命名为“音频”。

2 为了使音乐与毛笔写字同时开始，选择“音频”图层的第 22 帧，并按 F6 键插入关键帧，执行【文件】|【导入】|【导入到库】命令，打开“导入到库”对话框。在对话框中选择音频文件“踏古-林海.mp3”，将其导入库中。

3 从库面板中将“踏古-林海.mp3”拖入舞台中，此时“音频”图层出现如图 5-9 所示的音乐波形图。

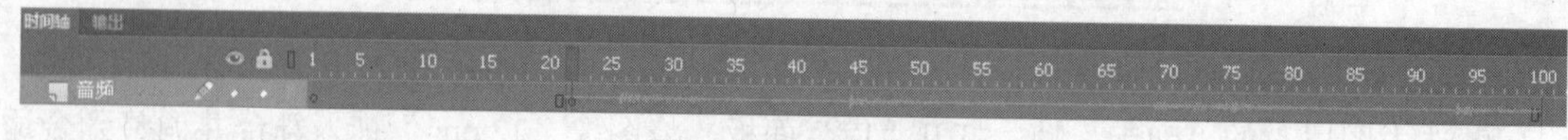

图 5-9 音乐波形图

4 按下 Ctrl+Enter 组合键测试，即可听到动画与音乐同时播放的效果。

5 在图层面板选择音乐图层中有波形图的任一帧，然后使用属性面板“声音”栏调整音频的属性。如图 5-10 所示，在“名称”项选择音乐名称，在“效果”项可选择声音的效果。

6 设置声音的起点。单击“效果”下拉框右侧的“自定义”按钮，可打开如图 5-11 所示的“编辑封套”对话框。在对话框中可以定义声音的起点、终点，以及播放时每个部分的音量大小。图中圆圈处所示的长方形滑块用于改变音频的起始播放时间，向右拖动声音起始滑块至图中所示位置，使音频从它所在位置的那个时间点开始播放。

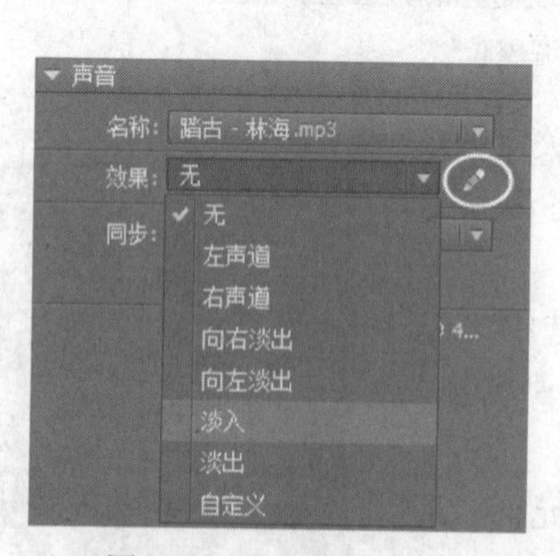

图 5-10 调整音频属性

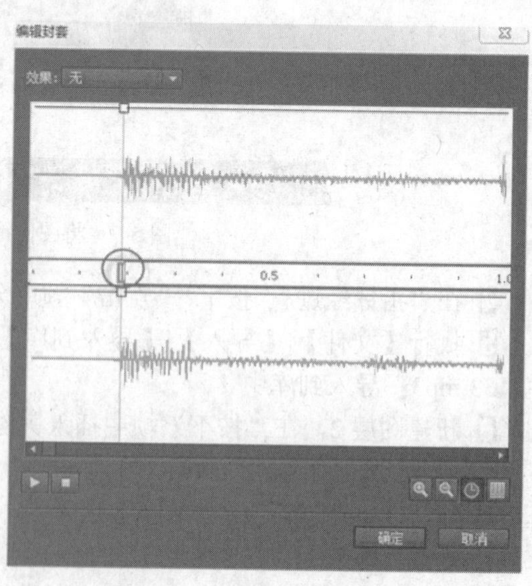

图 5-11 “编辑封套”对话框

7 设置声音的终点。反复单击如图 5-12 所示对话框中的“缩小”按钮，将比例缩到最小，然后将滚动条拖动到最右边，此时可看到与声音起始滑块相对应的声音结束滑块。将其向左拖动到 150 秒的位置，再反复单击“放大”按钮，使可以清楚地看到 144 秒，将结束滑块拖动至 144 秒的位置。

8 设置声音的效果。单击对话框“效果”下拉列表，选择“淡出”选项，使音频在播放到快结束时，音量由大慢慢减小，直至消失。此时的对话框如图 5-13 所示。

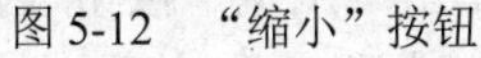

图 5-12 “缩小”按钮

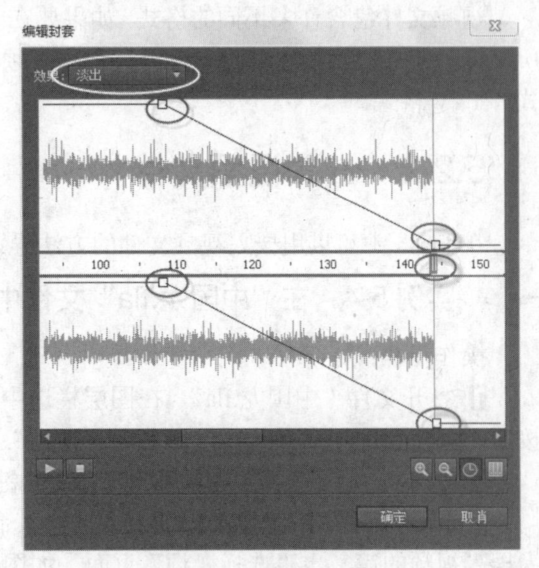

图 5-13 设置淡出效果

9 设置声音的音量大小。图 5-13 中圆圈所标示的方块称为封套手柄，它们所属的线段为封套线。封套线显示了声音播放时的音量。由图中可以看出，音频从接近 110 秒到 144 秒期间由大到小，直至消失。在封套线上单击可增加封套手柄，上下拖动改变封套手柄的位置可更改该时间点的音量大小。

10 按下 Ctrl+Enter 组合键测试，可发现音频播放至第 144 秒处完全停止，保存文件。

5.1.4 设置声音的属性

在声音属性面板的“声音”栏中，“重复”项用于设置声音重复播放的次数，“同步”项用于设置声音和动画保持同步的方式，同步有以下 4 种方式。

（1）“事件”：会将声音和一个事件的发生过程同步。在事件的起始关键帧开始播放声音，播放过程独立于时间轴。就如实例 5-3 所示，时间轴上的动画总共只有 100 帧，但由于声音“踏古-林海.mp3”的同步方式为“事件”，因此声音播放不受时间轴限制，即使动画停止，声音也会继续播放。

（2）“开始”：与“事件”选项类似，但如果声音正在播放，新声音就不会播放。

（3）“停止”：使当前指定的声音停止播放。

（4）“数据流”：主要用于在网上同步播放声音，Flash 会协调动画与声音流，使动画与声音同步。声音流的长度不会超过它所占的帧的长度，如果声音过长，而动画过短，声音流将随着动画的结束而停止播放。在实例 5-3 中，如果将同步方式改为“数据流”，则声音播放到第 100 帧就停止了。另外，在制作动画时为了保证动画和音频的同步，往往将较长的音频分割为几段，并将音频的“同步”类型设置为“数据流”。

5.2 视频技术

在 Flash 中，除了可以导入声音以外，还可以导入视频。

5.2.1 支持的视频格式

视频文件包含许多不同的格式，如果要在 Flash 中导入视频素材，则需先将其转换成 Flash 所支持的格式，然后将其进行导入。视频必须使用 FLV 或 H.264 格式编码，即常用的 FLV 格式和 F4V 格式。

5.2.2 嵌入视频文件

在 Flash 中可以用嵌入视频文件的方法导入视频，嵌入的视频将成为动画的一部分。

实例 5-4：在“中国龙.fla”文件中加入一段.flv 格式的视频

操作步骤：

1 打开文件“中国龙.fla”，在图层栏选中“毛笔”图层，然后单击图层栏的“新建图层”按钮，创建新图层，并将其重命名为“视频”。

2 选择“视频”图层的第 98 帧，按 F6 键插入关键帧。

3 执行【文件】|【导入】|【导入视频】命令，打开“导入视频”对话框。此时的对话框为导入视频的第一步“选择视频”页面，如图 5-14 所示，单击“浏览”按钮选择要导入的视频文件“水墨山水.flv”，然后选中“使用播放组件加载外部视频”单选按钮。

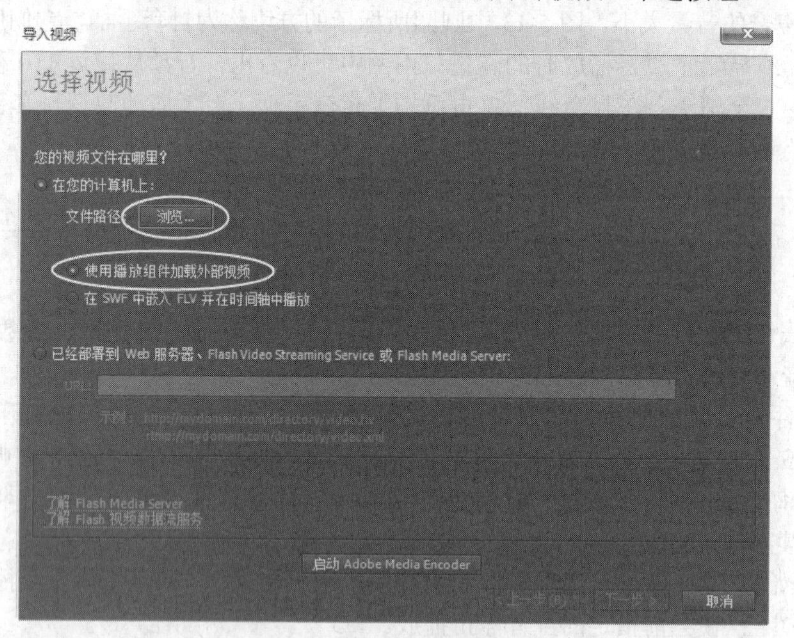

图 5-14 “选择视频”页面

注意：此步使用的是“使用播放组件加载外部视频”这种视频加载方式，如果要将含有这种视频加载方式的 Flash 文档作为 SWF 发布并将其上传到 Web 服务器，必须将视频文件一起上传，并按照文件的位置进行配置。另一种视频加载方式“在 SWF 中嵌入 FLV 并在时间轴中播放”，则是将加载的视频直接放在时间轴中，让视频变为 Flash 文档的一部分。这种方式加载的视频不宜过大，在通过 Web 发布 SWF 文件时，必须将整个视频都下载到浏览者的计算机上，然后才能开始视频播放。

4 单击“下一步”按钮，进入第二步“设定外观”页面。如图 5-15 所示，单击“外观”

右侧的下拉箭头按钮，可以选择一种视频播放器的外观，如果选择“无”选项，则播放器无控制按钮，在视频播放过程中不能控制播放进度。选定某些“外观”后，还可以单击“外观”右侧的“颜色”色块，设置播放器控制按钮栏的颜色。

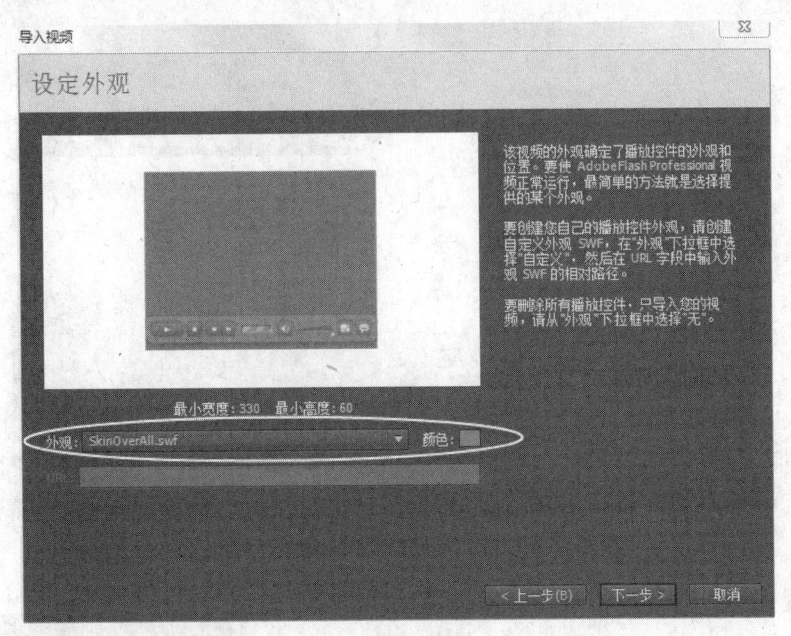

图 5-15 “设定外观”页面

5 单击“下一步”按钮，进入导入视频的第三步“完成视频导入”页面，如图 5-16 所示。单击“完成”按钮即可。

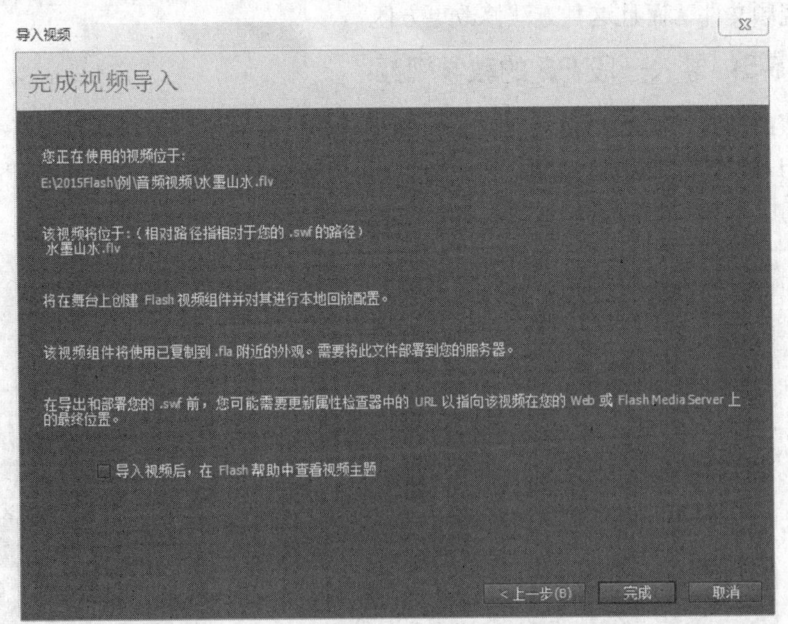

图 5-16 “完成视频导入”页面

6 稍候片刻，舞台上出现视频播放器界面。选择工具箱中的“任意变形工具”调整视频窗口大小，再用“选择工具”将播放器拖动到适当位置，效果如图 5-17 所示。此步也可以在视频被选中的情况下，使用如图 5-18 所示的属性面板“位置和大小”栏完成。

图 5-17　将播放器拖动到适当位置

7 执行【文件】|【保存】命令保存文件。

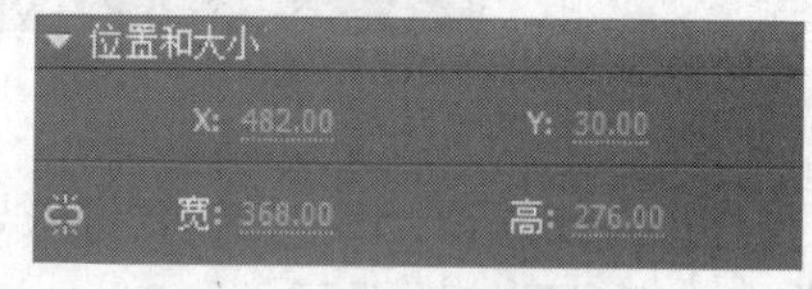

图 5-18　“位置和大小”栏

5.2.3　载入外部视频文件

除嵌入视频文件以外，还可以通过添加组件的方法，从外部载入视频文件，而且这种方法修改更方便。

实例 5-5：导入一段 PS 的教学视频

操作步骤：

1 按 Ctrl+F7 组合键打开“组件”面板，展开“Video”文件夹，将“FLVPlayback”组件拖入舞台，如图 5-19 所示。

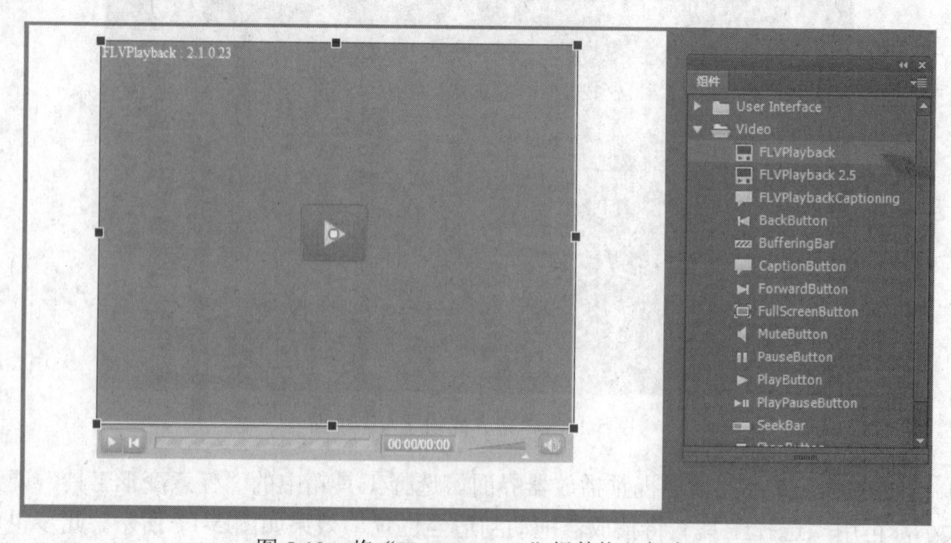

图 5-19　将“FLVPlayback”组件拖入舞台

❷ 选中舞台中的播放器组件，在“属性”面板“组件”参数栏中的“source”属性后面单击图 5-20 中圆圈所示的位置。

❸ 在弹出的“内容路径”对话框中单击图 5-21 圆圈标示的按钮，打开“浏览源文件”对话框，选中需要插入的视频文件，单击“打开”按钮。

图 5-20　单击圆圈所示位置

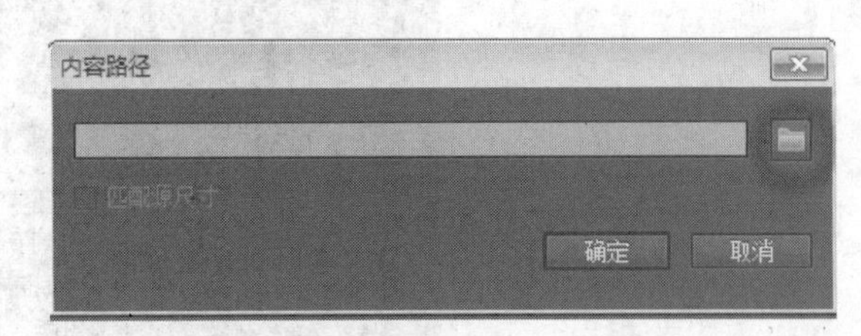

图 5-21　“内容路径”对话框

❹ 返回“内容路径”对话框，单击“确定”按钮以后，播放器组件中将会显示载入的视频文件，调整合适的大小，按 Ctrl+Enter 组合键，可以在组件中播放视频。

5.3 影片的发布及输出

通过发布 Flash 动画操作，可以将制作好的动画影片发布为不同的格式，并应用在其他文档中，以实现动画的制作目的或价值。

实例 5-6：对“中国龙.fla”文件进行发布

操作步骤：

❶ 执行【文件】|【发布设置】命令，打开“发布设置”对话框。如图 5-22 所示，图中所标示的 1 区为发布格式选项，按照图中所示在“发布”栏选中“Flash（.swf）”复选框。图中所标示的 2 区用于设置发布输出文件的位置和文件名。图中所标示的 3 区为图像和音频的相关设置，其中“JPEG 品质”数值用于控制位图压缩，数值越小，图像的品质就越低，生成的文件也越小；反之数值越大，图像的品质就越高，但生成的文件也越大。选中“启用 JPEG 解块”复选框，可减少由于 JPEG 压缩导致的典型失真，可以使高度压缩的 JPEG 图像较为平滑。图中所标示的 4 区为高级选项，这里选中“防止导入”复选框，以防止他人导入 SWF 文件并将其转换为 FLA 文档。在“密码”文本框中输入密码，以防止他人调试或导入 SWF 文件。

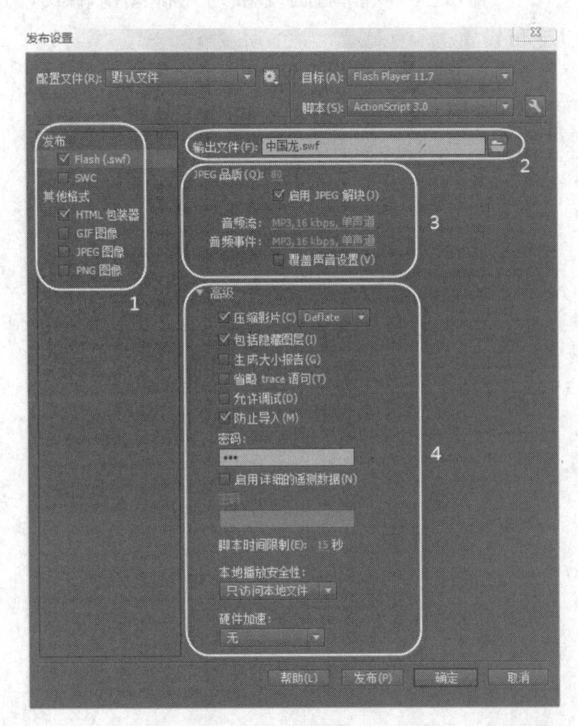

图 5-22　“发布设置”对话框

2 设置完成后单击“发布”按钮进行发布，再单击“确定”按钮确定设置并退出对话框。也可以完成设置后直接单击“确定”按钮，然后执行【文件】|【发布】命令进行发布。

在图 5-22 中所标示的 1 区中的“HTML 包装器”复选框可发布生成相应的 HTML 文档。选中该复选框，可对其发布进行设置。此时“发布设置”对话框如图 5-23 所示。

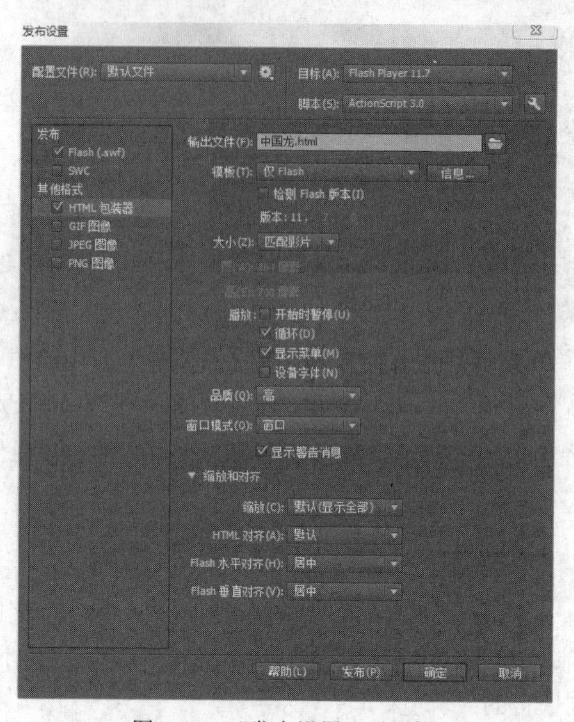

图 5-23 “发布设置”对话框

另外还可以将动画发布为几种图像格式，选中每种格式的复选框都会出现该选项的相应发布设置。

第 6 章

ActionScript 3.0 特效

使用 Flash 制作动画时，很多动画效果不能通过帧、元件、简单动画来完成，制作游戏、多媒体课件中需要使用 ActionScript 3.0 语句。

6.1 基础知识

ActionScript 3.0 是 Flash CC 提供的一种动作脚本语言，具备强大的交互功能，既提高了动画与用户之间的交互性，又加强了用户对元件的控制，使动画效果更快捷、更有随机性。

6.1.1 变量

变量就是用来存储数据的容器，或者是存储容器的容器。

1. 变量名

在 ActionScript 3.0 中变量名是区分大小写的。变量的命名需要遵守以下规则。

（1）第一个字符必须是字母、下画线或美元符号，后跟字母、下画线、数字，最好不要包含其他符号。

（2）变量不能是一个关键字或逻辑常量。

（3）保留的关键字不能在代码中将它们用作变量、自定义类名称等。

（4）变量名在一定作用范围内必须唯一。

2. 定义变量

在 ActionScript 3.0 中，使用 var 关键词声明变量，用“：”号定义变量的数据类型，用“=”号给变量赋值。

```
var myAge    //定义一个变量
myAge=40     //给变量赋值
```

也可以合起来写：

```
var myAge:Number=40;
var name1:String="Jack";
var value:Boollean=true;
```

3. 舞台变量 stage

当新建文档时，系统自动创建 stage 变量来控制舞台，可以直接使用。舞台 stage 是由 stage 类创建的，在 stage 类中定义了 3 个变量 frameRate、stageWidth、stageHeight，分别用来表示舞台的帧频、宽度和高度。如果要访问这几个变量，需要使用点语法，形式如下：Stage.frameRate。

4. 通过属性面板定义变量

示例：

（1）新建一个 ActionScript 3.0 的文档，执行【插入】|【新建元件】命令，类型为“影片剪辑”，名称为“元件 1”。

（2）在“元件 1”的编辑区，用“椭圆工具”绘制一个椭圆（笔触颜色为无，填充色为红色）。

（3）返回“场景 1”，将“元件 1”从“库”里拖到舞台中，在舞台中创建一个影片剪辑实例。

（4）在舞台中选中“椭圆”，查看其“属性”面板，并在“实例名称”框中输入“mc”，如图 6-1 所示。

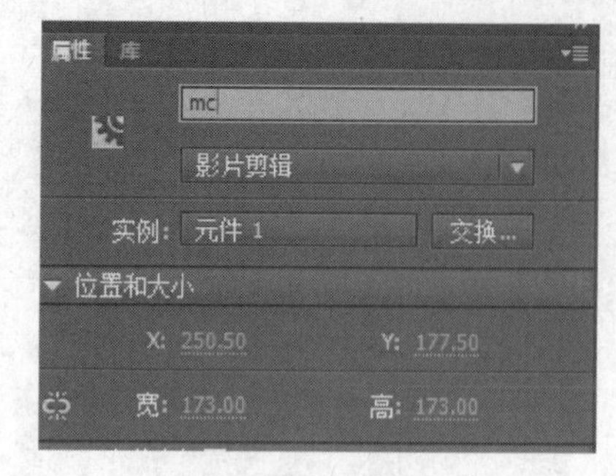

图 6-1　输入实例名称

（5）实例名称“mc”就是变量名称，可以通过“mc”控制影片剪辑实例，如 mc.x=50 等。

6.1.2　语句

ActionScript 3.0 中的语句有顺序语句、条件语句和循环语句。顺序语句是逐行运行，代码执行一次。条件语句则由条件判断的结果来决定程序的走向，如图 6-2 所示，而循环语句在条件满足时循环体是反复循环执行的。

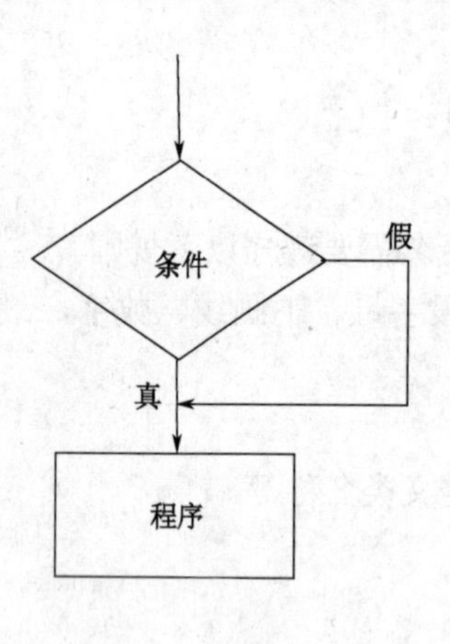

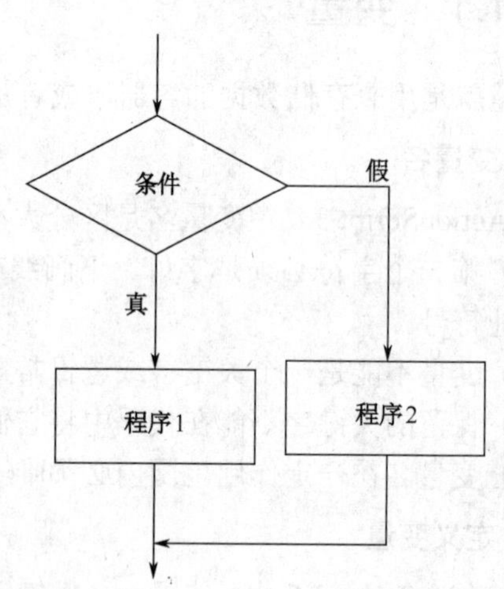

图 6-2　条件判断

1. 条件语句

（1）if 语句

```
if（条件）
{
程序
}
```

（2）if-else 语句

```
if （条件）
{
程序 1
}else
```

```
{
程序 2
}
```

（3）else-if 语句

```
if（条件 1）
{
程序 1
}else if（条件 2）
{
程序 2
……
}else if（条件 n）
{
程序 n
}else
{
程序 n+1;
}
//程序 n 中可以嵌套 if-else 结构
```

2．循环语句

（1）for 循环

```
for(初始化语句; 条件表达式; 递增语句)
{
循环体
}
```

（2）while 循环

```
while （条件）
{
循环体
}
```

（3）do-while 循环

```
do{
      循环体
}while(条件);
```

6.1.3　事件处理

事件处理有三大要素：发送者、接收者和事件。处理事件需调用 addEventListener()函数。注册事件的基本形式：

```
发送者.addEventListener(事件名,接收者)
function 接收者（e:事件类型）
{
要执行的动作
}
```

移除事件的基本形式：

```
发送者.removeEventListener（事件名，接收者）
```

- 发送者：如果使用的类继承了 EventDispatcher 类，其实例就能成为事件的发送者。
- 事件名：一般用类的公有静态属性表示的字符串来作为事件名。如鼠标事件的类称为 MouseEvent 类，有 CLICK 静态属性，就用“click”字符串来作为事件名，表示单击事件。
- 接收者：在处理事件时必须定义的函数，此函数名需传递给 addEventListener()。接收者函数定义时必须定义一个参数，参数的数据类型是相关事件的类名。

例如：

```
function test1(e:MouseEvent)          //处理鼠标事件
function test1(e:Event)               //处理一般事件
function test1(e:KeyboardEvent)       //处理键盘事件
```

6.2 影片剪辑类特效制作

6.2.1 必备知识

影片剪辑是 Flash 的三大元件之一，通过 MovieClip 类可以创建影片剪辑的实例。当创建影片剪辑实例时，影片剪辑实例就具有了 MovieClip 类的属性。

1. 影片剪辑实例的命名

创建影片剪辑元件，将元件从库里拖到舞台中，在舞台中创建一个影片剪辑实例，保持实例选中状态，单击【属性】面板，在“<实例名称>”处设置实例名称，如 mc，如图 6-3 所示。

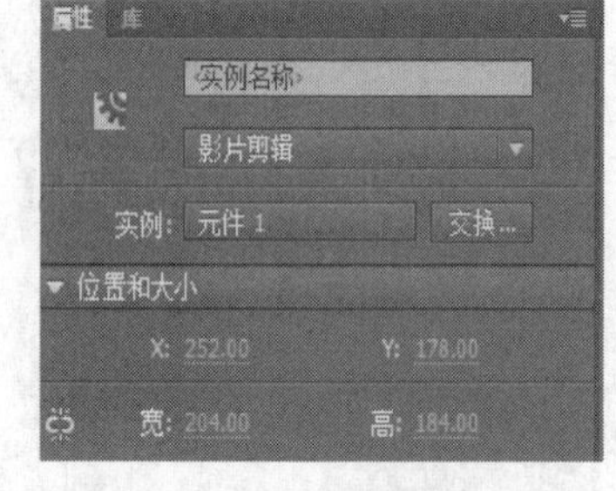

图 6-3 设置实例名称

2. 创建影片剪辑的实例

假设影片剪辑的元件名为 house，在库面板中的“house”影片剪辑项目上右击，选择“属性”命令。在元件属性对话框中，在类的文本框中输入类名称，如 House，也就是将影片剪辑定义成一个类，将影片剪辑定义成一个类后，可直接用 new 构造函数创建出影片剪辑的实例。

```
var mc:House=new House();     //使用 new 创建 House 类的实例，并用变量 mc 引用
addChild(mc);                 //把影片剪辑实例显示在舞台中
```

3. 改变影片剪辑实例的属性

```
mc.x=100;
mc.y=50;                      //设置元件实例的位置
mc.alpha=0.5;                 //设置元件实例的透明度
mc.rotation=90;               //以中心点为基准旋转 90 度
```

4. 通过代码，对影片剪辑的控制

```
mc.stop();                    //播放影片剪辑
mc.play();                    //停止播放影片剪辑
```

6.2.2 雪花飘飘

1 新建一个 ActionScript 3.0 文档，将舞台大小设置为 700×464。

2 执行【文件】|【导入】|【导入到舞台】命令，将背景图片导入到舞台中，如图 6-4 所示。

图 6-4 导入背景图片

3 执行【插入】|【新建元件】命令，将新元件重命名为“雪花”，类型为影片剪辑，将显示比例调至 800%，用椭圆工具（无笔触颜色，填充颜色为白色）画椭圆，设置宽度为 5、高度为 4，如图 6-5 所示。

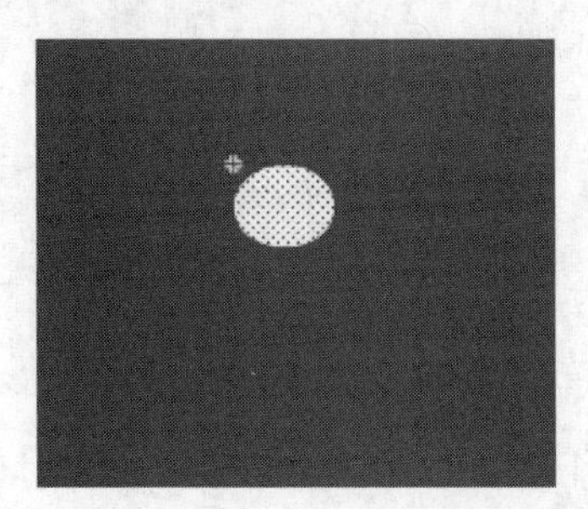

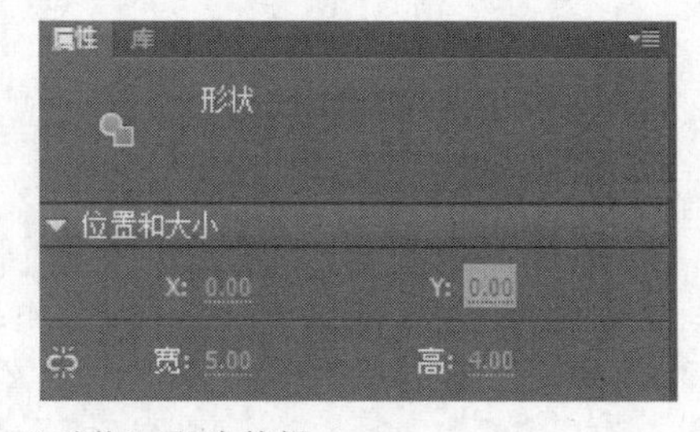

图 6-5 “雪花”影片剪辑

4 返回场景 1，打开元件库，右击“雪花”元件，在弹出的快捷菜单中选择“属性”选项，单击“高级”下拉按钮将高级选项展开，选中“为 ActionScript 导出”复选框，将类名设置为“snow”，如图 6-6 所示。

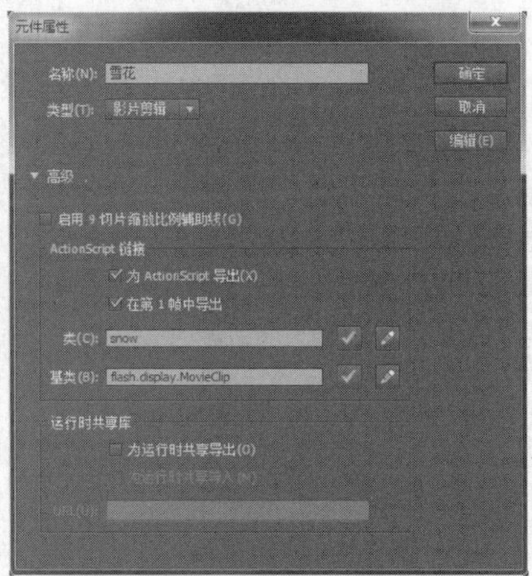

图 6-6 定义“snow”类

5 返回场景 1 中，新建图层 2，在第 1 帧处按 F9 键，输入代码：

```
for (var i:int=0; i<150; i++) {
var mc:MovieClip=new snow();
addChild(mc);
mc.x=Math.random()*stage.stageWidth;
mc.y=Math.random()*stage.stageHeight;
mc.scaleX=mc.scaleY=Math.random()*0.8+0.2;
mc.alpha=Math.random()*0.6+0.4;
mc.vx=Math.random()*2-1;
mc.vy=Math.random()*3+3;
mc.name="mc"+i;
}
addEventListener(Event.ENTER_FRAME,snowP);
function snowP(e:Event):void {
for (var i:int=0; i<150; i++)
{
var mc:MovieClip=getChildByName("mc"+i) as MovieClip;
mc.x+=mc.vx;
mc.y+=mc.vy;
if (mc.y>stage.stageHeight)
 {
mc.y=0;
}
if (mc.x<0||mc.x>stage.stageWidth)
{
mc.x=Math.random()*stage.stageWidth;
}
}
}
```

6 保存文档，按 Ctrl+Enter 组合键进行测试。

6.2.3 花瓣纷飞

1 新建一个大小为 720×452 的 ActionScript 3.0 文档，背景颜色设置为黑色。

2 执行【文件】|【导入到库】命令，将所需素材“1112.png”导入到库，如图 6-7 所示。

3 按 Ctrl+F8 组合键新建影片剪辑元件“元件 1”，将素材“2.png”拖入舞台中。

4 按 Ctrl+F8 组合键新建影片剪辑元件“元件 2”，在图层 1 的第 1 帧处，将“元件 1”拖入舞台中心处，在第 120 帧处插入关键帧。为图层 1 添加传统运动引导层，用“铅笔工具”绘制花瓣飘落的路线，在图层 1 的第 120 帧处，将花瓣拖入到引导线的最下端，如图 6-8 所示。为图层 1 添加传统动画补间，时间轴如图 6-9 所示。

5 在“引导层”的上方添加图层，在新建图层 3 的第 120 帧处插入关键帧，按 F9 键打开动作面板，输入如下代码，返回场景 1：

```
stop();
parent.removeChild(this);
```

图 6-7　库

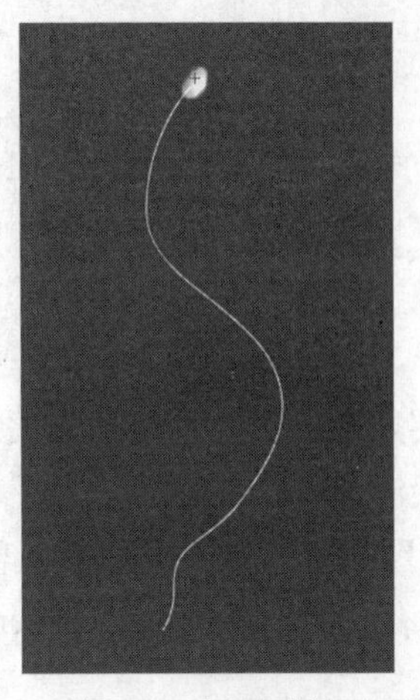
图 6-8　运动引导

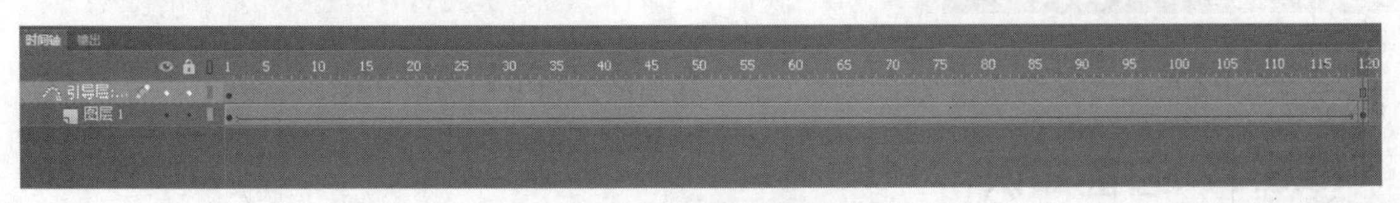

图 6-9　引导运动时间轴

6 在库面板中右击“元件 2”，在弹出的快捷菜单中选择“属性”选项，进行如图 6-10 所示的设置。

7 返回场景 1 中，在图层 1 的第 1 帧处，将背景素材拖入舞台，如图 6-11 所示。

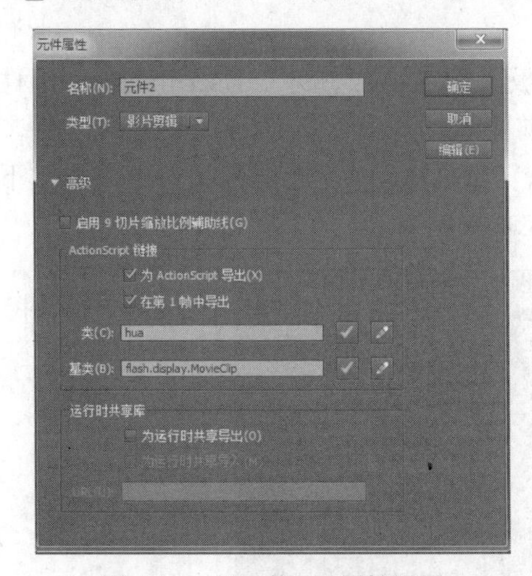

图 6-10　“元件 2”属性设置

图 6-11　背景

8 新建图层 2，在图层 2 的第 1 帧处按 F9 键打开动作面板，输入如下代码：

```
var hua_max:uint=int(Math.random()*2);
var i:uint=0;
if(i<hua_max)
{
    var mc:hua=new hua();
    mc.scaleX=mc.scaleY=Math.random();
    mc.x=Math.round(Math.random()*(this.stage.stageWidth-mc.width));
```

```
        mc.y=Math.round(Math.random()*(this.stage.stageWidth-mc.height));
        addChild(mc)
    }
    else
    {
        i++;
    }
```

9 在图层 2 的第 2 帧处插入关键帧，按 F9 键打开动作面板，输入如下代码：

```
gotoAndPlay(1);
```

10 在图层 1 的第 2 帧处插入普通帧。

11 保存文档，并按 Ctrl+Enter 组合键测试。

6.3 组件类特效制作

在 Flash CC 中，系统预定义了组件、模板等功能来协助用户制作动画。

6.3.1 必备知识

1. 组件

组件是带有可以定义参数的影片剪辑，修改它们的外观和行为，既可以是简单的用户界面控件，也可以包含内容。

2. 组件的类型

执行【窗口】|【组件】命令，弹出“组件”面板，如图 6-12 所示。User Interface 组件用于创建界面，可以实现与应用程序进行交互，单击前面的三角形展开 User Interface 文件，如图 6-13 所示。其中，最常用的包括 Button（按钮）、CheckBox（复选框）、ComboBox（下拉列表框）、List（列表框）、Slider 等。Video 组件则控制视频播放。

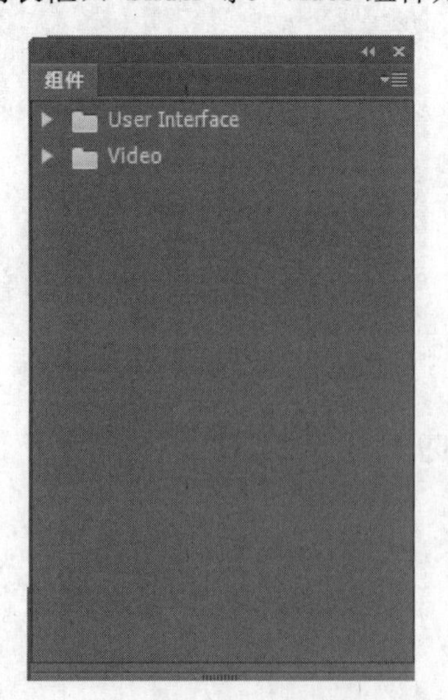

图 6-12 “组件”面板

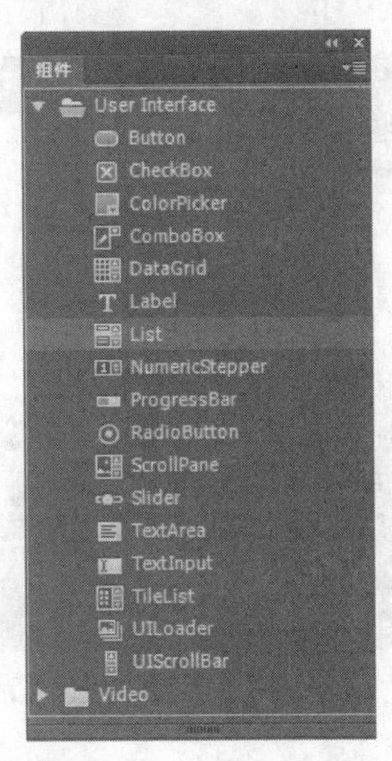

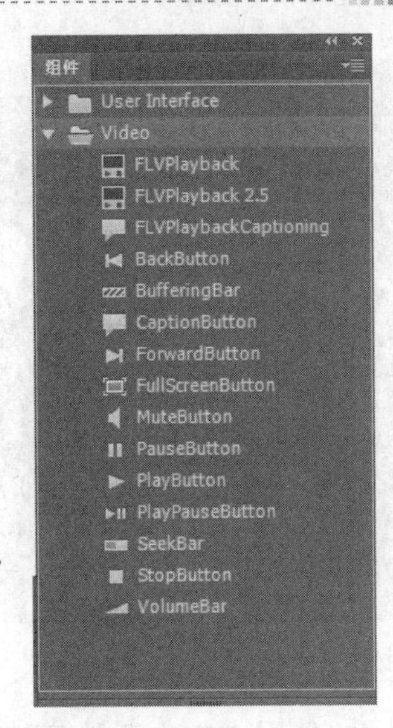

图 6-13　User Interface 文件

3．组件的使用

向 Flash 文档添加组件一般有两种方式：一是在创建时添加组件，二是使用 ActionScript 脚本代码在运行时添加组件。

6.3.2　蝴蝶扑扇

1 新建一个 ActionScript 3.0 文档，导入背景素材，将背景图片大小设置为 800×600，并将图层重命名为“背景”，如图 6-14 所示。

2 新建“hudie”影片剪辑，并导入图片 hudie.png。

3 返回主场景。新建图层 2，在图层 2 的第 1 帧将影片剪辑元件“hudie”拖入舞台中，在属性面板中设置元件实例名称为“hudie”，如图 6-15 所示，调整合适大小和位置，并将图层 2 重命名为“hudie”。

图 6-14　导入背景

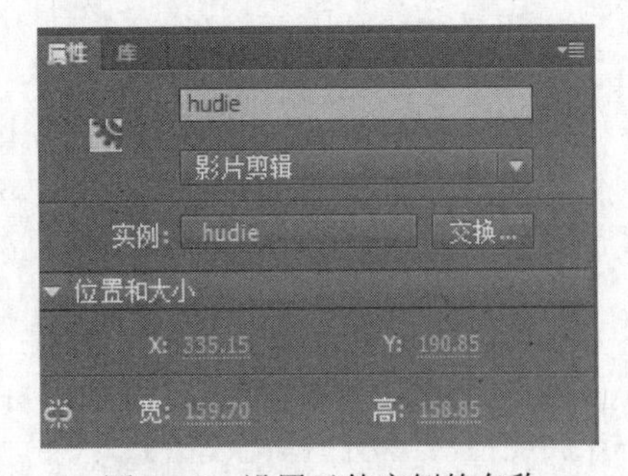

图 6-15　设置元件实例的名称

4 新建图层 3 并重命名为“组件”，执行【窗口】|【组件】命令，打开组件窗口展开“User Interface”文件夹，如图 6-16 所示，选中“Slider”并拖动 2 个到舞台，设置元件实例名称分别为“yuanjin”和“xianyin”，其效果如图 6-17 所示。

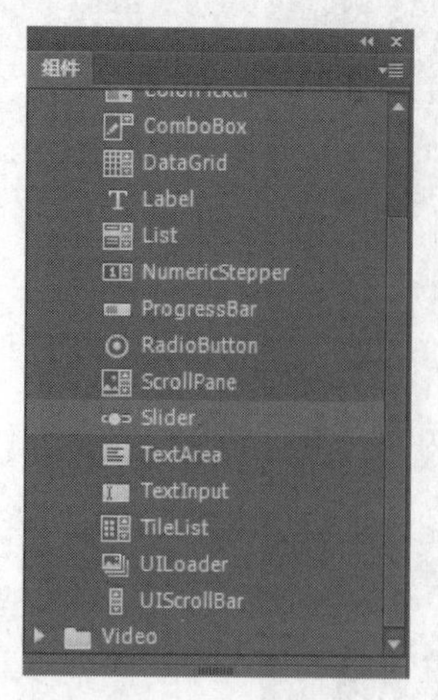

图 6-16　组件窗口

图 6-17　加入组建后的效果图

5 新建文字图层 4，使用“文本工具 T”分别输入“远”“近”“隐”“现”，属性设置如图 6-18 所示，字符的大小设置为 20 磅，颜色设置为#cc33cc，效果如图 6-19 所示。

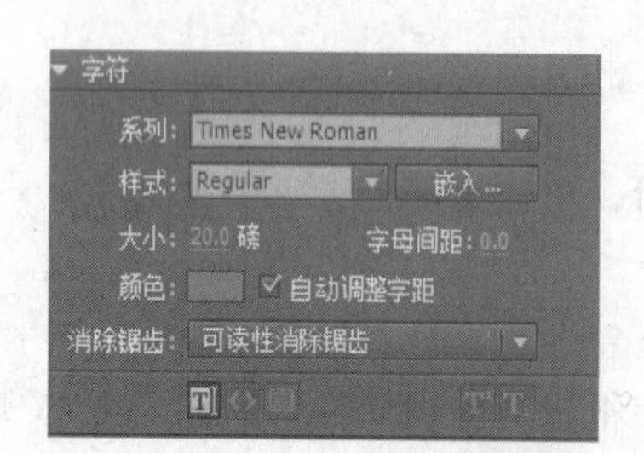

图 6-18　字符属性设置

图 6-19　效果图

6 新建动作图层 5，在第 1 帧空白关键帧处按 F9 键，添加脚本代码如下：

```
import fl.controls.SliderDirection;
import fl.events.SliderEvent;
yuanjin.liveDragging = true;
yuanjin.maximum = 100;
yuanjin.minimum = 1;
yuanjin.snapInterval = 2;
xianyin.value = 10;
hudie.height = 3*yuanjin.value;
hudie.scaleX = hudie.scaleY;
yuanjin.addEventListener(Event.CHANGE,act1);
function act1(e:Event){
   hudie.height =3*yuanjin.value;
   hudie.scaleX = hudie.scaleY;
}
xianyin.addEventListener(SliderEvent.THUMB_DRAG,act2);
function act2(e:SliderEvent){
```

```
        hudie.alpha = xianyin.value/10;
    }
```

7 按 Ctrl+Enter 组合键测试动画效果并保存。

6.3.3 用户登录

1 新建一个 550×524 的 ActionScript 3.0 文档，导入背景素材，如图 6-20 所示。

图 6-20 背景

2 新建图层 2，使用文本工具 T，在舞台中心输入静态文本“用户名”“密码”，字符设置为“方正舒体”，大小设置为 45 磅，颜色设置为#D06778，如图 6-21 所示。打开“滤镜”面板，为其添加“投影”滤镜，将其阴影颜色设置为白色，如图 6-22 所示。

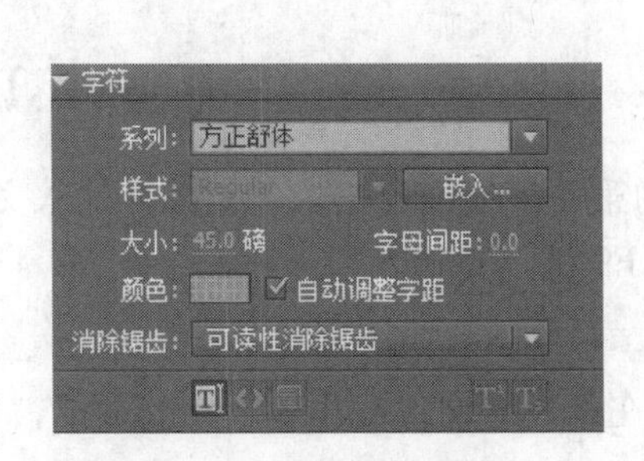

图 6-21 设置字符属性

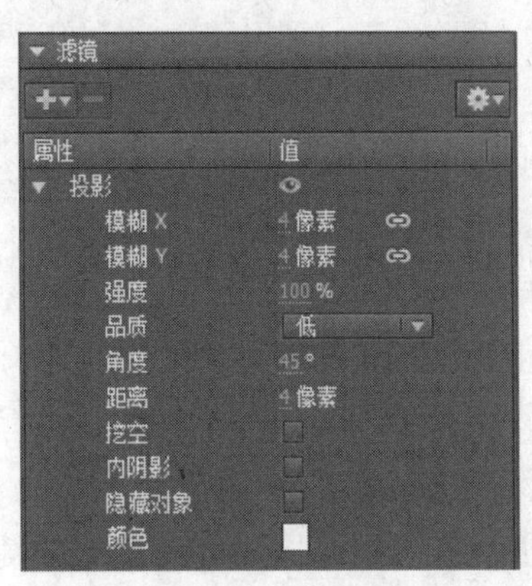

图 6-22 添加“投影”滤镜

3 执行【窗口】|【组件】命令，将 User Interface 组件列中的 TextInput 组件拖动到“用户名”临近的地方，将其实例名设置为“namet”，并设置其位置和大小属性，如图 6-23 所示。再拖动一个“TextInput”组件到“密码”后面，将其实例名设置为“password”，设置其大小为 200×50，其属性设置如图 6-24 所示。

4 将 User Interface 组件列中的 Button 组件拖入舞台，置于登录界面的下方，将其实例名称设置为“btn”，设置其大小为 80×40，在“组件参数”面板中修改其“label”属性值为“登录”，如图 6-25 所示。整体效果如图 6-26 所示。

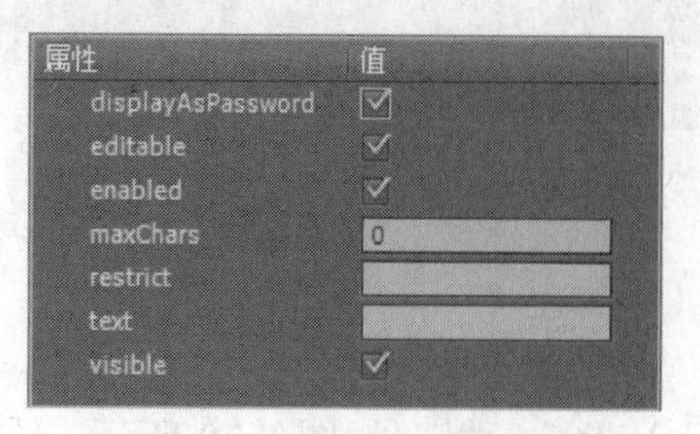

图 6-23 “namet”属性设置

位置和大小
X: 207.00 Y: 291.85
宽: 200.00 高: 50.00

图 6-24 “password”属性设置

图 6-25 “btn”属性设置

图 6-26 整体效果

5 新建图层 3，选中第 1 帧，按 F9 键打开动作面板，输入如下代码：

```
stop();
import fl.controls.TextInput;
btn.addEventListener(MouseEvent.CLICK,btn_play);
function btn_play(me:MouseEvent){
    if (namet.text=="admin"&& password.text=="123456"){
        gotoAndPlay(2);
    }
}
```

6 在图层 1 的第 2 帧处插入延长帧，在图层 2 的第 2 帧处创建空白关键帧并输入文字“登录成功”，在图层 3 的第 2 帧处插入空白关键帧，按 F9 键，并输入如下代码：

```
stop();
```

7 保存文档并按 Ctrl+Enter 快捷键进行测试。在用户名文本框中输入“admin”，在密码文本框中输入“123456”，单击“登录”按钮。

6.4 时间类特效制作

6.4.1 必备知识

日期和时间主要应用在读取时间日期和设置时间间隔两个方面。

1．读取时间日期

在 ActionScript 3.0 中的时间日期用 Date 类来读取。

方法：

```
var nowtime:Date=new Date();            //创建 Date 类的实例
```

常用属性：

```
nowtime.fullYear;                       //取当前年份
nowtime.date;                       //当前日
nowtime.hours;                      //当前小时
nowtime.minutes;                        //当前分
```

2．设置时间间隔

设置时间间隔最常用的是 Timer 类。

方法：var 实例名称:Timer=new Time(间隔的毫秒数,[重复次数]);，如果没有设置重复次数参数，将永不停止地每隔一间隔时间执行一次。

例如：

```
var t1:Timer=new Time(1000,5);          //每隔 1 秒钟执行一次，共要执行 5 秒钟
t1.addEventListener(TimerEvent.Timer,hanshu1);
function hanshu1(event:TimerEvent):void{
要执行的动作
}   //创建实例 t1 以后，用该实例侦听 TIMER 事件。每隔 1 秒调用一次 hanshu1
 t1.start();  //Timer 实例开始启动
```

6.4.2 梦幻时钟

1 新建一个 550×400 的 ActionScript 3.0 文档，导入背景素材，并调整背景素材的大小，如图 6-27 所示。

2 用矩形工具，笔触颜色为无，填充色分别为紫色、红色和蓝色，新建 3 个影片剪辑元件，分别命名为“时针”“分针”“秒针”，如图 6-28 所示。

图 6-27 背景

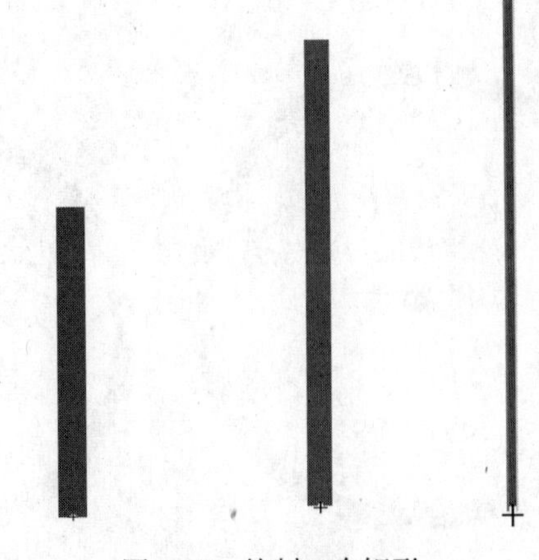

图 6-28 绘制 3 个矩形

3 新建影片剪辑元件，命名为“表盘”。按住 Shift 键的同时用椭圆工具绘制圆，笔触颜色为无，填充色为橙色，再用同样的方法绘制一个黑色的同心圆，然后删除黑色的圆，就可

以得到如图 6-29 所示的圆环。

4 新建一个影片剪辑元件，命名为“clock”。在图层 1 的第 1 帧处将元件“表盘”拖入舞台中间，将图层 1 重命名为“表盘”；新建图层 2，重命名为“数字”，执行【视图】|【网格】|【显示网格】命令，再执行【视图】|【标尺】命令打开标尺，在坐标（0,0）处拉出参考线，在水平方向和垂直方向每隔 3 个格子就拉出一条参考线，参考线与圆盘的焦点处就用文字工具标示数字 1，2，3…等，如图 6-30 所示。

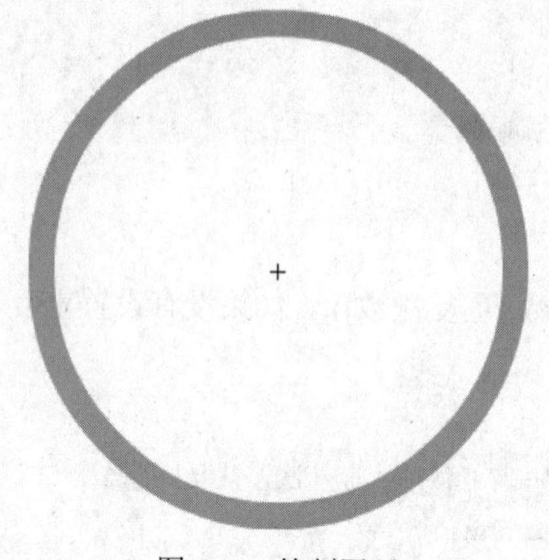

图 6-29　绘制圆环

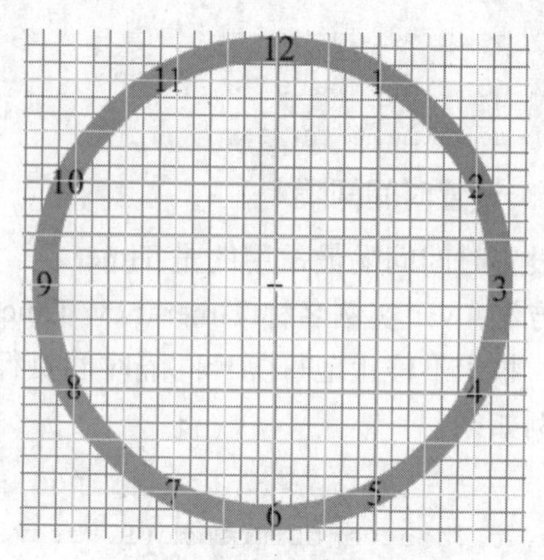

图 6-30　标示数字

5 清除所有的参考线和标尺，新建图层 3，重命名为“黑心”，使用椭圆工具在中心点处绘制一个圆点，填充色为黑色，如图 6-31 所示。

6 新建图层 4，重命名为“针”，将影片剪辑元件时针、分针、秒针拖入舞台中，将其实例名称分别重命名为 HH、FF、MM，使用“任意变形”工具，将其注册中心点调整到图层 3 的圆点处，对齐并重合，如图 6-32 所示。放大到 800%的效果如图 6-33 所示。

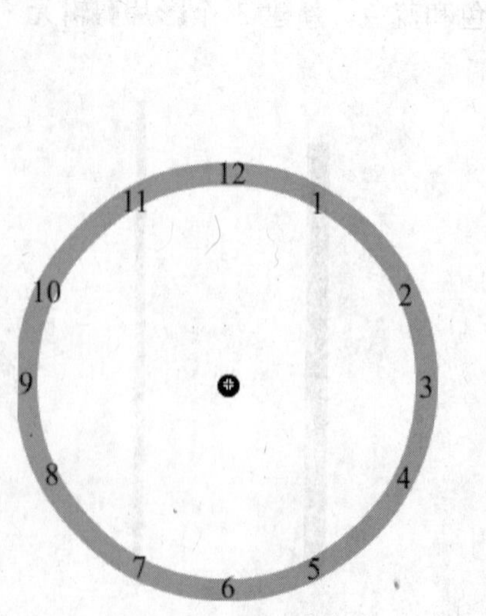

图 6-31　绘制黑心圆点

图 6-32　时针、分针、秒针

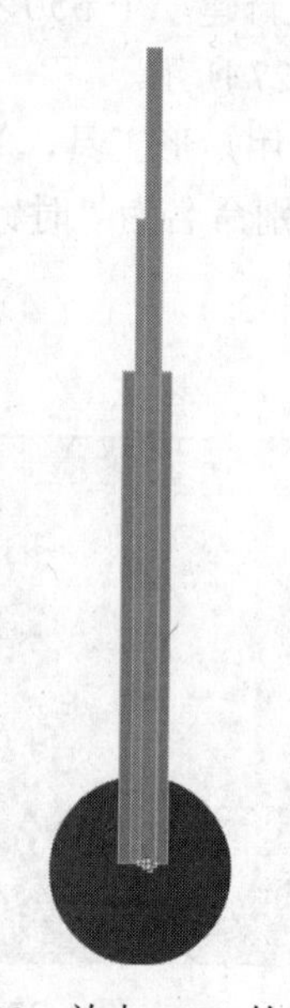

图 6-33　放大 800%的效果

7 新建图层 5，在第 1 帧处按 F9 键，输入以下代码：

```
var nowdate:Date=new Date();
```

```
var hour:Number = nowdate.getHours();
//获取当前小时
var minute:Number = nowdate.getMinutes();
//获取当前分钟
var second:Number = nowdate.getSeconds();
//获取当前秒钟
if (hour>12){
   hour=hour-12;
}
if(hour<1){
   hour=12;
}
hour=hour*30+int(minute/2);
minute=minute*6+int(second/10);
second=second*6;
MM.rotation=second;
FF.rotation=minute;
HH.rotation=hour;
```

8 在图层 1、2、3、4 的第 2 帧处分别插入延长帧，在图层 5 的第 2 帧处插入空白关键帧，按 F9 键输入以下代码：

```
gotoAndPlay(1);
```

9 返回场景 1，新建图层 2，在图层 2 的第 1 帧处将影片剪辑元件“clock”拖入舞台中间，按下 Ctrl+Enter 组合键进行测试，测试完毕保存文档。

6.4.3 烟花绽放

1 新建一个 800×600 的 ActionScript 3.0 文档，将背景设置为黑色。

2 将背景素材导入到舞台，将图层 1 重命名为“背景”，将图片属性中的宽改为 800，高改为 600。

3 执行【插入】|【新建元件】命令，创建一个图形元件，命名为“光”；使用“矩形工具”绘制矩形，并使用“任意变形工具”进行调整，将显示比例放大到 400%，效果如图 6-34 所示。

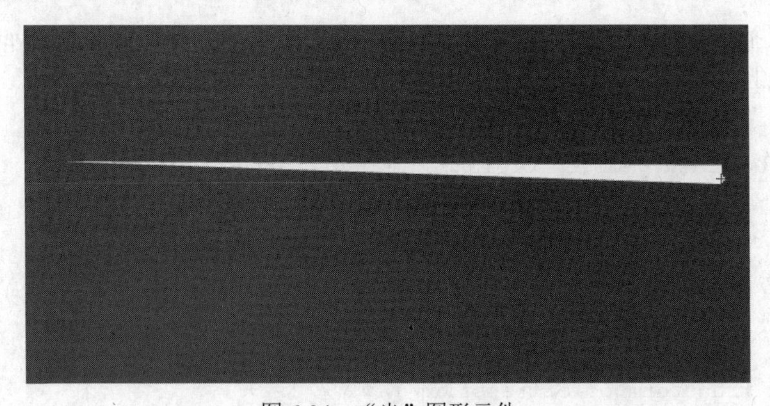

图 6-34 “光”图形元件

4 执行【插入】|【新建元件】命令，创建一个影片剪辑元件，命名为“光运动”；在第 1

帧处将库中的元件“光”拖入；在第 30 帧处插入关键帧，并将“光”实例的 Alpha 值调到 0；创建传统运动补间，并在属性面板中设置补间的缓动系数为 100，如图 6-35 所示；在第 30 帧处按 F9 键，打开动作面板，输入如下脚本：

```
stop();
parent.removeChild(this);
```

时间轴如图 6-36 所示。

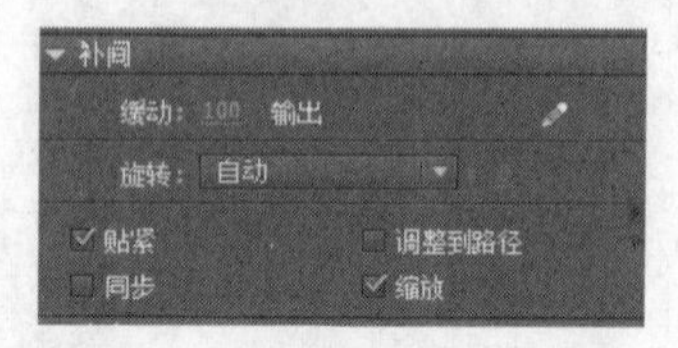

图 6-35　补间的属性设置

图 6-36　“光”影片剪辑时间轴

5 返回主场景，右击库中的“光运动”元件，在弹出的快捷菜单中选择“属性”命令，在弹出的对话框中进行如图 6-37 所示的设置。

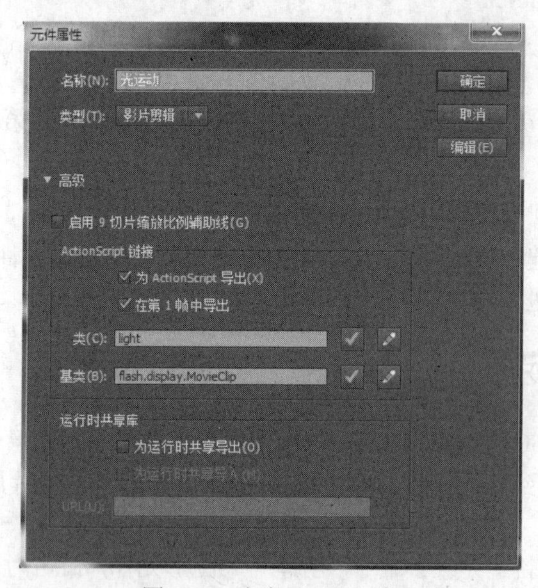

图 6-37　定义“light”类

6 执行【插入】|【新建元件】命令，创建一个影片剪辑元件，命名为“yanhua”；在其时间轴的第 1 帧上按 F9 键，输入如下脚本:

```
import flash.display.MovieClip;
import  flash.geom.ColorTransform;
for (var i=0;i<50;i++){
    var mc:MovieClip=new light();
    addChild(mc);
    mc.rotation=Math.random()*360;
    mc.scaleX=mc.scaleY=Math.random()*.1+.9;
    mc.transform.colorTransform=new
(Math.random(),Math.random(),Math.random());
}
```

7 返回主场景，右击库中的“yanhua”元件，在弹出的快捷菜单中选择“属性”命令，在弹出的对话框中进行如图 6-38 所示的设置，单击“确定”按钮后返回主场景中。

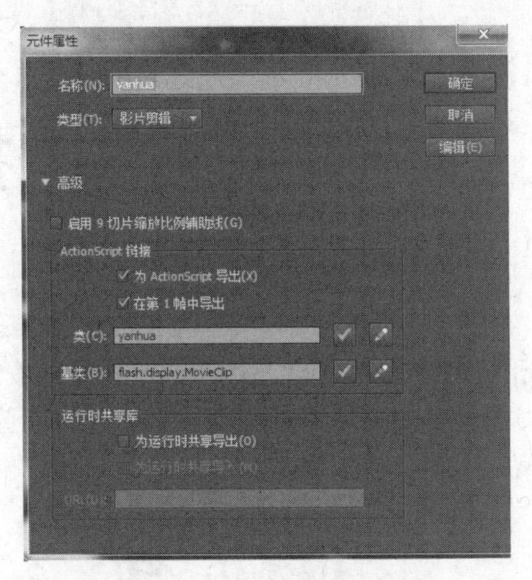

图 6-38 定义“yanhua”类

8 在主场景中新建图层 2，重命名为“AS”，按 F9 键输入以下脚本：

```
import flash.utils.Timer;
import flash.events.TimerEvent;
import flash.display.MovieClip;
var timer:Timer=new Timer(500);
timer.addEventListener(TimerEvent.TIMER,tick);
function tick(e:TimerEvent):void{
   var mc:MovieClip=new yanhua();
   mc.x=Math.random()*550;
   mc.y=Math.random()*400;
   mc.scaleX=mc.scaleY=Math.random()*.2+.8;
   addChild(mc);
}
timer.start();
```

9 保存文档，按 Ctrl+Enter 组合键测试影片。

第7章

按钮特效

Flash 有三大元件：图形元件、影片剪辑元件和按钮元件。按钮元件是一个较为特殊的元件，它是唯一一个不需要脚本语言便可以出现互动效果的元件，普遍应用于交互型应用程序，如网站和游戏的开发，以及展示的播放按钮类。

7.1 按钮的制作

执行【插入】|【新建元件】命令，在弹出的“创建新元件”对话框中，“类型”选择“按钮”选项，单击“确定”按钮后，时间轴如图 7-1 所示。

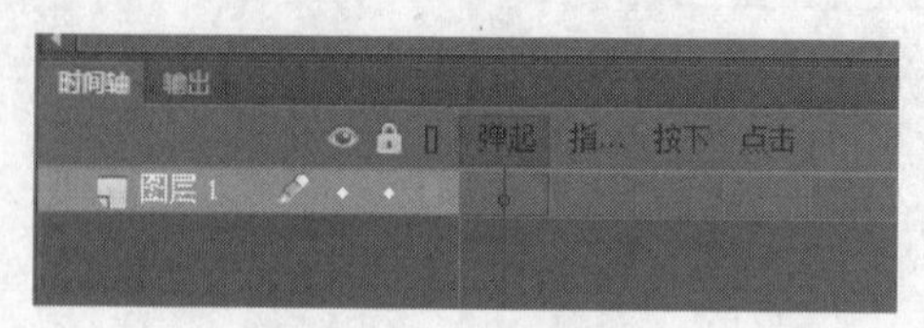

图 7-1 时间轴

时间轴上显示出 4 个状态帧：

- 弹起：设置鼠标指针不在按钮上时按钮的外观。
- 指针经过：设置鼠标指针放在按钮上时按钮的外观。
- 按下：设置按钮被单击时按钮的外观。
- 点击：设置响应鼠标单击的区域范围，此区域在影片里不可见。

7.1.1 图形按钮

1 新建一个 ActionScript 3.0 文档，执行【插入】|【新建元件】命令，名称为“基础”，类型选择“按钮”选项，如图 7-2 所示，单击“确定”按钮，进入“按钮”元件编辑状态。

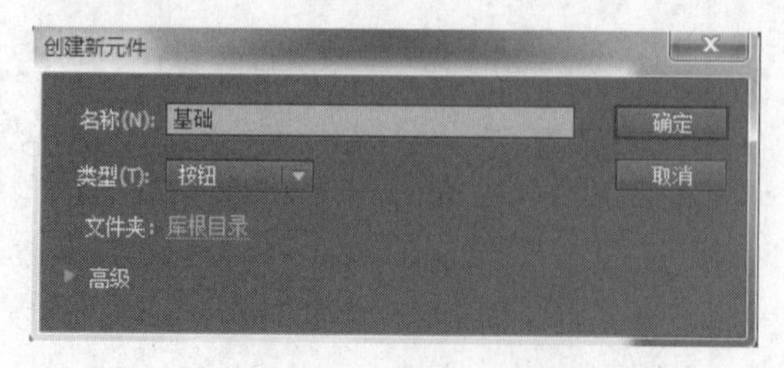

图 7-2 创建新元件

2 在“弹起”帧使用“椭圆工具”，按住 Shift 键绘制一个正圆，笔触颜色为无，填充颜色设置如图 7-3 和图 7-4 所示。

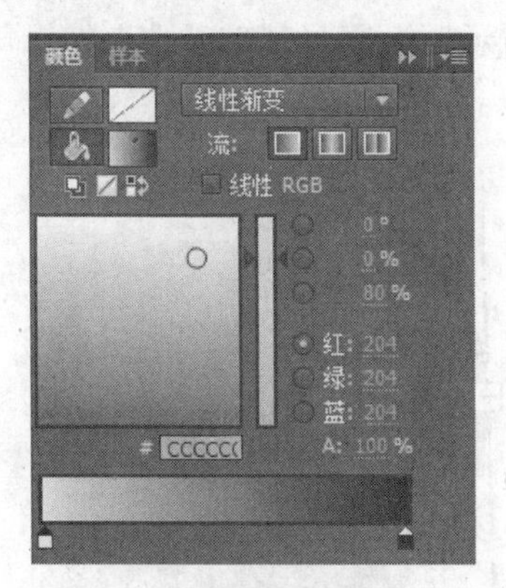

图 7-3　填充颜色位置（1）

图 7-4　填充颜色位置（2）

3 全选刚才所绘制的圆形，按 Ctrl+G 组合键将圆形组合，如图 7-5 所示。

4 选中组合后的圆，按 Ctrl+C 组合键进行复制，再按 Ctrl+Shift+V 组合键粘贴一个圆形在原来的圆形上面，使用“任意变形工具”，按住 Ctrl+Shift+Q 组合键将圆以中心点等比例缩小，如图 7-6 所示。

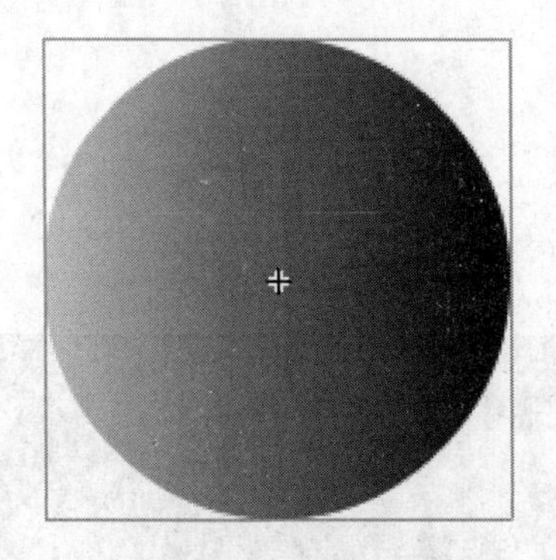

图 7-5　组合圆形

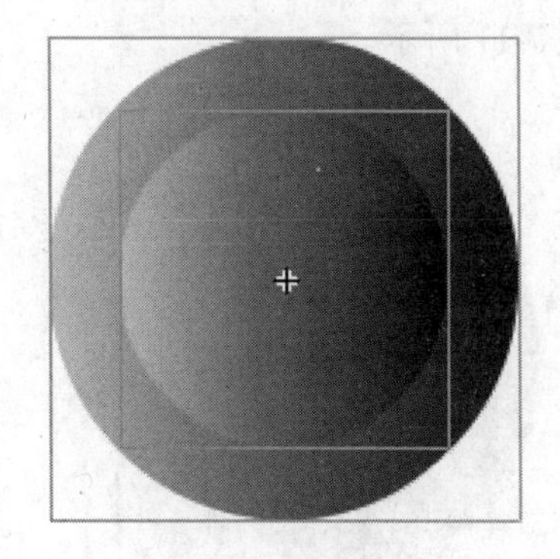

图 7-6　缩小圆

5 选中“指针经过”帧，按 F6 键插入关键帧，此时该帧将会与“弹起”帧内容一致，选中大圆，选中大圆并双击，进入大圆的组内，打开调色面板，将颜色按如图 7-7 所示进行设置。

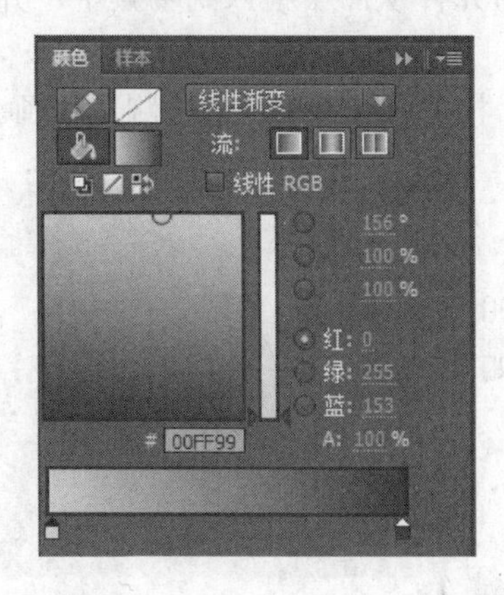

图 7-7　设置颜色

6 将小圆也按步骤（5）进行操作，结果如图 7-8 所示。

7 选中“按下”帧，并按F6键插入关键帧，选中大圆并双击，进入大圆的组内后，使用“渐变变形工具”，按住旋转手柄旋转180°，如图7-9所示，返回“基础元件”编辑舞台。

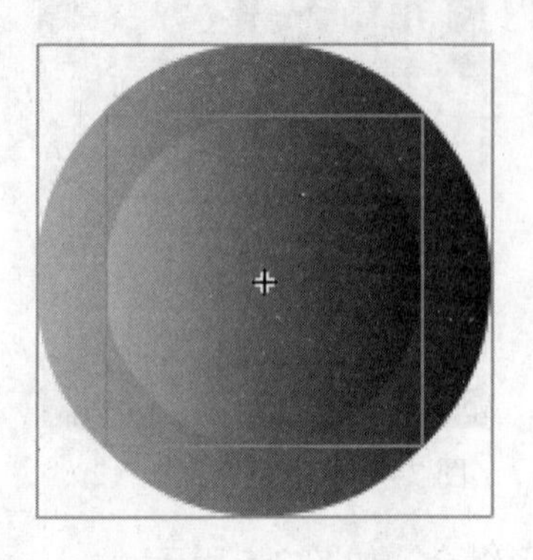

图7-8　设置小圆

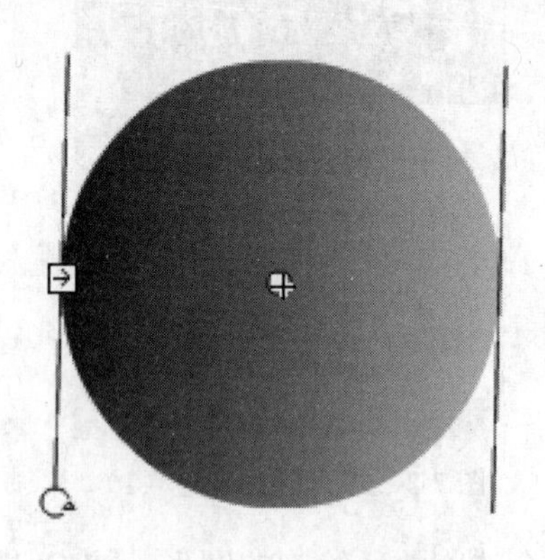

图7-9　旋转大圆

8 将小圆也按步骤（7）进行操作，如图7-10所示。

9 选中“点击”帧，按F6键插入关键帧，完成“基础按钮”元件的制作，“时间轴”面板如图7-11所示。

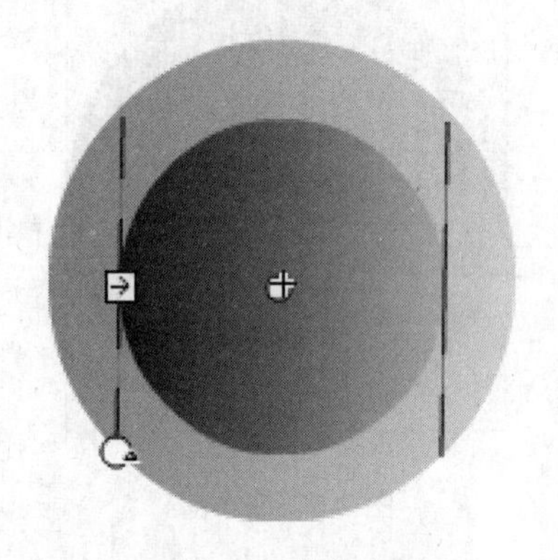

图7-10　旋转小圆

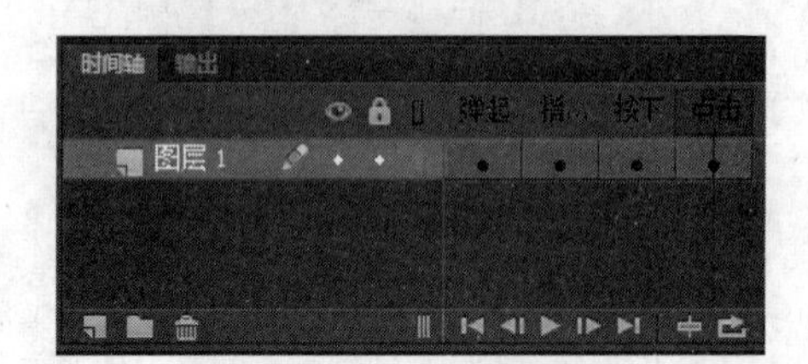

图7-11　时间轴面板

10 返回“场景1”的编辑状态，将“基础”按钮元件从库中拖入到场景中，并调整至合适位置。

11 执行【文件】|【保存】命令，将该动画保存，按Ctrl+Enter组合键测试动画。

7.1.2　文字按钮

1 新建一个ActionScript 3.0文档，大小设置为700×500，背景颜色设置为#40B036，将素材导入舞台，如图7-12所示。

图7-12　将素材导入舞台

2 按Ctrl+F8组合键新建元件，类型选择按钮元件，命名为“文字按钮”。

3 单击“确定”按钮后进入元件内部进行编辑，在“弹起”帧中输入文字“报名”，设置文字大小为40磅，颜色为#993300，如图7-13所示。

4 选中“指针经过”帧，按 F6 键插入关键帧，选中文本将文本颜色换成蓝色，如图 7-14 所示。

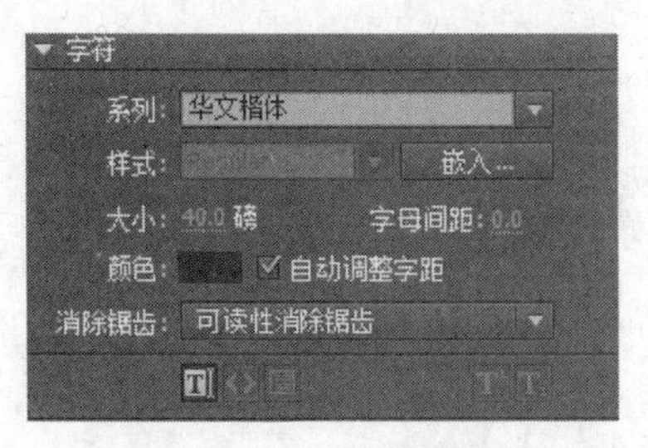

图 7-13　文字属性设置

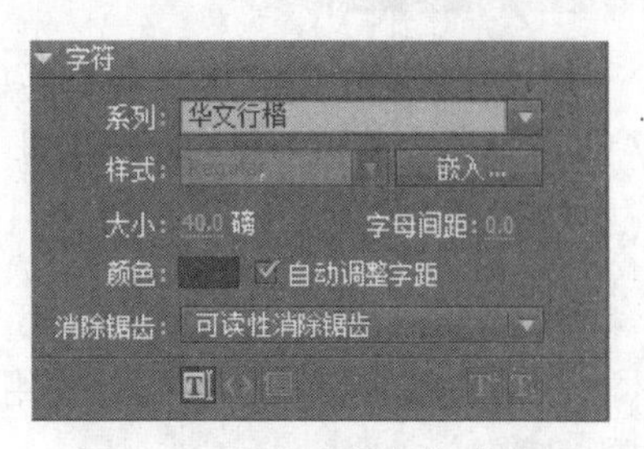

图 7-14　将文本颜色换成蓝色

5 选中“按下”帧，按 F6 键插入关键帧，选中文本将文本颜色换成红色。

6 选中“点击”帧，按 F6 键插入关键帧，选择“矩形工具”绘制一个能盖住文字大小的矩形，绘制完成后按 Ctrl+G 组合键将其进行组合，如图 7-15 所示。

图 7-15　组合图形

7 返回到场景 1 中，新建“图层 2”，选择“文本工具”在场景中输入文字“动漫大赛开始啦”，设置文字大小为 40 磅、文字颜色为#993300，如图 7-16 所示，效果如图 7-17 所示。

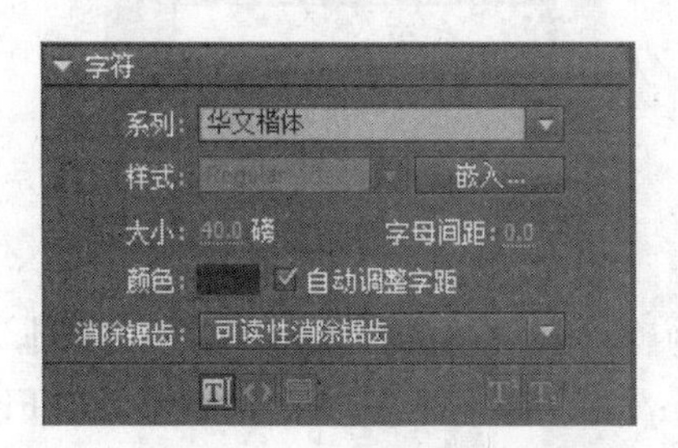

图 7-16　文字属性设置

图 7-17　效果图

8 新建图层 3，选择第 1 帧，将库中“文字按钮”拖到舞台的合适位置，调整为合适大小，如图 7-18 所示。

图 7-18　拖动“文字按钮”到舞台

9 保存文件，按 Ctrl+Enter 组合键测试影片。

7.2 按钮特效

7.2.1 按钮与影片剪辑

实例 7-1：旋转的星星

本案例将按钮与影片剪辑配合使用。

操作步骤：

1 新建一个 ActionScript 3.0 文档，文档大小为 800×600，背景颜色设置为黑色，导入背景素材，将背景图片设置为宽 800、高 600，如图 7-19 所示。

2 按 Ctrl+F8 组合键创建一个图形元件，名称为“光圈 1”，用“椭圆工具”画圆，笔触颜色为无，填充颜色设置为径向渐变（#FFFF00，A：100%；#FFFFFF，A：0），如图 7-20 所示。

图 7-19　背景

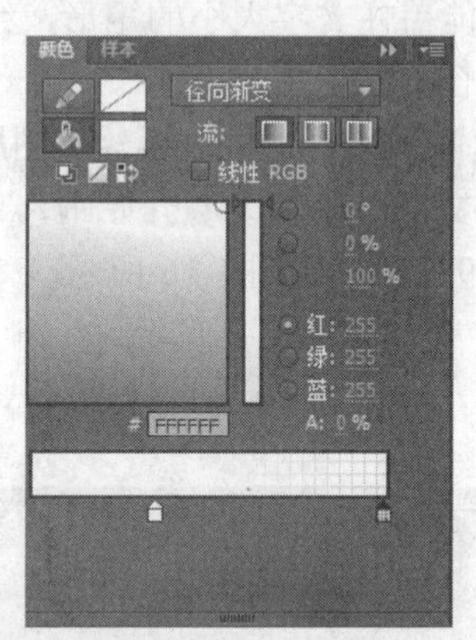

图 7-20　“光圈 1”填充径向渐变

3 按 Ctrl+F8 组合键创建一个图形元件，名称为“光圈 2”，用“椭圆工具”画圆，笔触颜色为无，填充色设置为径向渐变色（#FFFFFF，A：0；#D0E412，A：100%；#FFFFFF，A：0），如图 7-21 所示。

4 按 Ctrl+F8 组合键创建一个图形元件，名称为“光线”，用“直线工具”，颜色为#FFFF00，绘制直线，如图 7-22 所示。

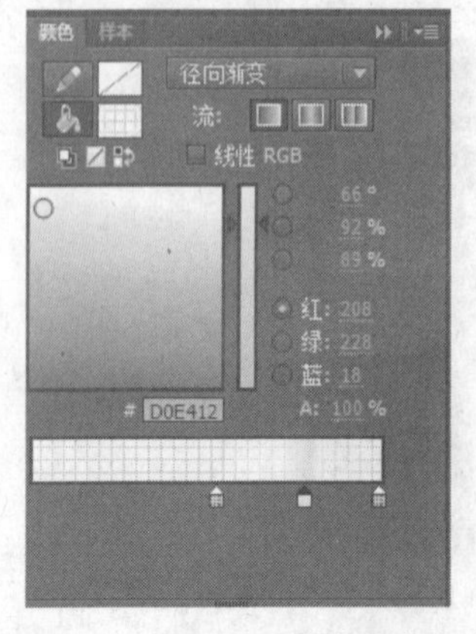

图 7-21　“光圈 2”填充径向渐变

图 7-22　绘制直线

5 按 Ctrl+F8 组合键创建一个影片剪辑元件，名称为“旋转的光线”，选中第 1 帧，将图形元件“光线”拖入舞台；在第 30 帧处按 F6 键插入关键帧，创建传统补间动画，并将补间的旋转属性设置为“顺时针”，如图 7-23 所示。

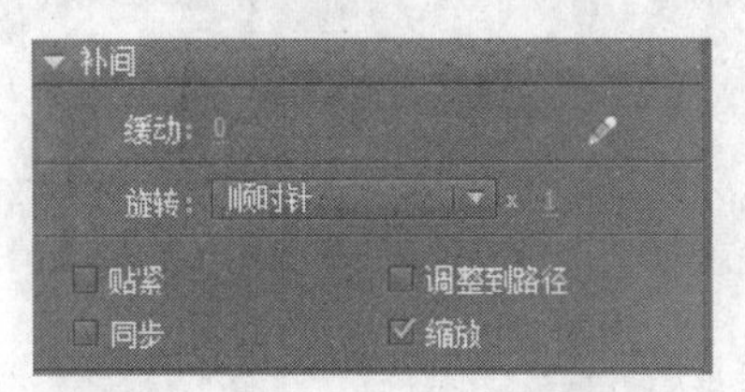

图 7-23　影片剪辑元件属性设置

6 按 Ctrl+F8 组合键创建一个按钮元件，名称为“星星”，在“弹起”帧中，将图形元件“光线”从库中拖入舞台，新建“图层 2”，并将图形元件“光圈 1”从库中拖入舞台，将它们调整到合适位置，如图 7-24 所示。

图 7-24　调整按钮元件和“光圈 1”的位置

7 在图层 1 和图层 2“指针经过”帧中分别按 F7 键插入空白关键帧，将影片剪辑元件“旋转的光线”拖入图层 1 的“指针经过”关键帧中，将图形元件“光圈 2”拖入图层 2 的“指针经过”关键帧中，如图 7-25 所示。

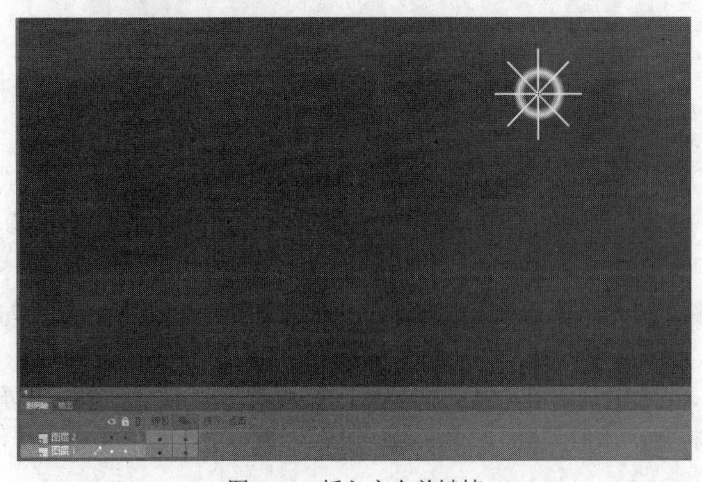

图 7-25　插入空白关键帧

8 在图层 1 和图层 2 的“按下”帧中按 F6 键插入关键帧，在“点击”帧中按 F6 键插入关键帧，并用“矩形工具”画矩形，能将其盖住即可。

9 返回场景 1，在图层 1 的第 1 帧处将按钮元件“星星”多次拖入舞台，放置在合适的位置，调整适当大小，保存并按 Ctrl+Enter 组合键测试，如图 7-26 所示。

图 7-26　测试效果

7.2.2　按钮控制场景的播放

实例 7-2：江南水乡电子画册

本案例利用鼠标单击按钮，控制场景影片的播放与停止。

操作步骤：

1 新建一个 ActionScript 3.0 文档，导入背景素材“bj1.png”，大小设置为 550×400，文档背景颜色设置为#CCCBC2，如图 7-27 所示。

图 7-27　导入背景

2 执行【文件】|【导入】|【导入到库】命令，选中图片 1.jpg～4.jpg，单击“打开”按钮，将图片导入到库。

3 新建图层 2，选中第 1 帧，将图片 1.jpg～4.jpg 拖入舞台最右侧，将每张图片的大小调整为 550×270，将显示比例调整为 30%时，如图 7-28 所示。选中 4 张图片，按 Ctrl+G 组合键组合图片。

4 在图层 1 的第 120 帧处插入帧，图层 2 的第 120 帧处插入关键帧，选中第 120 帧，按住 Shift 键将组合图水平拉至舞台左侧，显示比例调整为 30%时，如图 7-29 所示。在图层 2 的第 1 帧～第 120 帧“创建传统补间”。

图 7-28 显示比例调整为 30%

图 7-29 将组合图拉至舞台左侧

5 执行【导入】|【导入到库】命令，将素材图片“gan.png”和“zhou.png”导入到库。

6 在场景中新建图层 3，将“gan.png”“zhou.png”拖入舞台左侧，用“任意变形工具”调整其大小，用 Ctrl+G 组合键将其进行组合，并复制同样一个置于右侧，效果如图 7-30 所示。

图 7-30 将图形组合置于右侧

7 按 Ctrl+F8 组合键新建元件，名称为“播放”，类型为“按钮”，在“弹起”帧中用“文本工具”输入文字“播放”，字符设置如图 7-31 所示。在“指针经过”帧中插入关键帧，将字符设置改为如图 7-32 所示。在“按下”帧中按 F6 键插入关键帧，在“点击”帧中用“矩形工具”绘制矩形将其覆盖。

8 创建按钮元件“停止”，方法同步骤（7）。

9 返回“场景 1”中，新建图层 4，将“播放”和“停止”按钮从库里拖到舞台，并给实例分别命名为“play_btn”和“stop_btn”，如图 7-33 所示。

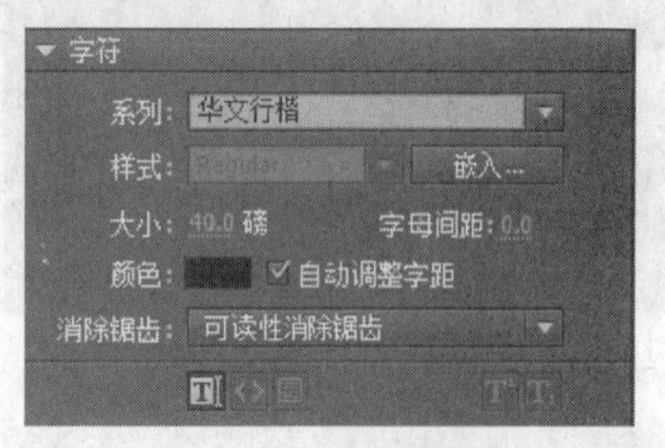

图 7-31　字符属性设置

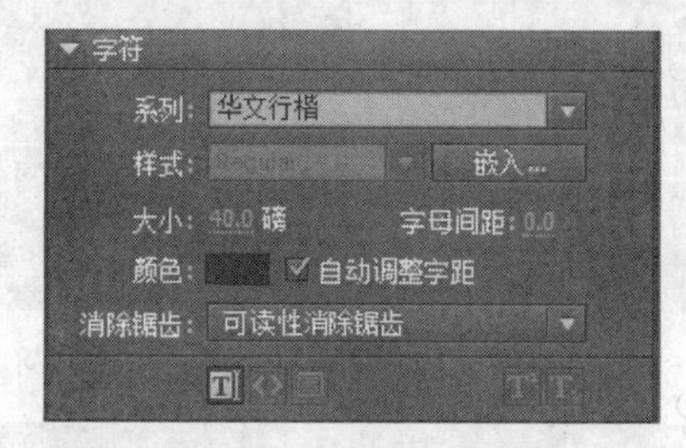

图 7-32　修改字符设置

图 7-33　给实例实名

10 新建图层 5，在第 1 帧处按 F9 键打开动作面板，输入如下代码：

```
play_btn.addEventListener(MouseEvent.CLICK,people_move);
function people_move(me:MouseEvent){
    this.play();
}
stop_btn.addEventListener(MouseEvent.CLICK,people_stop);
function people_stop(me:MouseEvent){
    this.stop();
}
```

11 保存文档，按 Ctrl+Enter 组合键测试，测试的时候如果觉得图片滚动速度太快，可以将帧频调整到 12fps。

7.2.3　按钮控制帧的切换

实例 7-3：民族服饰展

本案例学会利用按钮控制场景中帧的切换。当单击向左或向右按钮时可以进行切换。

操作步骤：

1 新建一个 ActionScript 3.0 文档，大小设置为 400×580，舞台背景颜色设置为#CACACA。

2 执行【文件】|【导入】|【导入到库】命令，选中图片“1.jpg”“2.jpg”“3.jpg”“4.jpg”“5.jpg”“6.jpg”“1.png”“2.png”“3.png”和“4.png”，单击“打开”按钮，将各民族服饰图片和按钮图片导入到库。

3 按 Ctrl+F8 组合键，创建新元件，名称为“元件 1”，类型为“按钮”，选中“弹起”帧，将“1.png”拖入舞台，并在“指针经过”“按下”“点击”帧中分别插入关键帧，如图 7-34 所示。

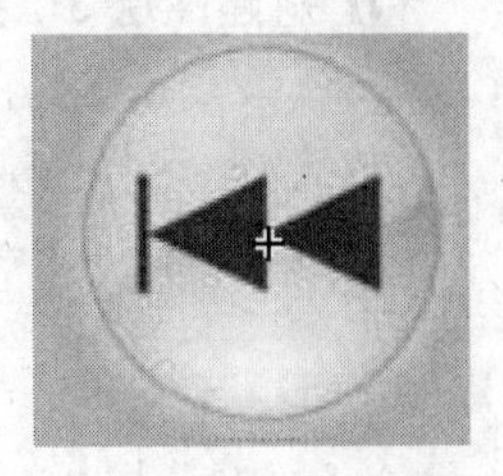

图 7-34 插入关键帧

4 用同样的方法，依次制作按钮元件“元件 2”“元件 3”和“元件 4”，如图 7-35 所示。

5 返回场景中，选中图层 1 第 1 帧，将图片“1.jpg”从库中拖入舞台，调整其大小为宽 400、高 500，放置在合适位置，如图 7-36 所示。选中图层 1 的第 2 帧，插入空白关键帧，将图片“2.jpg”从库中拖入舞台，调整其大小为宽 400、高 500，放置在合适位置，以此类推，将图片“3.jpg”“4.jpg”“5.jpg”“6.jpg”分别放在第 3、4、5、6 帧处。

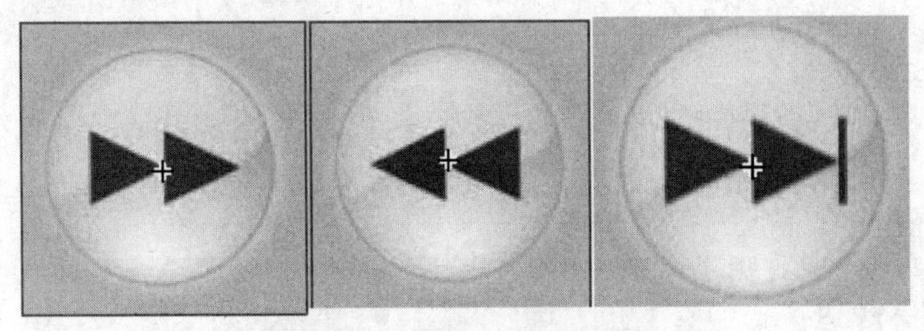

图 7-35 制作“元件 2”～“元件 4”

图 7-36 将图片拖入舞台

6 新建图层 2，选中第 1 帧，将按钮元件“元件 1”“元件 2”“元件 3”“元件 4”拖入舞台，分别命名为“first”“left_btn”“right_btn”“last”，调整到合适大小，放置在合适的位置，如图 7-37 所示。

注意：在对齐几个按钮的时候，可以执行【视图】|【标尺】命令，将标尺显示出来，然后拖出参考线。

图 7-37 调整元件大小及位置

7 新建图层 3，按 F9 键打开动作面板，在第 1 帧处输入如下代码：

```
stop();
left_btn.addEventListener(MouseEvent.CLICK,frame_prev);
function frame_prev(me:MouseEvent){
this.prevFrame();
}
right_btn.addEventListener(MouseEvent.CLICK,frame_next);
function frame_next(me:MouseEvent){
this.nextFrame();
}
first.addEventListener(MouseEvent.CLICK,frame_first);
function frame_first(me:MouseEvent){
gotoAndStop(1);
}


last.addEventListener(MouseEvent.CLICK,frame_last);
function frame_last(me:MouseEvent){
gotoAndStop(6);
}
```

8 保存文档，按 Ctrl+Enter 组合键测试。

7.2.4 按钮控制声音

实例 7-4：音乐播放器

本案例学习如何用按钮控制音乐的播放、暂停和停止。

操作步骤：

1 新建一个 Flash 文档，将背景图片导入到舞台，将图片大小调整为 550×400，如图 7-38 所示。

图 7-38 导入背景图片

2 执行【插入】|【新建元件】命令，名称为“元件 1”，类型为“按钮”，在图层 1 的“弹

起”帧使用“基本矩形工具”绘制矩形，笔触颜色无，填充颜色为红色，在“属性”面板“矩形选项”中，将其“矩形边角半径”设置为20，如图7-39所示，效果如图7-40所示。新建图层2，在图层2的“弹起”帧处，用“多角星形工具”绘制三角形，设置笔触颜色为无、填充颜色为黄色，在“工具设置”对话框中将“边数”设置为3，如图7-41所示，效果如图7-42所示。

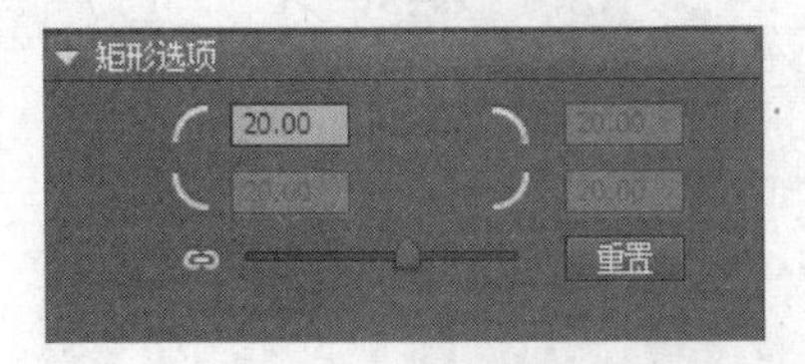

图7-39 设置“矩形边角半径”

图7-40 设置“矩形边角半径”效果

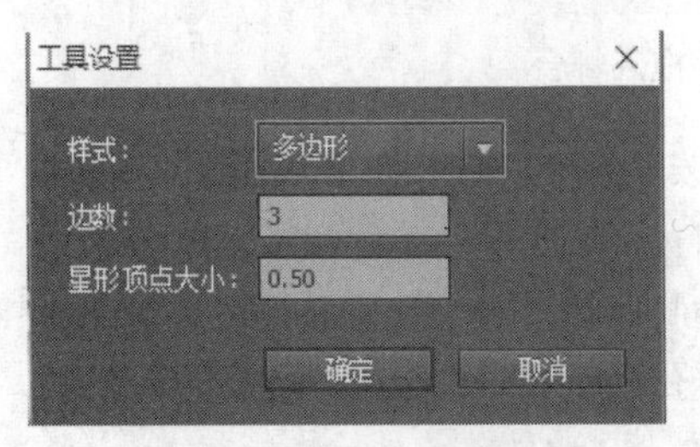

图7-41 设置“边数”

图7-42 绘制三角形

3 在库面板中选中“元件1”并右击，在弹出的快捷菜单中选择“直接复制”选项，在弹出的如图7-43所示的“直接复制元件”对话框中，将名称“元件1复制”修改成“元件2”，单击“确定”按钮，双击“元件2”，在“元件2”的编辑区，在图层2的“弹起”帧中用“矩形工具”绘制矩形，设置笔触颜色为无、填充颜色为“黄色”，如图7-44所示。

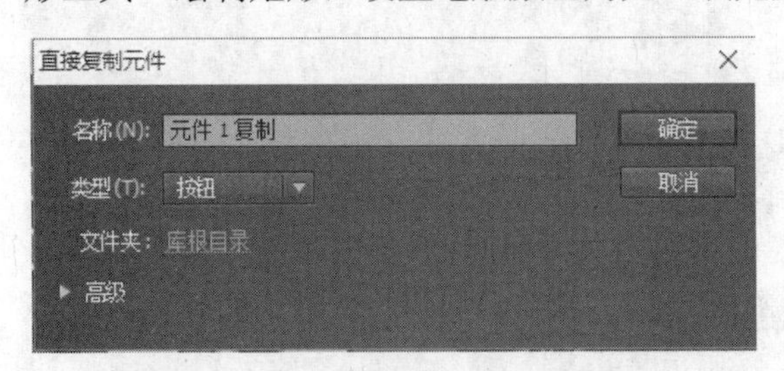

图7-43 “直接复制元件”对话框

图7-44 绘制矩形

4 用同步骤（3）同样的方法制作“元件3”按钮，在“元件3”的编辑区，在图层2的“弹起”帧中用【矩形工具】绘制两个矩形，设置笔触颜色为无、填充颜色为黄色，如图7-45所示。

图7-45 绘制两个矩形

5 返回场景1中，执行【文件】|【导入】|【导入到库】命令，将音乐“gz.mp3”导入到库。

6 在场景1中新建图层2，并重命名为“按钮”，将“元件1”“元件2”“元件3”拖入舞台，放置在合适位置，调整到合适大小，并分别定义实例名称为“s_pau”“s_play”和“s_stop”，如图7-46所示。

图 7-46　将“按钮”元件拖入舞台

7 新建图层 3，并重命名为“AS”，在第 1 帧处按 F9 键并输入如下代码：

```
var sound:Sound=new Sound(); //定义声音对象
var song:SoundChannel;       //定义声音控制对象
var urlstr = "gz.mp3";       //定义变量保存音乐文件路径
var urlr:URLRequest = new URLRequest(urlstr);
                             //定义 URLRequest 对象保存音乐文件路径
var sttime = 0;              //定义变量保存播放起始位置
sound.load(urlr);
                             //将音乐文件加载到“sound”对象中
s_play.addEventListener(MouseEvent.CLICK,spl);
function spl(evt)
{
    song = sound.play(sttime);
                             //让音乐从 sttime 变量位置开始播放并保存到 song 对象

}
s_stop.addEventListener(MouseEvent.CLICK,sstp);
function sstp(evt)
{
song.stop();
                             //让声音控制对象“song”停止播放
sttime = 0;                  //设置音乐播放起点为 0

}
s_pau.addEventListener(MouseEvent.CLICK,spa);
function spa(evt)
{
sttime = song.position;
                             //设置音乐播放起点为当前播放位置
song.stop();
}
```

8 将文件保存到与音乐同路径的文件夹，并按 Ctrl+Enter 组合键进行测试。

7.2.5　视频播放器

学习如何用按钮控制视频的播放、暂停和停止。

操作步骤：

1 新建一个 ActionScript 3.0 文档，大小为 550×500，背景颜色为#252525。

2 选中“图层 1”，用“矩形工具”画矩形框，参数设置如图 7-47 所示，结果如图 7-48 所示。

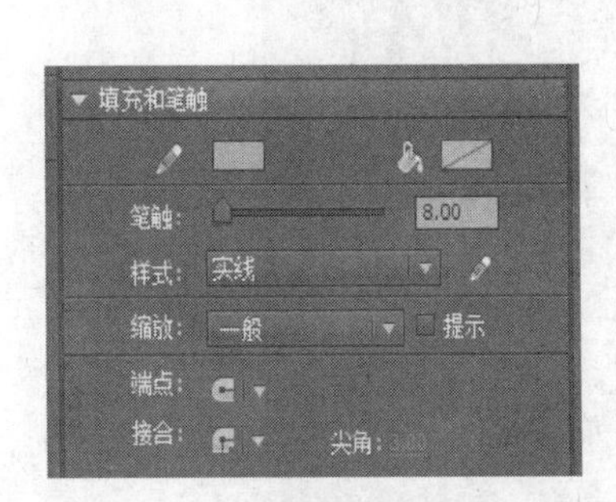

图 7-47　“矩形工具”参数设置

图 7-48　矩形框

3 新建图层 2，执行【文件】|【导入】|【导入到舞台】命令，将图片“2.png”导入到舞台，如图 7-49 所示。

4 按 Ctrl+F8 组合键新建元件，名称为“矩形”，类型为“图形”，用“矩形工具”画矩形，设置笔触颜色为无，填充色为蓝色，如图 7-50 所示。

图 7-49　导入图片

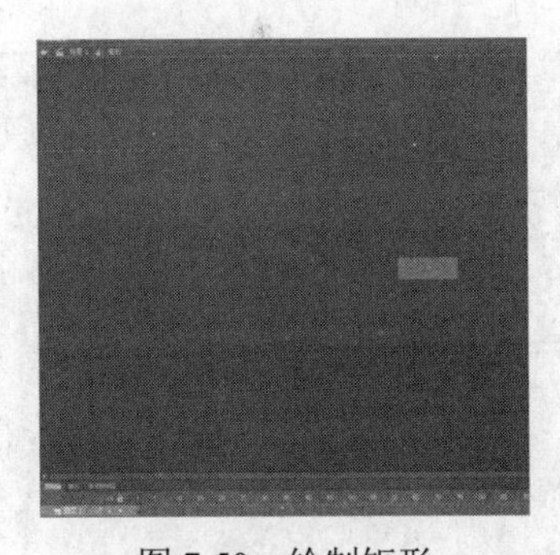
图 7-50　绘制矩形

5 返回“场景 1”，按 Ctrl+F8 组合键新建元件，名称为“播放按钮”，类型为“按钮”，将图形元件“矩形”拖入“弹起”帧，并将其 Alpha 值调到 0，如图 7-51 所示。在“指针经过”“按下”“点击”帧中直接插入关键帧。

6 使用同步骤（5）同样的方法创建按钮元件“暂停”和“停止”。

7 返回场景 1，新建“图层 3”，将“播放按钮”“暂停按钮”和“停止按钮”拖入舞台，并调整大小，如图 7-52 所示，并将实例名称分别设置为“play_btn”“pause_btn”和“stop_btn”。

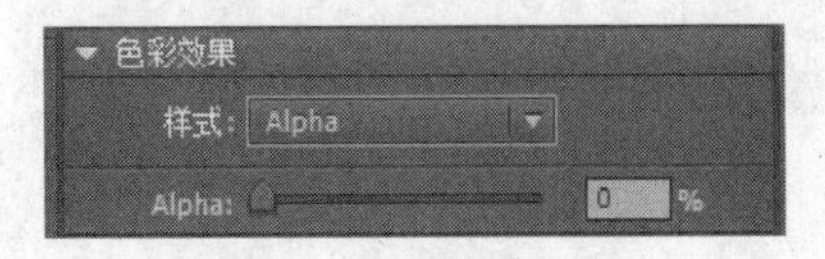

图 7-51　设置 Alpha 值

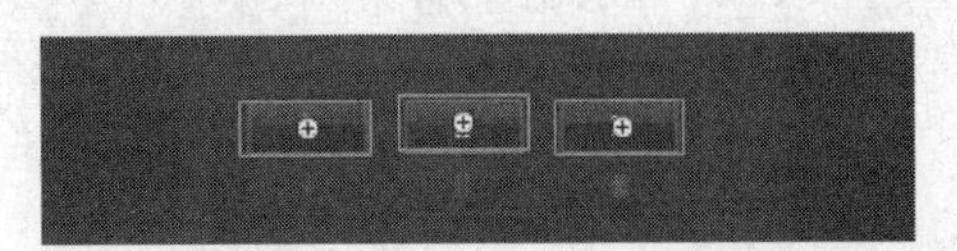
图 7-52　将按钮元件拖入舞台

8 执行【文件】|【导入】|【导入到库】命令，在“导入到库”窗口选中即将导入到库的视频文件“video.flv”，单击“打开”按钮，弹出如图 7-53 所示的“导入视频”对话框，选中“在 SWF 中嵌入 FLV 并在时间轴中播放”单选按钮，单击“下一步”按钮。

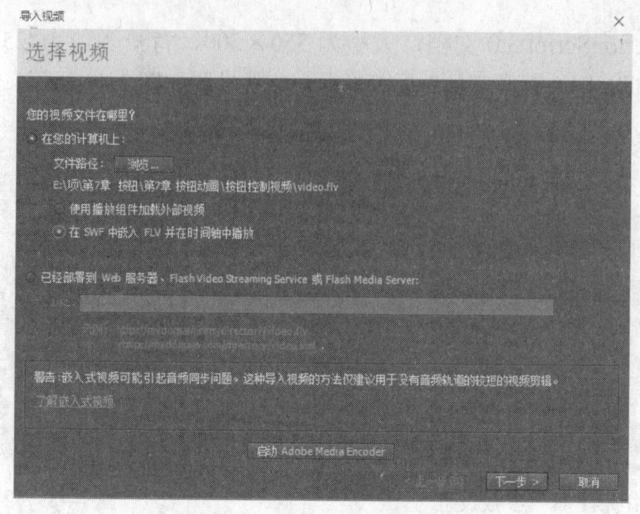

图 7-53 “导入视频”对话框

9 在弹出的“导入视频”对话框中，在“符号类型”列表框中单击下拉三角形按钮，选择“影片剪辑”选项，如图 7-54 所示。单击“下一步”按钮，在后面的窗口直接单击“完成”按钮。打开库面板，发现库中有一个名称为“video.flv”的影片剪辑元件，如图 7-55 所示。

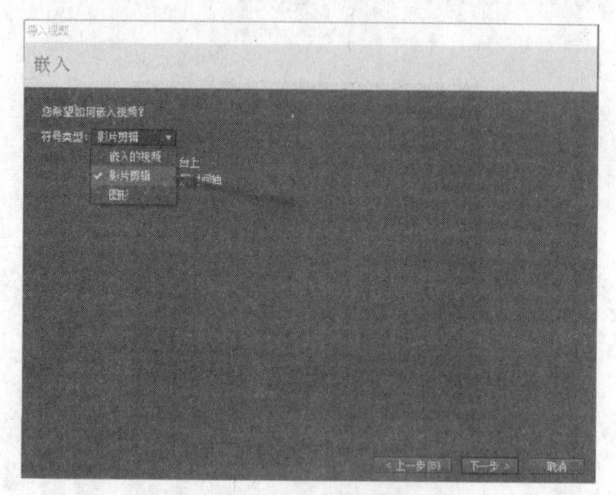

图 7-54 “影片剪辑”选项

图 7-55 库面板

10 在场景 1 中新建图层 4，选中第 1 帧，将影片剪辑元件“video.flv”拖入舞台，用“任意变形工具”调整到合适的大小和位置，如图 7-56 所示，在“属性”面板中，将此影片剪辑元件的实例命名为“mc_movie”，如图 7-57 所示。

11 新建图层 5，在第 1 帧处按 F9 键，输入如下代码：

```
mc_movie.stop();
play_btn.addEventListener(MouseEvent.CLICK,act1);
function act1(me:MouseEvent){
    mc_movie.play();
}
```

```
pause_btn.addEventListener(MouseEvent.CLICK,act2);
function act2(me:MouseEvent){
    mc_movie.gotoAndPlay(1);
}

stop_btn.addEventListener(MouseEvent.CLICK,act3);
function act3(me:MouseEvent){
mc_movie.stop();
}
```

图 7-56 调整影片剪辑元件

图 7-57 命名影片剪辑元件

12 保存文档，按 Ctrl+Enter 组合键测试效果。

第8章

鼠标特效

鼠标特效是Flash动画中应用很广泛的一种动画特效。鼠标操作是制作互动影片的核心，根据鼠标的特性，可以实现很多鼠标的特殊效果，比较常见的有鼠标跟随、鼠标拖动等。鼠标特效基本上由鼠标事件来实现。

8.1 常用的鼠标事件

鼠标事件大部分由MouseEvent类来管理，MouseEvent类定义了与鼠标事件有关的属性、方法和事件。鼠标事件分为MOUSE_OVER、MOUSE_MOVE、MOUSE_DOWN、MOUSE_UP、MOUSE_OUT、MOUSE_WHEEL和MOUSE_LEAVE。其中前6个事件都来自flash.events.MouseEvent类，最后一个MOUSE_LEAVE来自flash.events.Event类。

常用的鼠标事件如表8-1所示。

表8-1 常用的鼠标事件

事件名称	参照值	说明
CLICK	字符串：click	当对象发生单击一次鼠标按钮的动作时
DOUBLE_CLICK	字符串：doubleClick	当对象发生双击鼠标按钮的动作时
MOUSE_DOWN	字符串：mouseDown	当对象发生单击鼠标按钮的动作时
MOUSE_MOVE	字符串：mouseMove	当鼠标指针在对象范围内移动时
MOUSE_OUT	字符串：mouseOut	当鼠标指针移开对象的范围时
MOUSE_OVER	字符串：mouseOver	当鼠标指针移入对象的范围时
MOUSE_UP	字符串：mouseUp	当对象发生放开鼠标按钮的动作时
MOUSE_WHEEL	字符串：mouseWheel	当对象发生鼠标滚轮滚动的动作时

8.2 应用案例

8.2.1 单击鼠标添加对象

实例8-1：鹰击长空

本案例制作完成以后，当在画面中单击鼠标时可以看到鼠标单击处会出现一头鹰。

1 新建一个700×400的ActionScript 3.0文档，导入背景素材，调整大小为宽700、高400，如图8-1所示。

2 按Ctrl+F8组合键创建影片剪辑元件“鹰”，导入素材“1.png”到舞台，如图8-2所示。

图 8-1 背景图片

图 8-2 导入素材“1.png”

3 返回场景，在“库”面板中，右击“鹰”元件，在弹出的快捷菜单中选择“属性”选项，在弹出的“元件属性”对话框中，展开“高级”选项栏，在"ActionScript 链接"中进行如图 8-3 所示的设置，创建一个名称为“hawk”的影片剪辑类。

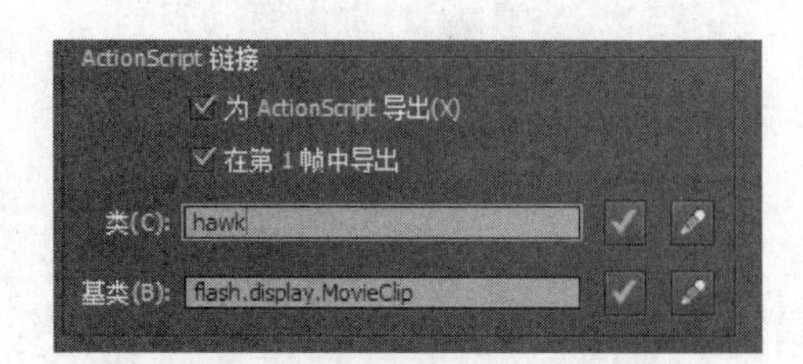

图 8-3 创建“hawk”影片剪辑类

4 新建“图层 2”，选中第 1 帧，按 F9 键打开动作面板，输入如下代码程序：

```
stage.addEventListener(MouseEvent.CLICK, addhawk);
//定义侦听器函数
function addhawk(e:MouseEvent):void {
   //声明实例
var myhaw:hawk = new hawk();
//myhaw 位置(x,y 坐标)
myhaw.x = stage.mouseX;
myhaw.y = stage.mouseY;
addChild(myhaw);
}
```

5 保存文档，按 Ctrl+Enter 组合键进行测试，用鼠标在舞台上单击测试效果。

6 第（4）步中输入的代码按如下修改，可以实现“鹰”随鼠标“走”的功能：

```
var myhaw:hawk = new hawk();
//注册鼠标单击事件侦听器
stage.addEventListener(MouseEvent.CLICK, addhawk);
//定义侦听器函数
function addhawk(e:MouseEvent):void {
        addChild(myhaw);
}
//注册鼠标移动事件侦听器
stage.addEventListener(MouseEvent.MOUSE_MOVE, movehaw);
//定义移动事件侦听器函数
function movehaw(e:MouseEvent):void {
//使 myhaw 位于鼠标位置
        myhaw.x = stage.mouseX;
        myhaw.y = stage.mouseY;
}
```

7 第 4 步中的代码按如下修改，可实现鼠标拖曳“鹰”的功能：

```
//声明实例
var myhaw:hawk = new hawk();
//添加到显示列表
addChild(myhaw);
//myhaw 位置(x,y 坐标)
myhaw.x = 100;
myhaw.y = 100;
//注册鼠标按下事件侦听器
myhaw.addEventListener(MouseEvent.MOUSE_DOWN, draghaw);
//注册鼠标释放事件侦听器
myhaw.addEventListener(MouseEvent.MOUSE_UP, drophaw);
//定义鼠标按下事件侦听器函数
function draghaw(dragevent:MouseEvent):void {
        //开始拖动
    dragevent.currentTarget.startDrag();
}
//定义鼠标释放事件侦听器函数
function drophaw(dropevent:MouseEvent):void {
        //停止拖动
    dropevent.currentTarget.stopDrag();
}
```

8.2.2 水滴特效

本案例要制作的效果为舞台上有多个水滴，当鼠标经过或单击时，水滴会落下。

操作步骤：

1 新建一个 ActionScript 3.0 文档，舞台大小为 550×400，导入背景素材，调整图片大小为 550×400，如图 8-4 所示。

图 8-4 导入背景素材

2 按 Ctrl+F8 组合键新建一个影片剪辑元件，名称为“水滴动画”，执行【文件】|【导入】|【打开外部库】命令，将“素材.fla”库中的“水滴”元件拖入舞台，并调整大小，使用“任意变形工具”调整“水滴”元件的中心点，如图 8-5 所示。

3 在第 15 帧处按 F6 键插入关键帧，将元件大小调大些；在第 16～第 19 帧处按 F6 键插入关键帧，用“任意变形工具”在每帧上调整水滴的形状，以实现水滴抖动的效果，如图 8-6 所示。

图 8-5 调整“水滴”元件中心点

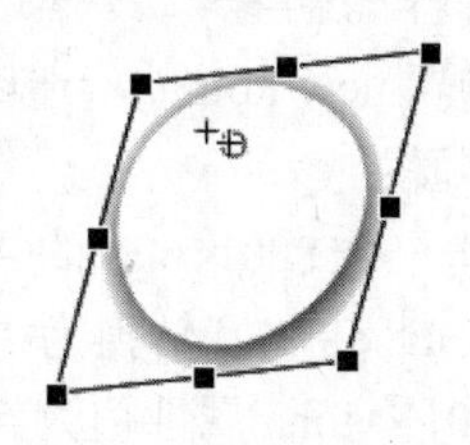

图 8-6 调整水滴的形状

4 在第 35 帧处按 F6 键插入关键帧，将“水滴”位置调整到下方，调整其“Alpha”值为 0，并创建传统补间动画，如图 8-7 所示。

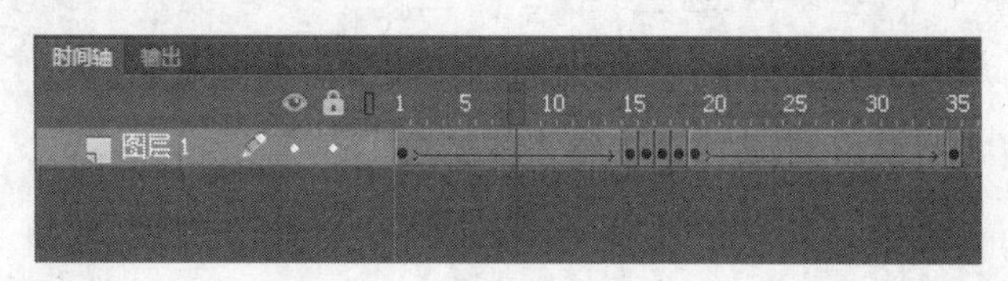

图 8-7 创建传统补间动画

5 新建图层 2，用椭圆工具画椭圆，并将其转换为图形元件 1，将其设置为与图层 1 的第 15 帧处水滴的大小相同，将其 Alpha 值调整为 0，并调整图层 2 到图层 1 下面。

6 新建图层 3，在第 1 帧处按 F9 键，输入如下代码：

```
stop();
import flash.events.MouseEvent;
buttonMode=true;
addEventListener(MouseEvent.MOUSE_OVER,shuididown);
function shuididown(e:MouseEvent){
   gotoAndPlay(2);
}
```

7 返回场景 1，新建图层 2，将“水滴动画”元件拖曳到舞台，保存文件，并按 Ctrl+Enter 组合键测试。

8.2.3 文字跟随鼠标效果

将影片剪辑结合成为数组（以影片剪辑作为数组元素），并利用循环语句动态设置数组元素的属性。本例中每个字都是一个影片剪辑，而各字的影片剪辑皆被指定为数组的元素。

Point 对象表示二维坐标系统中的某个位置，其中 x 表示水平轴，y 表示垂直轴。

下面的代码在(0,0)处创建一个点：

```
var myPoint:Point = new Point();
```

以下类的方法和属性使用 Point 对象：

```
    BitmapData
    DisplayObject
    DisplayObjectContainer
```

```
        DisplacementMapFilter
        NativeWindow
        Matrix
        Rectangle
```

可以使用 new Point()构造函数创建 Point 对象。

操作步骤：

图 8-8　调整 Alpha 属性值

1 新建一个 800×600 的 ActionScript 3.0 文档，导入背景素材，按 F8 键将其转换为“图形”元件，调整大小为宽 800、高 600，Alpha 属性值为 50，如图 8-8 所示，并将“图层 1”命名为“背景”，如图 8-9 所示。

图 8-9　“图层 1”命名为“背景”

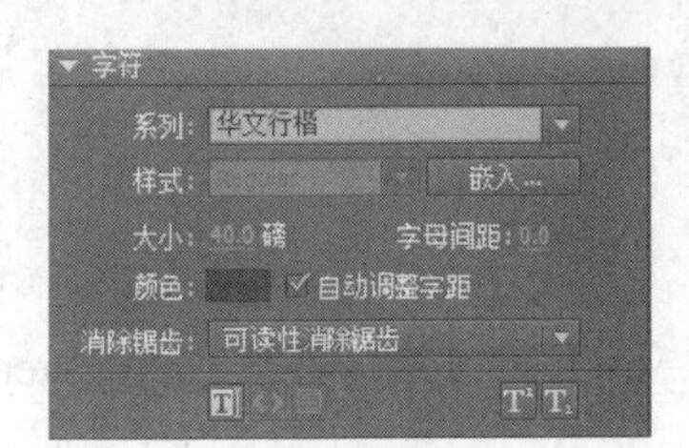

图 8-10　“文本工具”属性设置

2 新建图层 2，命名为“文字”，选择“文本工具”，属性设置如图 8-10 所示。

3 使用“文本工具”在舞台上输入文字“春共山中采香宜竹里煎”，如图 8-11 所示。

4 选中刚才输入的文字，按 Ctrl+B 组合键一次打散文字，使其变成一个字一个文本框，单独选中每一个字，按 F8 键将其转换为影片剪辑，以本字命名，如图 8-12 所示。

图 8-11　输入文字

5 将所有文字都转换为单独的影片剪辑后，选中舞台上每一个单独的文字，从左到右依次为文字影片剪辑输入实例名称，“春”影片剪辑的实例名称为“mc1”，“共”影片剪辑的实例名称为“mc2”，以此类推，如图 8-13 所示。

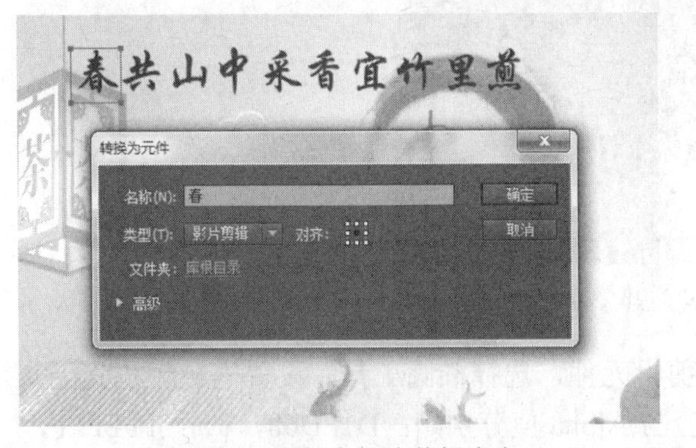

图 8-12 为每个影片剪辑命名

图 8-13 为文字影片剪辑输入实例史称

6 新建图层 3，命名为“AS”，按 F9 键打开动作面板，输入以下脚本：

```
//导入外部类
import flash.events.Event;
import flash.display.MovieClip;
import flash.geom.Point;

//添加逐帧侦听器
addEventListener(Event.ENTER_FRAME,update);
//记录上一个点
var lastP:Point;
//设置缓动系数
var aa:Number = .3;
//更新函数
function update(e:Event):void{
    //将上一个点记录为鼠标的位置
    lastP = new Point(mouseX,mouseY);
    //对 10 个剪辑进行一个接一个的行动设置
    for(var i:Number = 1; i <= 10 ; i ++){
        this["mc"+i].x += (lastP.x - this["mc"+i].x ) * aa;
        this["mc"+i].y += (lastP.y - this["mc"+i].y) * aa;
        lastP = new Point(this["mc"+i].x,this["mc"+i].y);
    }
}
```

7 保存文档，按 Ctrl+Enter 组合键测试影片效果。

8.2.4 鼠标冒泡

随着鼠标的移动将冒出许多泡泡，鼠标移动速度越快，泡泡越多，反之越少。

1 新建一个 ActionScript 3.0 文档，设置背景颜色为黑色，导入背景素材，如图 8-14 所示。

图 8-14　导入背景素材

2 按 Ctrl+F8 组合键新建“元件 1”影片剪辑元件，选择椭圆工具，设置笔触颜色为无，填充颜色为“径向渐变”，设置 3 个色标的颜色与 Alpha 值分别是：D1FD68，8%；FFFFFF，0%；0B5FB5，100%，如图 8-15 所示。在舞台中绘制椭圆，如图 8-16 所示。

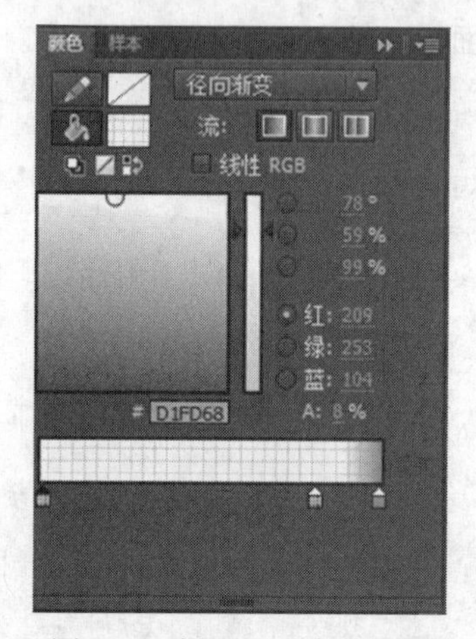

图 8-15　椭圆工具参数设置

图 8-16　绘制椭圆

3 使用“渐变变形工具”，调整中心点，结果如图 8-17 所示

图 8-17　调整中心点

4 新建“元件 2”影片剪辑元件，将“元件 1”拖入舞台中，调整大小。在第 30 帧处插入关键帧，将 Alpha 值设置为 0 并向上移动。在第 1～第 30 帧创建传统补间动画。

5 返回“场景 1”，在“库”面板中，右击“元件 2”，在弹出的快捷菜单中选择“属性”选项，进行如图 8-18 所示的设置。

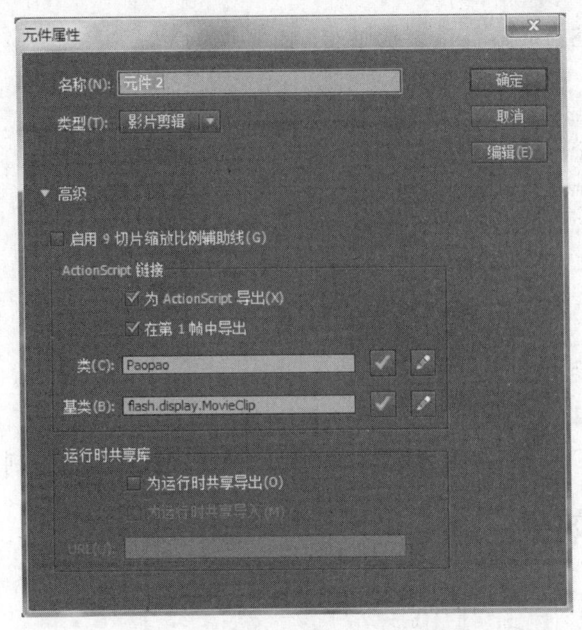

图 8-18 “元件属性”参数设置

6 在“场景 1”中新建“图层 2”，将“元件 2”影片剪辑元件拖入舞台中，设置实例名称为“mc”。

7 新建“图层 3”，在第 1 帧处按 F9 键打开动作面板，写入如下代码：

```
import flash.events.Event;
Mouse.hide();
fscommand("allowscale","true");
var i:Number=0;
var old_x:Number=mc.x;
var old_y:Number=mc.y;
var totalnum:Number=mc.totalFrames;
mc.visible=false;
addEventListener(Event.ENTER_FRAME,update);
function update(e:Event)
{
    if (i<totalnum)
    {
        ++i;
    }
    else
    {
        i=1;
    }
    var loc2:Number=stage.mouseX;
    var loc3:Number=stage.mouseY;
    var
loc4:Number=Math.sqrt((loc2-old_x)*(loc2-old_x)+(loc3-old_y)*(loc3-old_y));
```

```
for(i=1;i<totalnum;i++)
{
    var copy_mc:Paopao=new Paopao();
        copy_mc.x=old_x+(loc2-old_x)/2;
        copy_mc.y=old_y+(loc3-old_y)/2;
        copy_mc.scaleX=copy_mc.scaleY=loc4*0.001;
        addChild(copy_mc);
}
    old_x=loc2;
    old_y=loc3;
}
```

8 保存文档，按Ctrl+Enter组合键测试效果，至此“鼠标冒泡”制作完成。

8.2.5 擦图效果

本例使用鼠标在空白处擦出图像的效果。

操作步骤：

1 新建一个ActionScript 3.0文档，将舞台大小设置为550×400，将帧频设置为40。

2 将图像素材导入舞台，调整图像大小为550×400，按F8键将其转换为元件，名称为“元件1”，类型为“影片剪辑”，单击“确定”按钮。

3 保持元件的选中状态，打开“属性”面板，将其实例名称设置为“mc1”。

4 新建“图层2”，选中该图层的第1帧，按F9键打开动作面板，在动作面板中添加如下代码：

```
import flash.display.Sprite;
import flash.events.Event;

Mouse.hide();
var mc2:Sprite=new Sprite();
addChild(mc2);
mc1.mask=mc2;
mc2.graphics .moveTo (mouseX,mouseY);
addEventListener(Event.ENTER_FRAME,aaaa);
function aaaa(e:Event)
{
    mc2.graphics.beginFill(0xff0000);
    mc2.graphics.drawCircle(stage.mouseX-50,stage.mouseY-50,50);
    mc2.graphics .endFill();
}
```

5 保存文档，按Ctrl+Enter组合键进行测试。

第9章
项目案例

Flash CC 因其舒适便捷的动画编辑环境深受广大动画制作者的喜爱。Flash CC 具有强大的编辑功能，可以根据设计的需要，制作出各种炫目多彩的动画作品。

9.1 动画制作基本流程

Flash 动画的创作流程大概分为以下 6 个步骤。

（1）前期策划和流程设计。

首先要明确该 Flash 动画的规划、表现方式等；然后进行剧本构思，设计动画的剧情，划分场景，每个场景先出现什么、后出现什么等。

（2）分镜头动画制作：设计每个场景。场景可绘制，也可对原有素材再加工。

（3）动画制作：这是 Flash 动画创作流程中最重要的一个阶段。首先确定音乐和声音对白，可以此来估算场景动画的长短。然后在 Flash 软件中建立和设置影片文件。完成人物等动画主体的设计与制作。完成各场景动画，并将各场景衔接起来。

（4）后期处理，为动画添加特效，合成并添加音效。

（5）测试影片，观看效果并适当修改。

（6）发布动画，对文件进行优化，导出影片并发布。

9.2 商业广告：喜登梅

9.2.1 脚本

这是一个名称为“喜登梅”的品牌的广告短片。喜登梅，喜鹊登上梅梢，在中国文化中代表着“喜上眉梢”。喜登梅品牌主打各种与梅花有关的产品。短片的设计如下：

在“梅花三弄”的乐曲声中，一幅古香古色的画卷，自右向左徐徐展开。远处山色苍茫，近处绿瓦白墙。随着画面推移，红梅、《山园小梅》诗句、月亮门、飞檐一一展现眼前。

接着镜头向月亮门拉近，门后探出一段花枝，缓缓生长、抽枝、开花。一只喜鹊登上梅梢，张嘴啼叫。一片花瓣旋转飘落，渐渐消失。此时月亮门内的色彩悄然改变，只有花瓣消失的地方留下了一小片花瓣形状的白色。接着白色的花瓣形状逐渐变大，其中出现了一个个精致的产品：香盘、盖托、扇子、茶壶、博古架……每个产品都与梅花有关，它们有一个共同的名字——喜登梅。在片片飞舞的花瓣中，出现了“喜登梅”的广告词：喜登梅占尽风情，得雅趣喜上眉梢。

9.2.2 制作过程

1 打开“喜登梅广告.fla”文档，在“属性”面板的“属性”栏设置舞台大小为700×600像素，FPS为12，如图9-1所示。

2 执行【文件】|【导入】|【导入到库】命令，将素材文件“画卷墙.png”“梅花博古架.jpg”“梅花扇.png”“梅花盖托.png”“梅花壶.png”“香盘.jpg”和“梅花三弄.wav”导入库中。

首先制作画卷墙由远景到近景的展示和切换。

3 执行【视图】|【缩放比率】|【50%】命令，调整显示比例，将库中素材“画卷墙.png”拖入舞台。

4 在图层面板中将“图层1”重命名为“墙”。

5 在舞台中选择画卷墙，在“属性”面板的“位置和大小”栏，单击“将宽度值和高度值锁定在一起”按钮锁定宽高比，设置图片的高为600，此时图片宽度自动变为1484.55，如图9-2所示。

图9-1 舞台设置

图9-2 图片宽高设置

6 按F8键，将图片转换为图形元件“墙”。

7 执行【窗口】|【对齐】命令，打开“对齐”面板，选中“与舞台对齐”复选框后，单击“对齐”栏中的“顶对齐”按钮，使图片顶端与舞台顶端对齐；单击“对齐”栏中的“右对齐”按钮，使图片右端与舞台右端对齐。

8 按F6键在第230帧插入关键帧，单击“对齐”面板中“对齐”栏中的“左对齐”按钮。

9 在第1～第230帧的任一帧上右击，在弹出的快捷菜单中选择“创建传统补间”命令，制作出画卷自左向右缓缓移动的效果。

10 按F6键在第250帧插入关键帧。

11 按F6键在第330帧插入关键帧，选中图片，在“属性”面板的“位置和大小”栏中设置图片高为1600，X值为-590。单击“对齐”面板中“对齐”栏的“底对齐”按钮，使图片底部与舞台底部对齐。

12 在第250～第330帧的任一帧上右击，在弹出的快捷菜单中选择“创建传统补间”命令，制作出镜头拉近的效果。

下面制作开花的动画。首先制作花瓣，由花瓣组成花朵，再加上花托的变化，制作出花开的动画效果。

13 执行【插入】|【新建元件】命令，新建一个图形元件“花瓣”。

14 用钢笔工具画出轮廓，将填充颜色设置为#FF0046到#FFCCDD的径向渐变。使用工具栏中的“渐变变形工具”将填充色调整好后，删除轮廓线，此时的效果如图9-3所示。

15 执行【插入】|【新建元件】命令，新建一个图形元件“花朵”。

16 从库中将元件“花瓣”拖入元件“花朵”的编辑窗口。

17 按下Alt键的同时拖动第一片花瓣，可复制得到其他4片花瓣。使用工具栏中的“任意变形工具”调整5片花瓣的位置，得到如图9-4所示的效果。

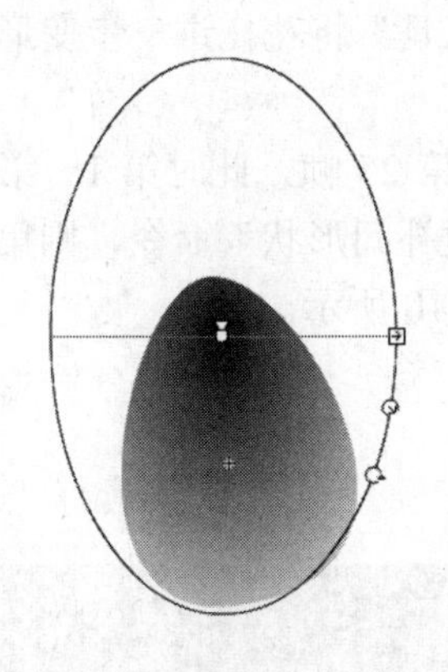

图 9-3 用“渐变变形工具”调整填充色

图 9-4 5 片花瓣

18 一次选中 5 片花瓣，并按下 Ctrl+B 组合键将其打散。

19 使用“选择工具”将打散后的花瓣全部选中，为其填充#FF0046 到#FFCCDD 的径向渐变。使用工具栏的“渐变变形工具”调整填充色，效果如图 9-5 所示。

20 将本图层重命名为“花朵”，锁定本图层。

21 新建图层“花蕊”，选择“铅笔工具”，将“铅笔模式”设置为“平滑”，笔触颜色设置为#CCAA00，根据花朵大小设置合适的笔触大小，在花朵中心位置画花蕊，效果如图 9-6 所示。

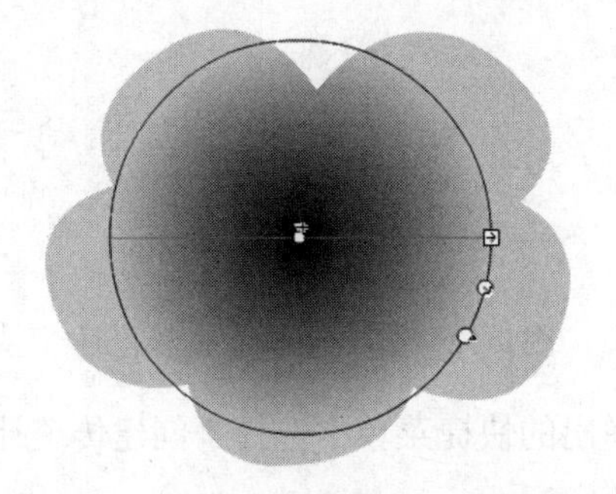

图 9-5 用“渐变变形工具”调整填充色

图 9-6 花朵效果

22 新建影片剪辑元件“花开”。

23 使用“钢笔工具”画花托，然后用#660033 色填充，删除轮廓线后效果如图 9-7 所示。

24 将“图层 1”重命名为“花托”。

25 按 F6 键在第 10 帧插入关键帧，使用“任意变形工具”将花托的中心点移至花托下边中间位置，然后将花托拉高，如图 9-8 所示。图中红圈位置是花托中心点。

图 9-7 花托

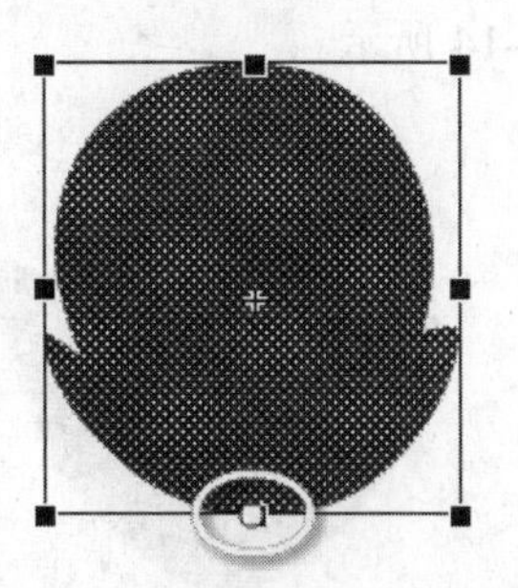

图 9-8 用“任意变形工具”调整花托

26 按 F6 键在第 25 帧插入关键帧，使用“任意变形工具”将花托进一步变形，如图 9-9 所示。

27 在时间轴上选择第 1 帧，按下 Shift 键的同时单击第 25 帧，此时第 1～第 25 帧全部选中。在任意一帧上右击，在弹出的快捷菜单中选择“创建补间形状”命令，则第 1～第 10 帧和第 10～第 25 帧分别生成形状补间。此时时间轴如图 9-10 所示。

图 9-9 花托进一步变形后的效果

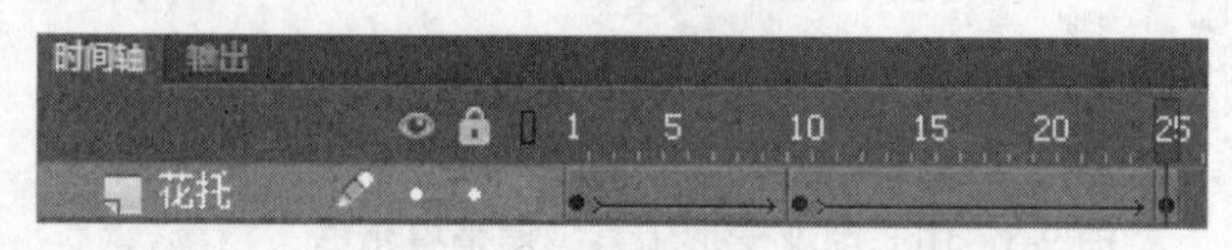

图 9-10 形状补间

28 按 F5 键在第 260 帧插入普通帧。

29 新建“花苞”图层，将其放在“花托”图层之下。

30 按 F6 键在“花苞”图层的第 22 帧插入关键帧，从库中将“花瓣”元件拖入舞台，使用“任意变形工具”调整花瓣的大小和角度，效果如图 9-11 所示。

31 按 F6 键在“花苞”图层的第 35 帧插入关键帧，向上移动花瓣位置，并用“任意变形工具”放大花瓣大小，此时效果如图 9-12 所示。

图 9-11 第 22 帧的花托和花瓣

图 9-12 第 35 帧的花托和花瓣

32 在第 22 帧和第 35 帧间的任意一帧右击，在弹出的快捷菜单中选择“创建传统补间”命令。

33 按 F5 键在“花苞”图层的第 260 帧插入普通帧。

34 将“花托”图层和“花苞”图层锁定。

35 新建图层“花朵”，将其放在“花托”图层之上。

36 按 F6 键在“花朵”图层的第 30 帧插入关键帧，从库中将“花朵”元件拖入舞台，使用“任意变形工具”调整花瓣大小，效果如图 9-13 所示。

37 按 F6 键在“花朵”图层的第 60 帧插入关键帧，使用“任意变形工具”将花朵变大，效果如图 9-14 所示。

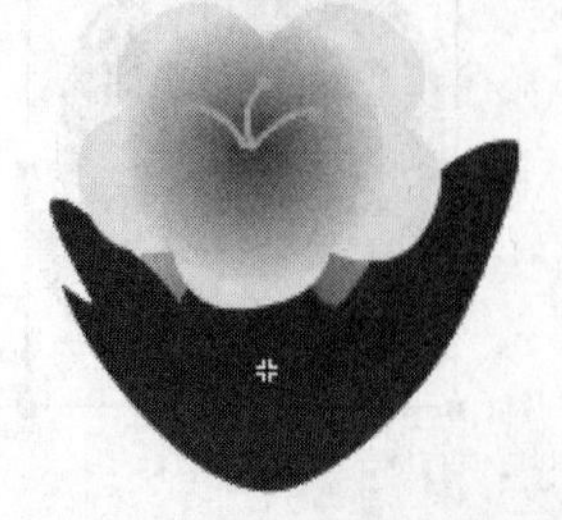

图 9-13 第 30 帧的花朵

图 9-14 第 60 帧的花朵

38 在第30帧和第60帧间的任意一帧右击，在弹出的快捷菜单中选择“创建传统补间”命令。按F5键在“花朵”图层的第260帧插入普通帧。

39 在时间轴上选择第60帧。

40 执行【窗口】|【代码片段】命令，弹出“代码片段”面板。

41 双击面板中的“时间轴导航”文件夹，在其下拉列表中选中“在此帧处停止”选项并双击，弹出“动作”面板，面板中出现stop()及相关说明；时间轴出现Actions图层，并在第60帧处出现停止标志。此时时间轴如图9-15所示。

注意： 如果不添加stop()动作，则当“花开”元件被拖入舞台后，相应实例会不断重复由花苞到花开的动画。加入stop()动作后，花开动画执行完一遍就会停止下来，花朵保持开放状态，不再重复。

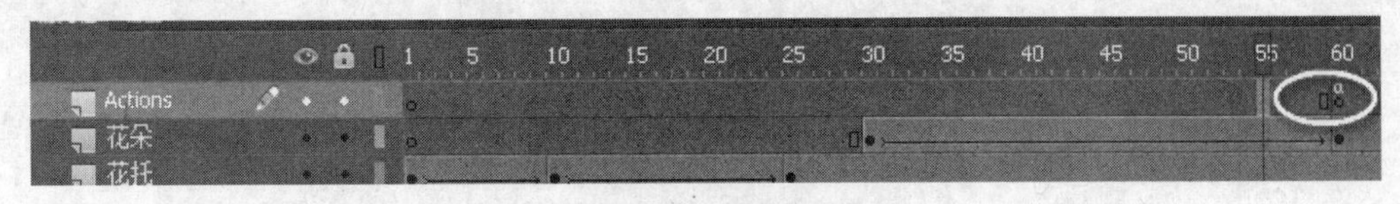

图9-15 时间轴

下面制作花枝生长并开满花朵的动画。花枝生长可以用遮罩动画来实现。

42 新建影片剪辑元件“花枝生长”。

43 将“图层1”重命名为“枝”，从库中将“枝”元件拖入舞台，使用“任意变形工具”调整枝的大小和角度，效果如图9-16所示。

44 按F5键在第205帧插入普通帧。锁定“花枝”图层。

45 新建图层2，将其重命名为“遮罩”。设置笔触颜色为无，画一个适当大小的圆，放置在花枝的左侧，效果如图9-17所示。

图9-16 花枝　　图9-17 花枝与遮罩形状

46 按F6键在第105帧插入关键帧，选择“选择工具”，将鼠标指针移至圆的右侧边线，当鼠标指针变为右下角有弧线的黑色箭头时，拖动鼠标指针调整圆的形状，使其覆盖整个花枝，效果如图9-18所示。

图9-18 第105帧的遮罩形状

47 在第1～第105帧中任意一帧上右击，在弹出的快捷菜单中选择“创建补间形状”命令，则第1～第105帧生成形状补间。

48 在图层面板的“遮罩”图层上右击，在弹出的快捷菜单中选择“遮罩层”命令，将其设置为图层“枝”的遮罩。

49 在时间轴上选择第1帧，按Enter键，即可看到遮罩后的效果。

50 新建图层，按F6键在第85帧插入关键帧，从库中将“花开”元件拖动至花枝的合适位置。

51 重复第50步，在不同图层的不同帧放上“花开”元件的实例。此时的时间轴如图9-19所示。单击图中白圈所示位置，将“遮罩”图层隐藏，可看到编辑窗口效果如图9-20所示。

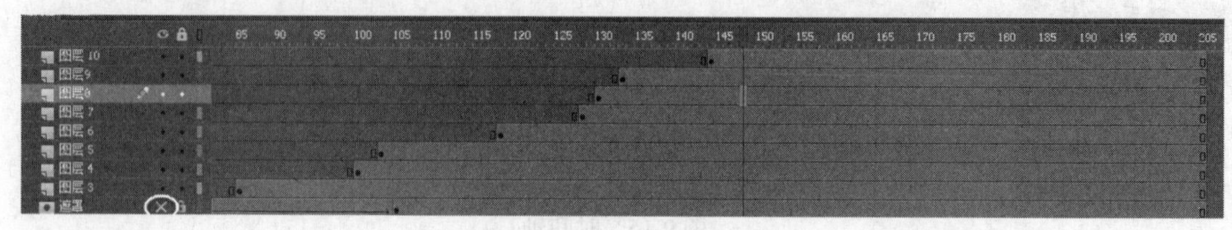

图9-19　时间轴

52 在时间轴上选择第205帧。

53 用第（40）和（41）步的方法，在第205帧插入stop()动作。

54 切换回场景1。

55 在“墙”图层的第1670帧插入普通帧。锁定“墙”图层。

56 新建图层“花枝”，将其放在图层“墙”的下边。

图9-20　隐藏遮罩后的花枝效果

57 按F6键在“花枝”图层第345帧插入关键帧，将元件“花枝生长”拖入舞台中月亮门内，此时由于花枝处于遮罩状态，在舞台中看不到花枝。为了看到效果，可在“库”面板中双击“花枝生长”元件，进入其编辑状态，在“遮罩”图层上右击，取消“遮罩层”的选取，然后在图层面板将“遮罩”图层隐藏。回到场景1，即可看到花枝效果。使用“选择工具”和“任意变形工具”调整花枝的大小和位置，效果如图9-21所示。

图9-21　月亮门后的花枝

58 在“花枝”图层的第1670帧插入普通帧，锁定“花枝”图层。

59 在“花枝”图层上方新建图层“喜鹊”。

60 按F6键在第555帧插入关键帧，将库面板中的元件“喜鹊”拖动到场景中，放在花枝上，使用“任意变形工具”调整其大小、方向和位置，效果如图9-22所示。

下面制作花瓣飘落的动画。在引导图层上画出花瓣飘落的路径，使花瓣沿引导路径运动。

61 新建图层“飞红”，将其放在“花枝”图层下边。按F6键在第625帧插入关键帧，从库中将元件“花瓣”拖动到舞台中，放在某个花枝后，使用“任意变形工具”调整花瓣大小。

62 在图层“飞红”上右击，选择快捷菜单中的“添加传统运动引导层”命令，则在“飞红”图层上出现引导图层。

63 在引导图层上用铅笔画一飘落路线，如图9-23所示。

图9-22　加入喜鹊后的效果

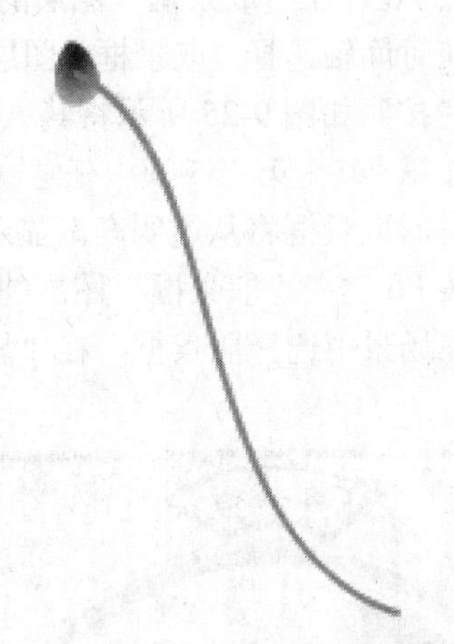

图9-23　花瓣的飘落路线

64 选中【视图】|【贴紧】|【贴紧至对象】复选框，使用“选择工具”将花瓣移至路径的起点。

65 按F6键在“飞红”图层的第695帧插入关键帧，将花瓣移动至路径终点。

66 在第625～第695帧中任意一帧上右击，在弹出的快捷菜单中选择“创建传统补间”命令，使花瓣沿路径飘落。

67 选择补间中的任意一帧，在属性面板中按如图9-24所示参数设置补间效果。

68 按F6键在第745帧插入关键帧。选中花瓣，在“属性”面板“色彩效果”栏，设置样式为“Alpha”，将Alpha设置为0，如图9-25所示。

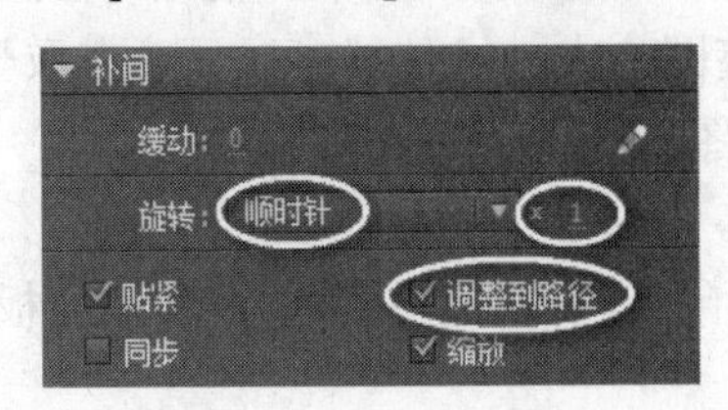

图9-24　设置补间效果

图9-25　设置色彩效果

69 在第695～第745帧中任意一帧上右击，在弹出的快捷菜单中选择“创建传统补间”命令。

70 选择695～第745帧中的任意一帧，在属性面板“补间”栏设置顺时针旋转一次。

下面制作一个取景框。取景框相当于是在舞台上拉了一块幕布，幕布上留了一个窗口。只有正对着窗口的动画可以被看到，其他地方的场景和动画都被幕布遮挡起来了。需要注意的是，取景框只对取景框图层下边的图层起作用，它上边的图层不会被遮挡。

71 新建图层“取景框”。

72 按F6键在“取景框”图层的第745帧插入关键帧，使用“矩形工具”画一个比舞台稍大的矩形，设置无笔触颜色、填充色为#F4F4F4。

73 从库中将元件“花瓣”拖动至舞台，放在“引导层”终点处，将花瓣调整为与“飞红”图层的花瓣相同大小（可选中“飞红”图层的花瓣，在属性面板的“位置和大小”栏查到）。

74 选中“取景框”图层的花瓣，按下Ctrl+B组合键将花瓣打散。

75 选中花瓣，将其删除，此时取景框为减去花瓣形状以后的矩形。选中图形，按F8键将其转换为图形元件，命名为“取景框”。

76 按F6键在“取景框”图层的第755帧插入关键帧。

77 在时间轴选择“取景框”图层的第745帧，在舞台上选择取景框，在属性面板的“色彩效果”栏按照如图9-25所示将其Alpha设置为0。

78 在第745～第755帧中任意一帧上右击，在弹出的快捷菜单中选择“创建传统补间”命令。此时，取景框将从透明渐渐显示出来。

79 按F6键在“取景框”图层的第805帧插入关键帧。

80 在场景中选择取景框，在“属性”面板的“位置和大小”栏设置其宽为7000，则在锁定宽高比例的前提下，高度自动放大。

图9-26　旋转后的取景框

81 在窗口标题栏下方的缩放比率框中，设置缩放比率为10%，使用“选择工具”移动取景框的位置到如图9-26所示的位置。还可使用“任意变形工具”旋转取景框，使花瓣型缺口位置更美观。

82 在第755～第805帧中任意一帧上右击，在弹出的快捷菜单中选择“创建传统补间”命令。此时，取景框将由小变大。

下面制作在取景框中显示的商品展示动画。

83 新建图层“香盘”，将其放在“取景框”图层下边。

84 按F6键在第805帧插入关键帧。从库中将图片“香盘”拖入舞台，使用“任意变形工具”调整图片大小，使其可以显示在取景框内。

85 选中舞台中的香盘图片，按F8键将其转换为图形元件“香盘”。

86 按F6键在第865帧和875帧分别插入关键帧。

87 在时间轴选择“香盘”图层的第805帧，在舞台上选择香盘图片，在属性面板的“色彩效果”栏按照如图9-25所示将其Alpha设置为0。

88 在“香盘”图层第805帧上右击，选择快捷菜单中的“复制帧”命令，在第935帧上右击，选择快捷菜单中的“粘贴帧”命令。

89 在第805～第865帧中的任意一帧上右击，在弹出的快捷菜单中选择“创建传统补间”命令，制作出淡入动画效果。

90 在第875～第935帧中的任意一帧上右击，在弹出的快捷菜单中选择“创建传统补间”

命令，制作出淡出动画效果。淡入和淡出动画的时间轴如图 9-27 所示。

图 9-27 淡入和淡出动画的时间轴

91 按照第（83）～（90）步的方法，依次制作盖托、扇子、茶壶、博古架的动画。注意这些动画在时间上是顺次连接的，盖托的动画发生在第 935～第 1065 帧，扇子的动画发生在第 1065～第 1195 帧，茶壶的动画发生在第 1195～第 1325 帧，博古架的动画发生在第 1325～第 1455 帧。

下面制作一个影片剪辑元件“花瓣飘落”，然后将其点缀在产品展示期间，使舞台效果更为灵动。元件内动画基本与第（61）～第（70）步相同，但因为前边的花瓣飘落终点需要在舞台中央，而随机点缀的花瓣飘落轨迹需要更飘逸，所以这里不使用同一个元件。

92 新建影片剪辑元件“花瓣飘落”，从库中将元件“花瓣”拖动到“花瓣飘落”元件编辑窗口。

93 将“图层 1”重命名为“花瓣”，在其上右击，选择快捷菜单中的“添加传统运动引导层”命令，则在“花瓣”图层上出现引导图层。

94 在引导图层上用铅笔画一飘落路线，如图 9-28 所示。按 F5 键在引导层的第 100 帧插入普通帧。

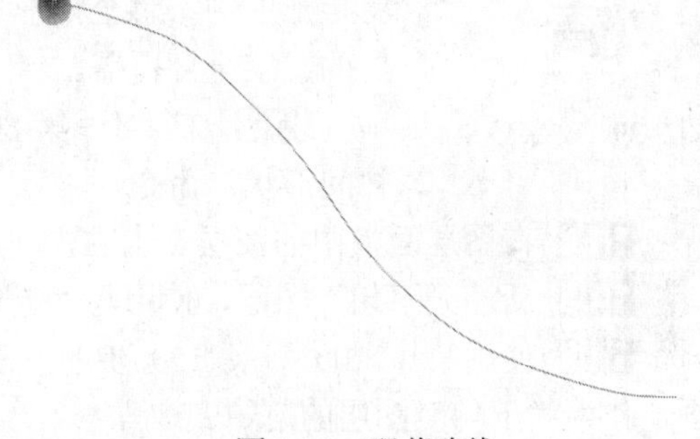

图 9-28 飘落路线

95 按 F6 键在“花瓣”图层的第 70 帧插入关键帧，将花瓣移动至路径终点。

96 在第 1～第 70 帧中任意一帧上右击，在弹出的快捷菜单中选择“创建传统补间”命令，使花瓣沿路径飘落。

97 选择补间中的任意一帧，在属性面板中按如图 9-24 所示参数设置补间效果。

98 按 F6 键在第 100 帧插入关键帧。选中花瓣，在“属性”面板“色彩效果”栏，设置样式为“Alpha”，将 Alpha 设置为 0。

99 在第 70～第 100 帧中任意一帧上右击，在弹出的快捷菜单中选择“创建传统补间”命令。

100 选择第 70～第 100 帧中的任意一帧，在属性面板“补间”栏设置顺时针旋转 1 次。

101 在时间轴上选中第 100 帧，用第（40）和（41）步的方法，在第 100 帧插入 stop()动作。

102 切换回场景 1。

103 新建“花瓣飘飘”图层，按 F6 键在第 805 帧插入关键帧，从库中将影片剪辑元件“花瓣飘落”拖动至舞台中花枝的合适位置，并用“任意变形工具”调整其大小。

104 在“花瓣飘飘”图层随意添加一些关键帧，按下 Alt 键的同时拖动上一步的元件实例，将其复制到树枝的不同位置，形成随机飘落的花瓣。

下面进行收尾：取景框淡出，广告词出现，最后加入音乐。图像的淡入淡出可以通过动态改变图像属性中的 Alpha 值来实现。对广告词使用遮罩效果，做出字逐个出现的效果。

105 选择“取景框”图层的第 1405 帧和 1465 帧，按 F6 键分别插入关键帧。

106 选择“取景框”图层的第 1465 帧，在舞台中选中取景框，在其“属性”面板的“色彩效果”栏设置样式为“Alpha”，将 Alpha 设置为 0。

107 在第 1405～第 1465 帧中任意一帧上右击，在弹出的快捷菜单中选择“创建传统补间”命令，使取景框淡出。

108 新建影片剪辑元件“广告词”。

109 将图层 1 重命名为“上句”。使用“文本工具”，字体为隶书，字号为 30，颜色为#330000，输入“喜登梅占尽风情”，每个字后按 Enter 键换行。

110 按 F5 键在“上句”图层的第 160 帧插入普通帧。

111 新建图层 2，使用“矩形工具”画一个矩形，矩形要比字稍宽。矩形的位置和大小如图 9-29 所示。

112 按 F6 键在图层 2 的第 80 帧插入关键帧。使用“任意变形工具”将矩形的中心移至矩形顶边中间，再增加矩形高度，使其能将“上句”图层的文字全部覆盖。

图 9-29　文字效果

113 在第 1～第 80 帧中任意一帧上右击，选择快捷菜单中的“创建补间形状”命令。

114 在图层面板中的图层 2 上右击，选择快捷菜单中的“遮罩层”命令。

115 新建“下句”图层，使用与“上句”图层同样的方法输入下句“得雅趣喜上眉梢”。

116 使用第（110）～（115）步的方法，在新建图层 4 的第 80～第 160 帧做矩形形变动画，作为“下句”图层的遮罩。

117 用第（40）和（41）步的方法，在第 160 帧插入 stop()动作。此时“广告词”元件编辑窗口的时间轴如图 9-30 所示。

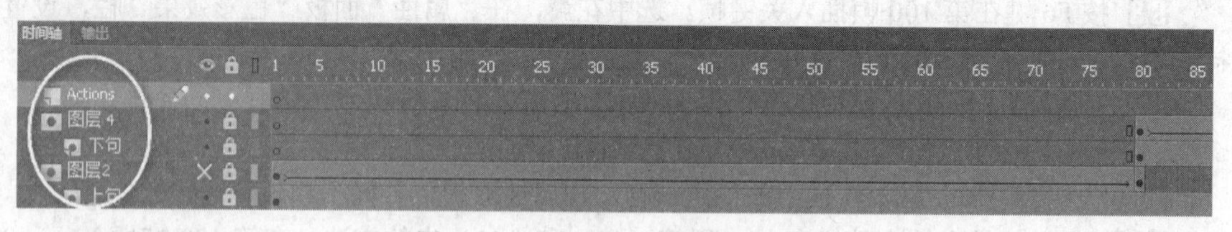

图 9-30　“广告词”元件的时间轴

118 切换回场景 1。

119 在“取景框”图层之上新建“广告词”图层，按 F6 键在“广告词”图层第 1465 帧插入关键帧，从库中将元件“广告词”拖入场景适当位置，并调整其大小。按下 Ctrl+Enter 组合键测试，效果如图 9-31 所示。

120 新建“音乐”图层，从库中将“梅花三弄.wav”拖入场景。

图 9-31　广告词效果

121 选择“音乐”图层，设置属性面板的“声音”栏属性，如图 9-32 所示。

122 最终的图层排列如图 9-33 所示。有些图层的顺序不同不会影响效果。

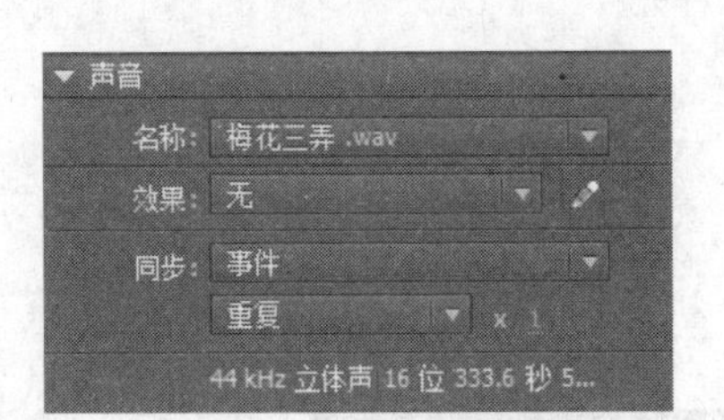

图 9-32　设置声音属性

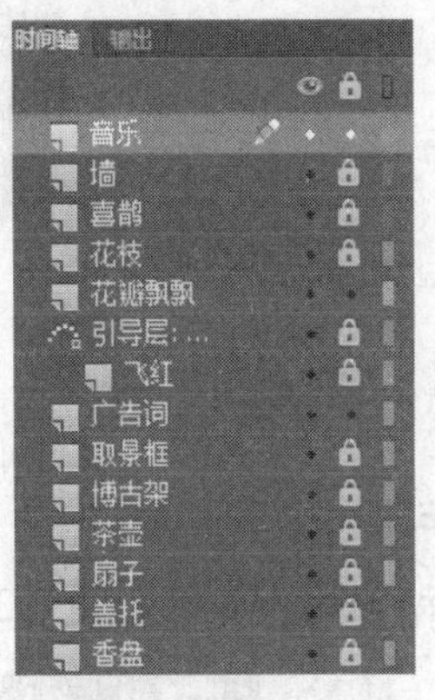

图 9-33　图层排列

9.3　贺卡动画：新年快乐

9.3.1　脚本

首先根据实际情况设计贺卡中需要表达的文字内容，最好是画面感强的文字，如果希望制作有声贺卡，还可以选择自己喜欢的音乐。

本例的文案：

悄悄为你降临的是吉庆
静静为你散放的是温馨
默默为你祝愿的是幸福
送上我最真诚的祝福
新年快乐

9.3.2 分镜头

本案例根据文字可以分为4个分镜头。"悄悄为你降临的是吉庆"可以设计一个动画片段；"静静为你散放的是温馨"可以设计一个动画片段；"默默为你祝愿的是幸福"可以设计一个动画片段；"送上我最真诚的祝福，新年快乐"可以设计一个动画片段。

根据此设计，可在新建的Flash文档"新年贺卡.fla"中，在库面板建立4个文件夹分别存放相关的元件，如图9-34所示。

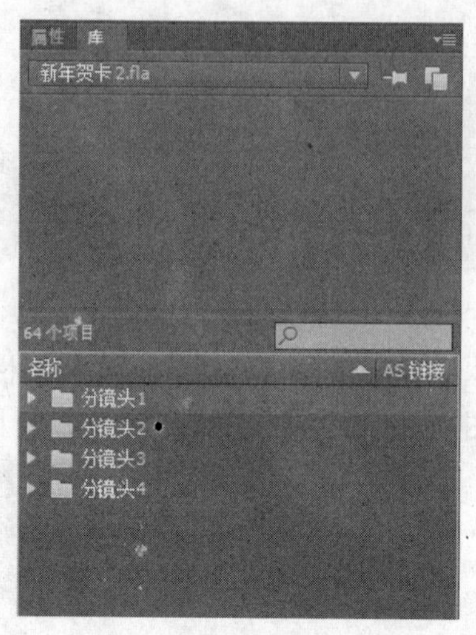

图9-34 新建4个文件夹

9.3.3 制作过程

1. 制作第1个动画片段

第1个动画片段效果如图9-35所示。

图9-35 第1个动画片段效果

1 在网上搜索一幅大尺寸的下雪背景图片。

2 在网上搜索一幅雪人的图片，使用图片处理工具将雪人抠出。

3 制作一片雪花。绘制一个白色的小圆点，并把它转换为元件。

4 制作下雪动画。新建一个影片剪辑元件，在图层 1 的第 1 帧插入关键帧，将雪花元件拖入舞台中，放置在舞台的上方。在图层 1 的第 80 帧插入关键帧，将雪花元件移动到舞台的下方。并在图层 1 的第 1～第 80 帧创建传统补间动画。新建 17 个图层，用同样的方式制作 17 朵雪花从舞台上方落到舞台下方的动画效果，如图 9-36 所示。

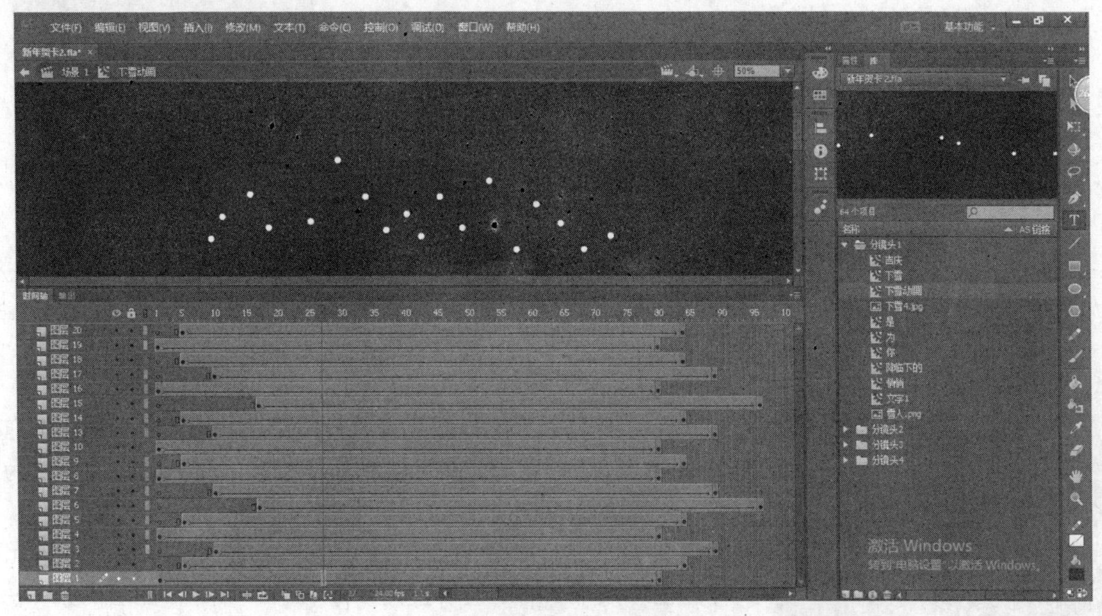

图 9-36 新建 17 个图层

5 制作文字元件。切换回场景 1，在舞台中输入“悄悄”两字，并将其转换为“影片剪辑”类型的元件“悄悄”；在舞台中输入“为”字，并将其转换为“影片剪辑”类型的元件“为”；在舞台中输入“你”字，并将其转换为“影片剪辑”类型的元件“你”；在舞台中输入文字“降临下的”，并将其转换为“影片剪辑”类型的元件“降临下的”；在舞台中输入“是”字，并将其转换为“影片剪辑”类型的元件“是”；在舞台中输入“吉庆”两字，并将其转换为“影片剪辑”类型的元件“吉庆”，如图 9-37 所示。

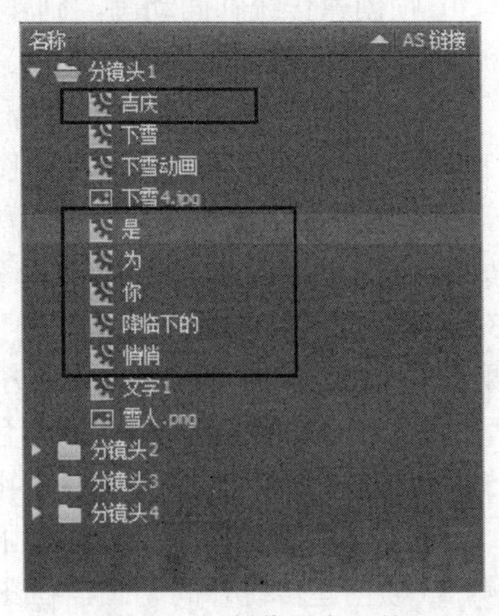

图 9-37 制作文字元件

6 制作文字动画效果。新建一个影片剪辑元件“文字 1”，建立 6 个图层，分别对应 6 个文字元件，如图 9-38 所示。

图 9-38　新建 6 个图层

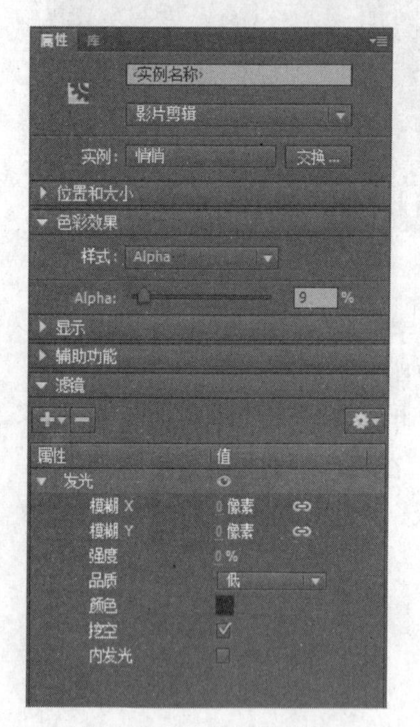

图 9-39　元件属性设置

在“悄悄”图层的第 1 帧插入关键帧，将“悄悄”元件拖入舞台中的合适位置，并设置元件的色彩效果 Alpha 值设置为 9%，并设置滤镜为发光效果，颜色为黑色，文字为挖空效果，如图 9-39 所示。在“悄悄”图层的第 40 帧插入关键帧，将元件的色彩效果 Alpha 值设置为 100%。在“悄悄”图层的第 1～第 40 帧创建传统补间动画，制作出“悄悄”两字逐渐清晰的动画效果。

在“为”图层的第 10 帧插入关键帧，将“为”元件拖入舞台中的合适位置，在“为”图层第 30 和第 50 帧分别插入关键帧。然后选中第 10 帧，调整元件的 Alpha 值为 9%；选中第 30 帧，调整元件的 Alpha 值为 55%，并将元件略微上移。在图层的第 10～第 30 帧创建传统补间动画，在图层的第 30～第 50 帧创建传统补间动画，制作出“为”字逐渐清晰并向上移动又下降回来的动画效果。

在“你”图层的第 21 帧插入关键帧，将“你”元件拖入舞台中合适的位置，在“你”图层第 57 帧插入关键帧。选中图层第 21 帧，调整元件的大小为原来的 50%，Alpha 值为 9%，在图层的第 21～第 57 帧创建传统补间动画，制作出“你”字逐渐变大变清晰的动画效果。

在“降临下的”图层的第 35 帧插入关键帧，将“降临下的”元件拖入舞台中的合适位置，设置元件的滤镜为渐变发光效果，X 轴方向模糊 4 像素，Y 轴方向模糊 4 像素，强度为 100%，角度为 45°，距离 4 像素，类型为外侧，渐变效果由透明到黄色，设置如图 9-40 所示。

在“降临下的”图层的第 55 帧和第 75 帧插入关键帧，选中第 55 帧，将元件放大 200%，调整元件的 Alpha 值为 9%，并修改滤镜效果，将渐变修改为由透明到红色，如图 9-41 所示。在“降临下的”图层的第 35～第 55 帧创建传统补间动画，在图层的第 55～第 75 帧创建传统补间动画，制作出文字“降临下的”由变大变浅，再变小变深的动画效果。

在“是”图层第 47 帧插入关键帧，将“是”元件拖入舞台中的适当位置，并将“是”字修改成绿色，然后在图层的第 72 帧插入关键帧。选中图层的第 47 帧，设置元件的 Alpha 值为 9%，然后在第 47～第 72 帧创建传统补间动画，制作出“是”字逐渐显现的动画效果。

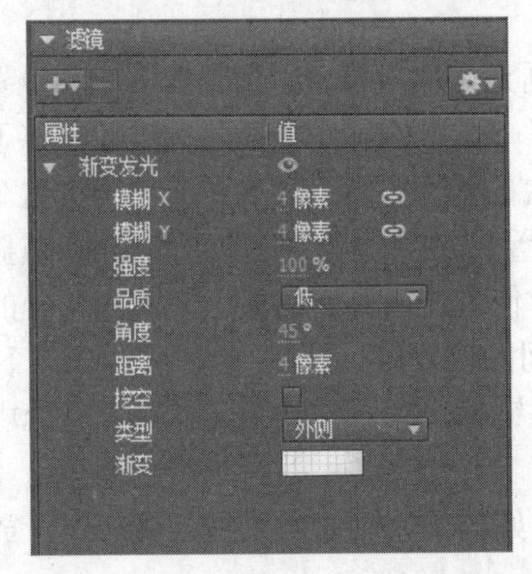

图 9-40 “降临下的”图层第 35 帧属性设置

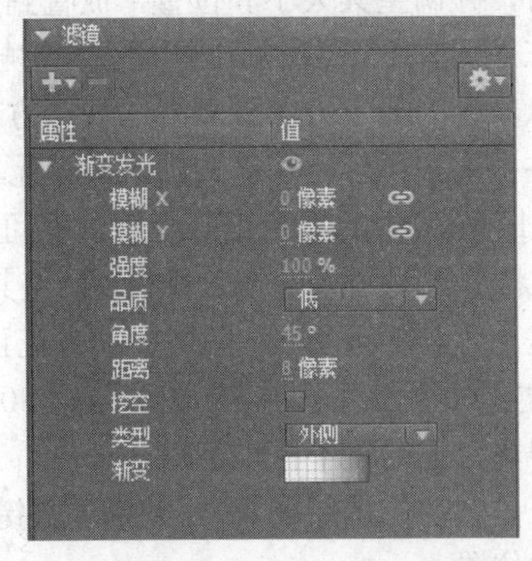

图 9-41 “降临下的”图层第 55 帧属性设置

在“吉庆”图层的第 55 帧插入关键帧，将“吉庆”元件拖入舞台中的合适位置，并将“吉庆”两字修改成红色，然后在图层的第 80 帧插入关键帧。选中图层第 55 帧，设置“吉庆”元件的滤镜效果为模糊，如图 9-42 所示。

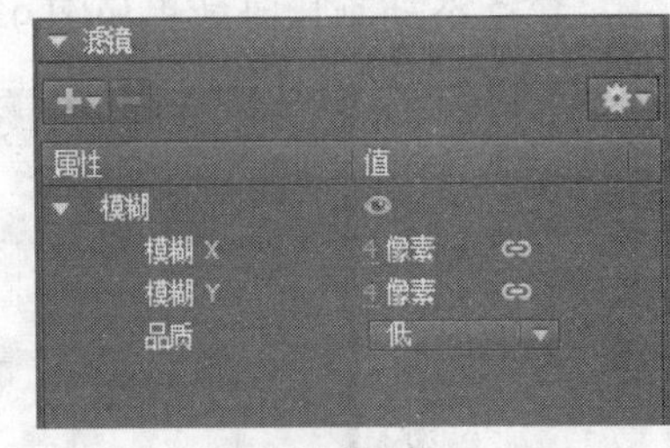

图 9-42 “吉庆”图层第 55 帧属性设置

选中图层第 80 帧，将“吉庆”元件放大两倍，移动到舞台的左边合适的位置，在第 55～第 80 帧创建传统补间动画，制作出“吉庆”两字的左移放大效果。

为了使文字能在舞台上停留一段时间，所以选中所有图层的第 95 帧并右击，在弹出的快捷菜单中选择“插入帧”命令，将动画的最终效果保留一段时间。

7 完成第 1 个动画片段的制作。返回到场景 1，建立图层如图 9-43 所示。

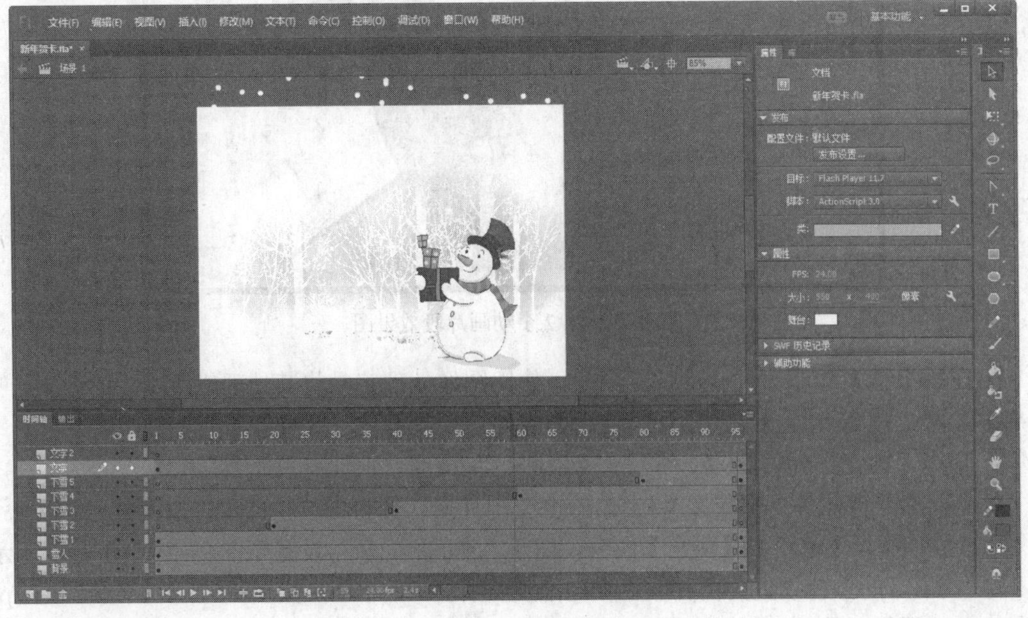

图 9-43 建立图层

在“背景”图层第 1 帧插入关键帧，将网上搜索的背景图片拖入舞台，并调整其大小和位置，使背景图片铺满整个舞台。在“雪人”图层第 1 帧插入关键帧，将处理好的雪人图片拖入舞台，并调整其大小和位置，放置到合适的地方。

在“下雪 1”图层第 1 帧插入关键帧，将下雪动画元件拖入舞台，调整其大小和位置，使雪花从舞台的最上方落到舞台的最下方。在“下雪 2”图层的第 20 帧插入关键帧，将下雪动画元件拖入到舞台，调整其大小和位置，使雪花从舞台的最上方落到舞台的最下方（这个时候“下雪 1”图层中的雪花正落至舞台中间偏上一点的位置）。在“下雪 3”图层的第 40 帧插入关键帧，将下雪动画元件拖入舞台，调整其大小和位置，使雪花从舞台的最上方落到舞台的最下方（这个时候“下雪 1”图层中的雪花正落至舞台中间的位置）。用同样的方法，在“下雪 4”图层的第 60 帧，“下雪 5”图层的第 80 帧分别插入关键帧，将下雪动画元件拖入舞台中。这样使得舞台上的雪不停地下落……

在“文字”图层的第 1 帧插入关键帧，将刚才做好的文字动画效果拖入舞台中，放置到合适的位置。

最后，为了所有的动画能够完整地体现出来。在所有图层的第 95 帧上右击，在弹出的快捷菜单中执行“插入帧”命令，将动画延长到第 95 帧。

2. 制作第 2 个动画片段

第 2 个动画片段效果如图 9-44 所示。

图 9-44　第 2 个动画片段效果图

1 在网上搜索一幅大尺寸的背景图片，使用图像处理工具将其处理成所需要的效果。

2 在网上搜索一幅梅花的图片，使用图像处理工具抠出一朵梅花。

3 制作“梅花”元件。

新建影片剪辑元件“梅花”，将抠出的梅花图片拖入舞台中，执行【修改】|【分离】命令将图片打散。执行【窗口】|【颜色】命令，打开“颜色”面板，设置如图 9-45 和图 9-46 所示。

将“梅花”的颜色设置为两种颜色径向渐变，颜色 1 的 RGB 值为（252，191，247），Alpha 值为 15%；颜色 2 的 RGB 值为（250，149，142），Alpha 值为 75%。

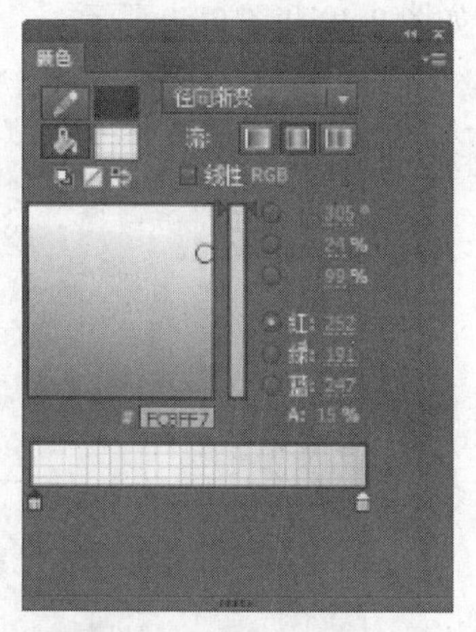

图 9-45 “梅花”颜色 1 设置

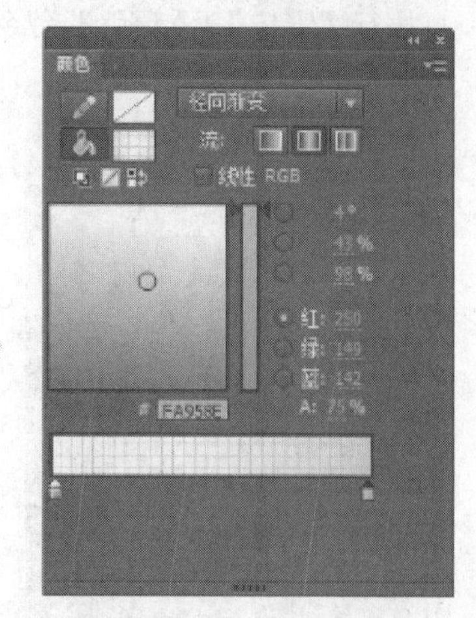

图 9-46 “梅花”颜色 1 设置 2

4 制作梅花飘落的动画效果。

新建影片剪辑元件“落梅”，在图层 1 的第 1 帧插入关键帧，将“梅花”元件拖入舞台的左上方。在图层 1 的第 80 帧插入关键帧，将“梅花”元件从舞台的左上方移动到右下方。在图层 1 的第 1～第 80 帧创建传统补间动画，并在“属性”面板“补间”项中设置“顺时针”旋转 2 次，如图 9-47 所示。

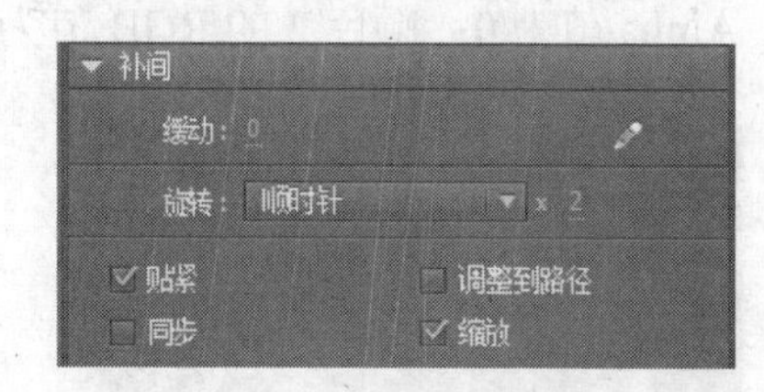

图 9-47 第一朵梅花飘落的设置

添加图层 2，在图层 2 的第 10 帧插入关键帧，将“梅花”元件拖入舞台的左上方。用同样的方法，在图层 2 的第 90 帧插入关键帧，将“梅花”元件从舞台的左上方移动到右下方。在图层 2 的第 10～第 90 帧创建传统补间动画，并在“属性”面板“补间”项中设置“顺时针”旋转 2 次。建立第二朵梅花飘落的动画效果，如图 9-48 所示。

图 9-48 第二朵梅花飘落的设置

此处如果希望动画效果更为逼真，也可以通过建立引导层，来给出梅花飘落的路径。

5 制作梅花花瓣。

新建影片剪辑元件“梅花瓣”，在舞台中绘制一个无边框椭圆。使用“选择工具”对其变形，变形成花瓣的形状，如图 9-49 所示。

执行【窗口】|【颜色】命令，打开颜色面板，设置如图 9-49 和图 9-50 所示。

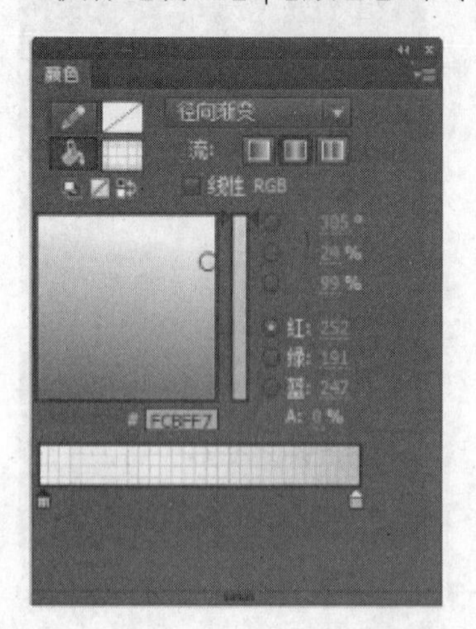

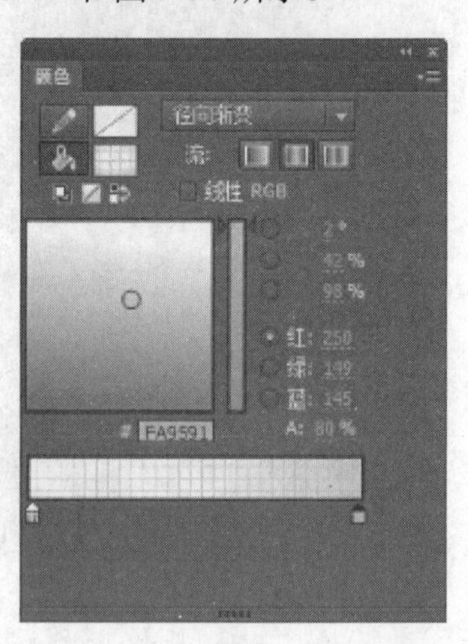

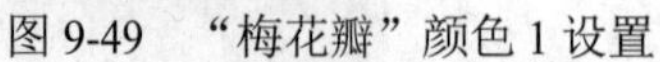

图 9-49 “梅花瓣”颜色 1 设置　　图 9-50 “梅花瓣”颜色 2 设置

将“梅花瓣”的颜色设置为两种颜色径向渐变，颜色 1 的 RGB 值为（252，191，247），Alpha 值为 0；颜色 2 的 RGB 值为（250，149，145），Alpha 值为 80%。

6 制作梅花瓣的飘落效果。

新建影片剪辑元件“落梅瓣”，在图层 1 的第 1 帧插入关键帧，将“梅花瓣”元件拖入舞台的左上方。在图层 1 的第 70 帧插入关键帧，将“梅花瓣”元件从舞台的左上方移动到右下方。在图层 1 的第 1～第 70 帧创建传统补间动画，并在“属性”面板“补间”项中设置“顺时针”旋转 1 次，如图 9-51 所示。

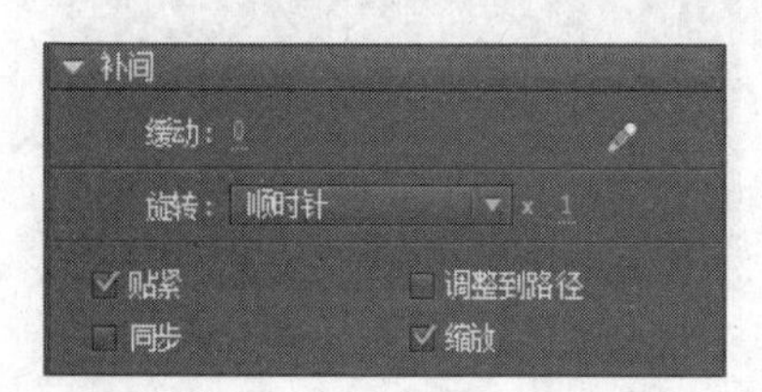

图 9-51 设置“顺时针”旋转

添加图层 2，在图层 2 的第 15 帧插入关键帧，将“梅花瓣”元件拖入舞台的左上方。用同样的方法，设置第二片梅花瓣飘落的动画效果，如图 9-52 所示。

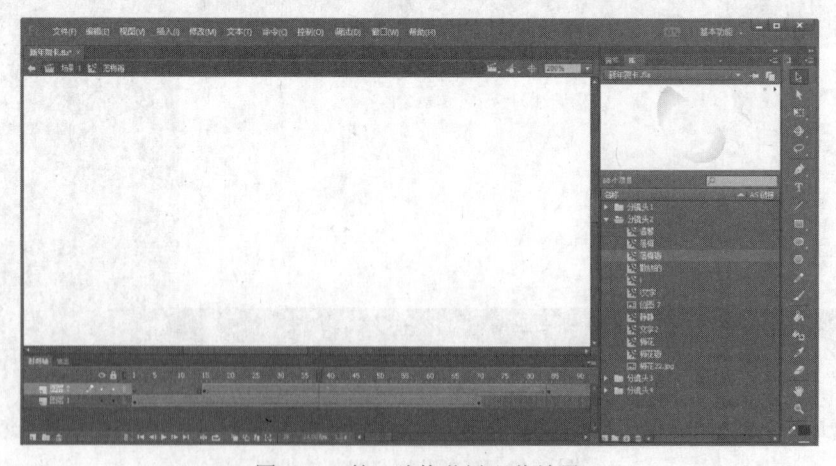

图 9-52 第二片梅花瓣飘落效果

此处如果希望动画更为逼真，也可以通过建立引导层，来给出梅花瓣飘落的路径。

7 建立 i miss you 文字元件。

新建“i 文字”元件，在图层 1 的第 1 帧插入关键帧，在舞台中输入文字“i miss you……”，在“属性”面板中设置字符字体为华文行楷、大小为 48 磅、颜色为黑色。执行【修改】|【变

形】|【旋转与倾斜】命令，将文字旋转成如图 9-53 所示的效果。

图 9-53 旋转文字

8 制作“i miss you……”文字的动画效果。

新建影片剪辑元件“i”，在图层 1 的第 1 帧插入关键帧，将“ i 文字”元件拖入舞台中，在图层 1 的第 95 帧插入关键帧，回到第 1 帧，设置“i 文字”元件的 Alpha 值为 5%。在图层 1 的第 1～第 95 帧创建传统补间动画。

新建图层 2～图层 4，分别在图层 2～图层 4 的第 1 帧插入关键帧，在每一图层的第 1 帧，都将 1 个“梅花瓣”元件拖入舞台中的合适位置，效果如图 9-54 所示。

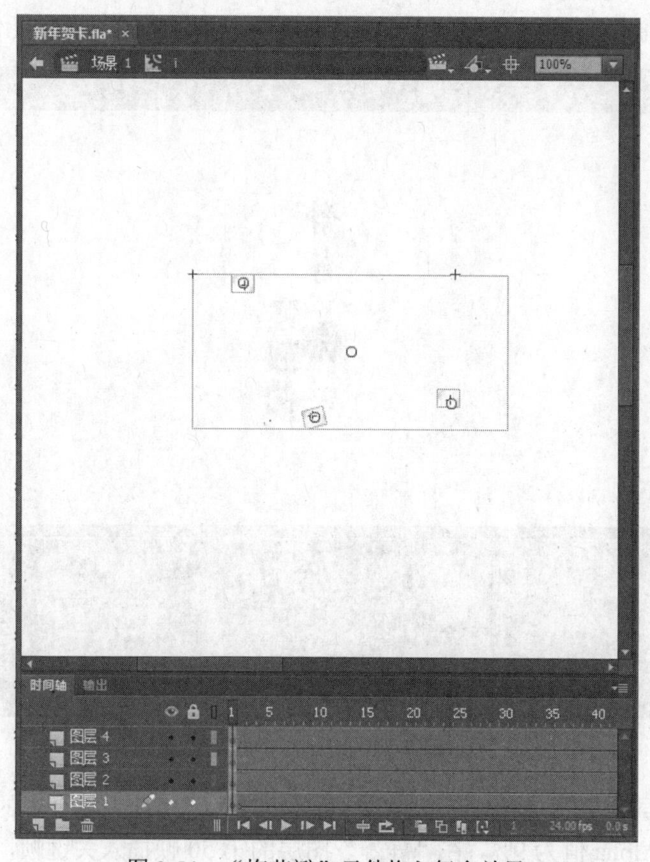

图 9-54 “梅花瓣”元件拖入舞台效果

9 制作文字元件。

切换回场景 1，新建图层，选择图层的第 1 帧，在舞台中输入文字“静静”，并将其转换为“影片剪辑”类型的元件“静静”；在舞台中输入文字“散放的”，并将其转换为“影片剪辑”类型的元件“散放的”；在舞台中输入文字“温馨”（“温馨”两字设置为黄色），并将其转换为“影片剪辑”类型的元件“温馨”。“为”元件、“你”元件、“是”元件在第一个动画片段中已经建立，可以直接使用，如图 9-55 所示。操作完成后删除该图层。

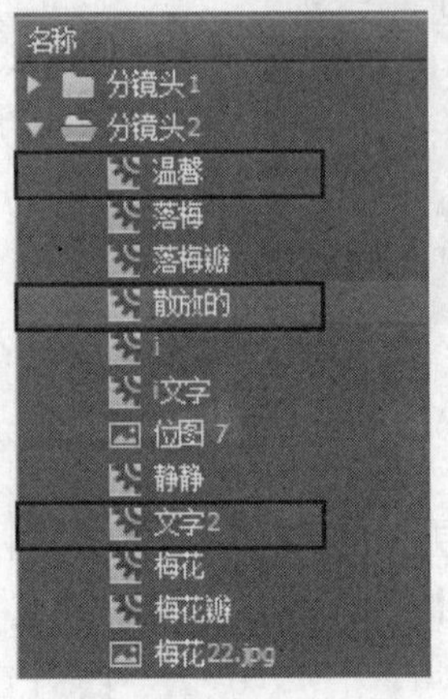

图 9-55　制作文字元件

10 制作文字动画效果。

新建一个影片剪辑元件“文字 2”，新建 6 个图层，分别对应 6 个文字元件，如图 9-56 所示。

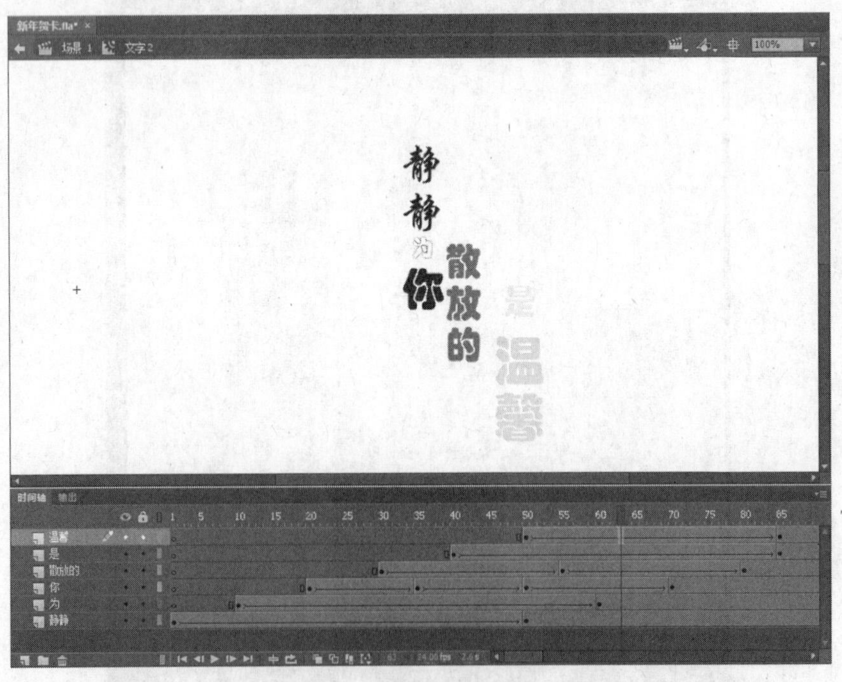

图 9-56　新建 6 个图层

在“静静”图层的第 1 帧插入关键帧，将“静静”元件拖入舞台中的合适位置，并设置元件的色彩效果：Alpha 值为 9%。在“静静”图层的第 50 帧插入关键帧，将元件的色彩效果 Alpha 值设置为 100%。并在“静静”图层的第 1～第 50 帧创建传统补间动画，制作出“静静”两字逐渐清晰的动画效果。

在“为”图层的第10帧插入关键帧，将“为”元件拖入舞台中的合适位置，并设置滤镜为发光效果、X轴方向模糊4像素、Y轴方向模糊4像素、强度为100%，颜色为黑色、文字为挖空效果，如图9-57所示。

在“为”图层第60帧插入关键帧。然后选中第10帧，调整元件的Alpha值为9%。在图层的第10～第60帧创建传统补间动画，并在“属性”面板“补间”项中设置“顺时针”旋转1次。制作出空心“为”字缓慢旋转1圈并逐渐清晰的动画效果。

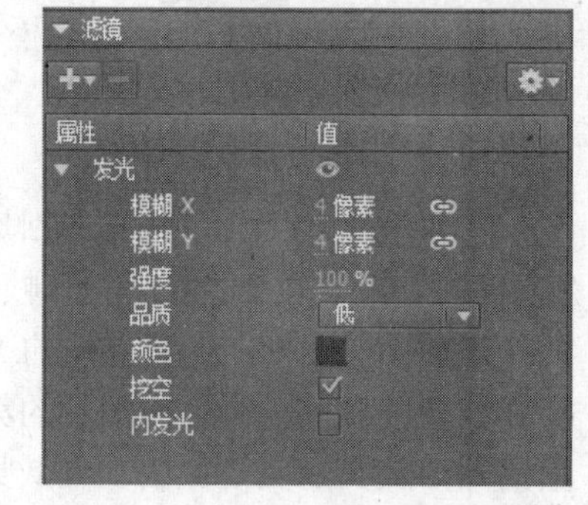

图9-57 “为”图层第10帧属性设置

在“你”图层的第20帧插入关键帧，将“你”元件拖入舞台中合适的位置，设置滤镜为发光效果，但是设置X轴方向模糊为0，Y轴方向模糊为0，强度为0，颜色为红色，如图9-58所示，由于设置值为0，因此“你”元件没有发光效果。在“你“图层第35帧、50帧、70帧分别插入关键帧。选中图层第35帧，调整元件的滤镜为发光效果，设置X轴方向模糊为6、Y轴方向模糊为6、强度为100%、颜色为红色，如图9-59所示；选中图层第50帧，调整元件的滤镜为发光效果，设置X轴方向模糊为6、Y轴方向模糊为6、强度为100%、颜色为绿色，如图9-60所示；选中图层第70帧，调整元件的滤镜为发光效果，设置X轴方向模糊为6、Y轴方向模糊为6、强度为100%、颜色为黄色，如图9-61所示。在图层的第20～第35帧创建传统补间动画，在图层的第35～第50帧创建传统补间动画，在图层的第50～第70帧创建传统补间动画，制作出“你”字周围逐渐发光，光色由红变绿，再由绿变黄的动画效果，如图9-62所示。

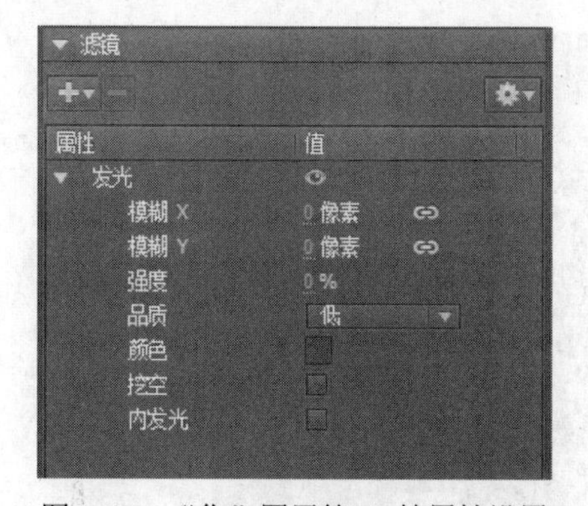

图9-58 “你”图层第20帧属性设置

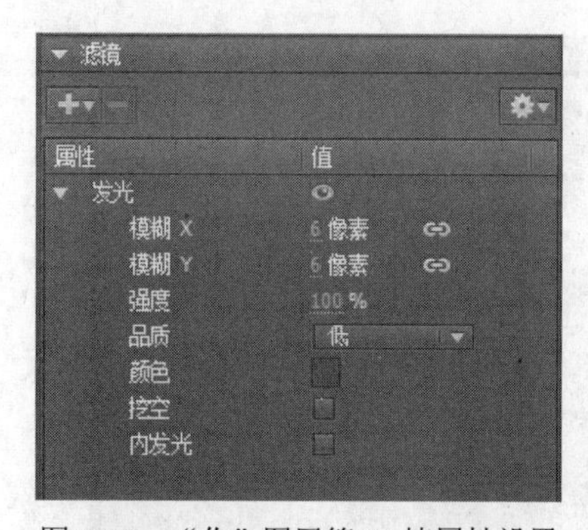

图9-59 “你”图层第35帧属性设置

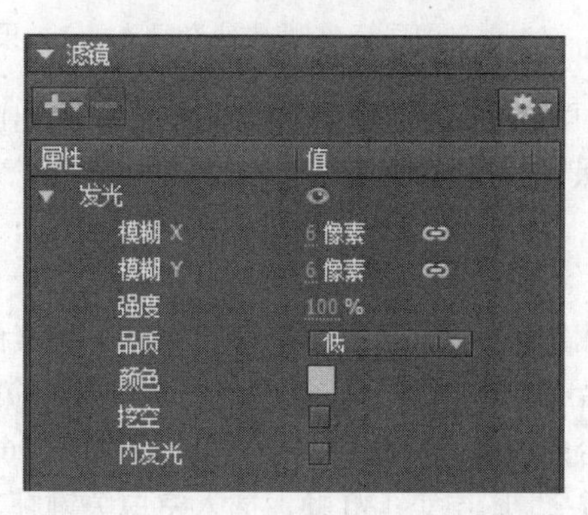

图9-60 “你”图层第50帧属性设置

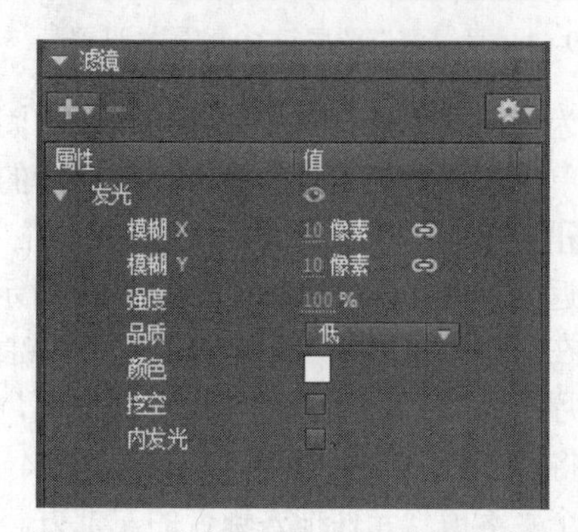

图9-61 “你”图层第70帧属性设置

图 9-62　“你”字动画效果

在“散放的”图层的第 30 帧插入关键帧，将“散放的”元件拖入舞台中的合适位置，在“散放的”图层第 55 帧和第 80 帧分别插入关键帧。然后选中第 30 帧，调整元件的 Alpha 值为 9%；选中第 55 帧，调整元件的 Alpha 值为 50%，并将元件放大 2 倍。在图层的第 30～第 55 帧创建传统补间动画，在图层的第 55～第 80 帧创建传统补间动画，制作出文字“散放的”逐渐清晰，放大后又还原的动画效果。

在“是”图层的第 40 帧插入关键帧，将“是”元件拖入舞台中合适的位置，在“是”图层的第 85 帧插入关键帧。然后选中第 40 帧，调整元件的 Alpha 值为 5%，并将元件缩小至 50%。在图层第 40～第 85 帧创建传统补间动画，制作出“是”字由小变大、逐渐清晰的动画效果。

在“温馨”图层的第 50 帧插入关键帧，将元件“温馨”拖入舞台中合适的位置。设置滤镜效果为渐变发光，但是设置 X 轴模糊为 0 像素、Y 轴模糊为 0 像素、强度为 0、角度为 45°、距离为 0 像素、类型为外侧，渐变效果为从透明到黑色，如图 9-63 所示。

在“温馨”图层的第 85 帧插入关键帧，重新设置元件的滤镜效果为渐变发光，设置 X 轴模糊为 4 像素、Y 轴模糊为 4 像素、强度为 100%、角度为 45°、距离为 8 像素，并将元件放大 130%，文字效果如图 9-64 所示。在图层第 50～第 85 帧创建传统补间动画，制作出文字“温馨”逐渐凸显的动画效果。

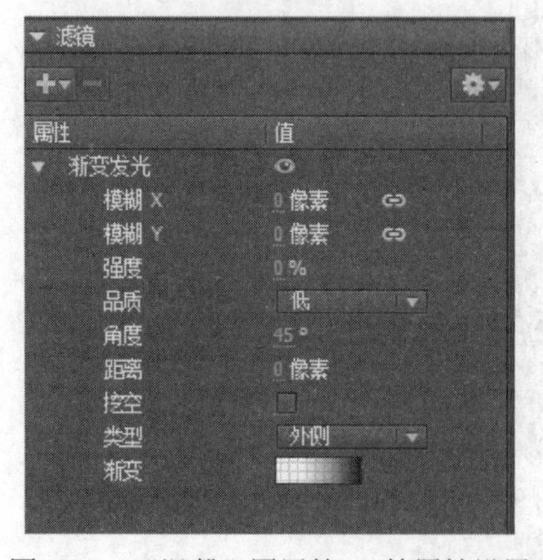

图 9-63　“温馨”图层第 50 帧属性设置

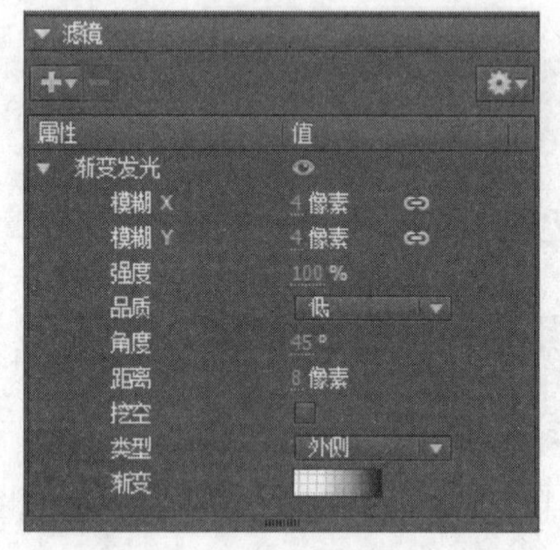

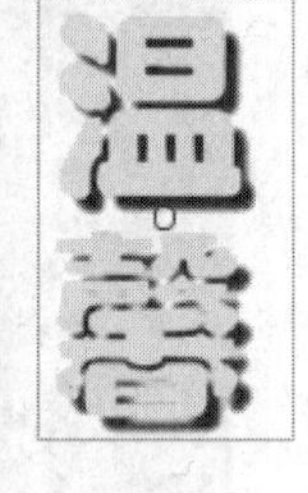

图 9-64　“温馨”图层第 85 帧属性设置及文字效果

为了使文字能在舞台上停留一段时间，所以选中所有图层的第 95 帧并右击，在弹出的快捷菜单中选择“插入帧”命令，将动画的最终效果保留一段时间。

11 完成第 2 个动画片段的制作。

返回场景 1，对象设置如图 9-65 所示。

在所有图层的第 96 帧插入空白关键帧。选中“背景”图层的第 96 帧，将网上搜索的背景图片拖入舞台，并调整其大小和位置，使背景图片铺满整个舞台。选中“雪人”图层第 96 帧，将“i”元件拖入舞台，调整其大小，放置到舞台的左下角。选中“下雪 1”图层第 96 帧，将一个“落梅”元件拖入舞台的左上方。选中“下雪 2”图层第 130 帧，插入空白关键帧，再将一个“落梅”元件拖入舞台的左上方，制作出梅花先后飘落的效果。

图 9-65　场景 1

选中“下雪 3”图层第 115 帧，插入空白关键帧，将一个“落梅瓣”元件拖入舞台的左上方。选中“下雪 4”图层第 130 帧，插入空白关键帧，再将一个“落梅瓣”元件拖入舞台正上方。选中“下雪 5”图层第 96 帧，再将一个“落梅瓣”元件拖入舞台的左上方，制作出落梅花瓣先后飘落的效果。

在“文字”图层的第 1 帧插入关键帧，将做好的“文字 2”元件（体现文字的动画效果）拖入舞台中，放置到合适的位置。

最后，为了所有的动画能够完整地体现出来。在所有图层的第 190 帧上右击，在弹出的快捷菜单中执行“插入帧”命令，将动画延长到第 190 帧。

3．制作第 3 个动画片段

第 3 个动画片段效果如图 9-66 所示。

图 9-66　第 3 个动画片段的效果图

1 在网上搜索一幅大尺寸的合适的背景图片。

2 在网上搜索关于瓶子的图片，使用图像处理软件将瓶子和绳子抠出来。新建元件“瓶 1”，选中图层 1 的第 1 帧，将一张瓶子图片拖入舞台中。新建元件“瓶 2”，选中图层 1 的第 1 帧，将另一张瓶子图片拖入舞台中。以此类推，建立元件“瓶 3”“瓶 4”“瓶 5”，将 5 张关于瓶子的图片都转变为元件，如图 9-67 所示。

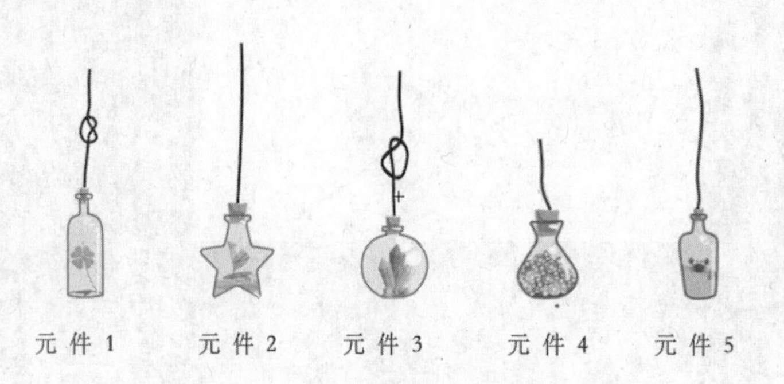

图 9-67 将图片转变为元件

3 文字的处理。

执行【文件】|【导入】|【导入到库】命令，将一幅彩虹图片导入到库中。执行【插入】|【新建元件】命令，新建一个图形元件“彩虹”。选中图层 1 的第 1 帧，将“彩虹”图片拖入舞台中。

新建“文字 3”影片剪辑元件。选中图层 1 的第 1 帧，在舞台中输入文字“默默为你”。新建图层 2，选中图层 2 的第 1 帧，在舞台中输入文字“祝愿的”。新建图层 3，选中图层 3 的第 1 帧，在舞台中输入文字“是……”，如图 9-68 所示（每行文字分别放在不同的图层）。

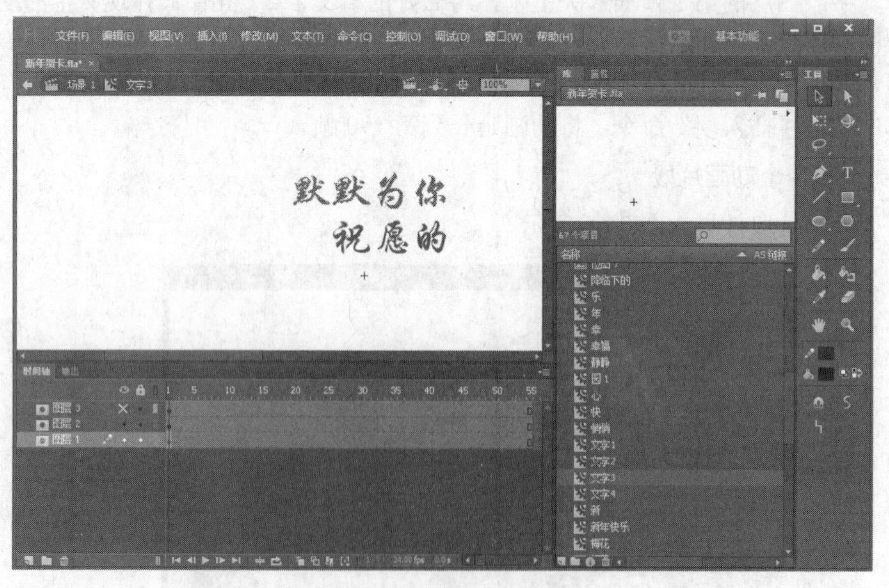

图 9-68 输入文字

执行【修改】|【分离】命令，将所有文字打散。新建图层 4，并将图层 4 移动到图层 1 的下方，选中图层 4 的第 1 帧，将“彩虹”元件拖入舞台，并将“彩虹”元件的最左边对齐文字的最左边，如图 9-69 所示。

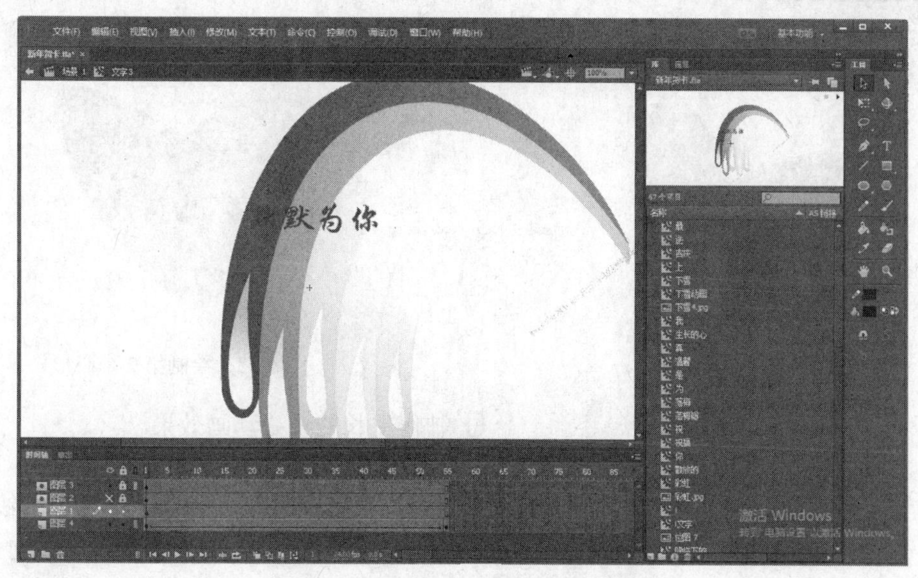

图 9-69 “彩虹”元件与文字左对齐

选中图层 4 的第 55 帧，将“彩虹”元件往右移动，使得“彩虹”元件的最右边对齐文字的最右边。在图层 4 的第 1～第 55 帧创建传统补间动画。在图层 1 的第 55 帧插入帧，然后将图层 1（图层 1 中的对象是文字“默默为你”）设置为遮罩层，使文字中的颜色由红色变为青色，如图 9-70 所示。

用同样的方法，在图层 2 下新建图层 5，在图层 5 的第 1 帧插入关键帧，将“彩虹”元件拖入舞台，并将“彩虹”元件的最右边对齐文字的最右边。选中图层 5 的第 55 帧，将彩虹图片往左移动，将彩虹图片的最左边对齐文字的最左边。在图层 5 的第 1～第 55 帧创建传统补间动画，制作出从右到左的移动动画效果。在图层 2 的第 55 帧插入帧，然后将图层 2（图层 2 中的对象是文字“祝愿的”）设置为遮罩层，使文字中的颜色由青色变为红色，如图 9-71 所示。

图 9-70 设置“图层 1”为遮罩层

图 9-71 设置“图层 2”为遮罩层

在图层 3 下新建图层 6，在图层 6 的第 1 帧插入关键帧，将“彩虹”元件拖入舞台后制作出从左到右的移动效果。然后将图层 3 设置为遮罩层，使文字中的颜色由红色变为青色。

4 制作心元件。

新建影片剪辑元件“心”，在舞台上绘制一个红色无边框椭圆，使用“选择工具”将其变形为心形，如图 9-72 所示。

为了使爱心图形有些变化，可以再建立一个影片剪辑元件“心 1”，用同样的方式绘制出另一个心形，如图 9-73 所示。

图 9-72　绘制心形

图 9-73　绘制第 2 个心形

5 制作生长的爱心动画效果。

新建影片剪辑元件“生长的心”。在图层 1 的第 1 帧插入关键帧，绘制一个 5 像素粗的绿色短线。在图层 1 的第 5 帧插入关键帧，将这个绿色短线向上加长。在图层 1 的第 10 帧插入关键帧，将这个绿色短线进一步向上加长。在图层 1 的第 15 帧插入关键帧，将绿色短线完全加长（即用逐帧动画的方式制作树枝生长的动画效果），如图 9-74 所示。

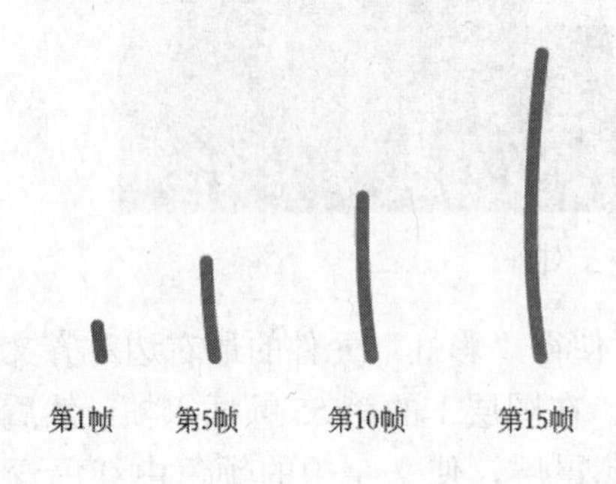

图 9-74　树枝生成效果

新建图层 2，在图层 2 的第 20 帧插入关键帧，将“心 1”元件拖入舞台中，将其缩小至 50%，将变形点移动到心形下方的中心处，并设置元件的滤镜效果，第 20 帧舞台效果如图 9-75 所示。

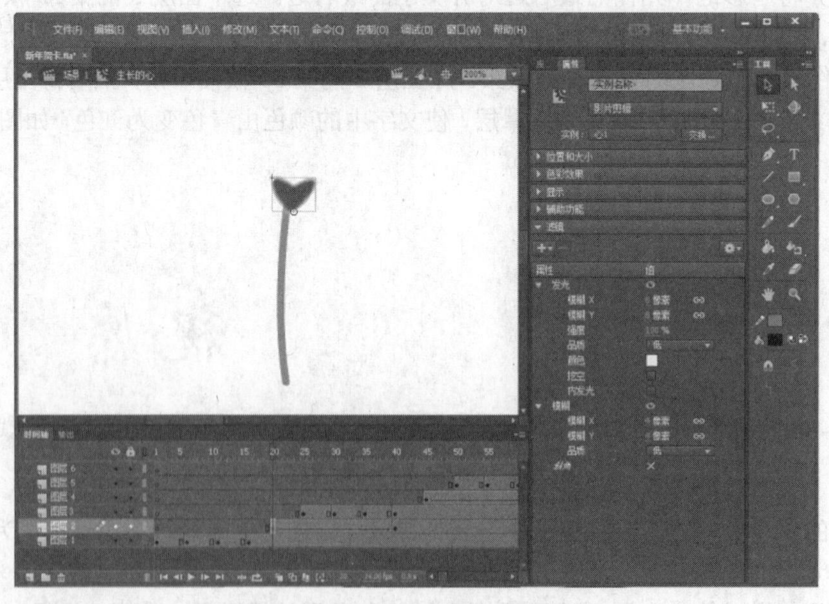

图 9-75　第 20 帧舞台效果

在图层 2 的第 40 帧插入关键帧，将“心 1”元件的变形点移动到心形下方的中心处，将元件放大到原来的大小，并设置其对应的滤镜效果，第 40 帧舞台效果如图 9-76 所示。

图 9-76 第 40 帧舞台效果

在图层 2 的第 20～第 40 帧创建传统补间动画，制作心形从小到大变化的动画效果。新建图层 3，在图层 3 的第 25 帧、30 帧、35 帧和 40 帧插入关键帧，用逐帧动画的方式建立第二个绿色树枝生长的效果，图层 2 的心对象和图层 3 绿色树枝对象的第 25 帧、30 帧、35 帧、40 帧效果如图 9-77 所示。

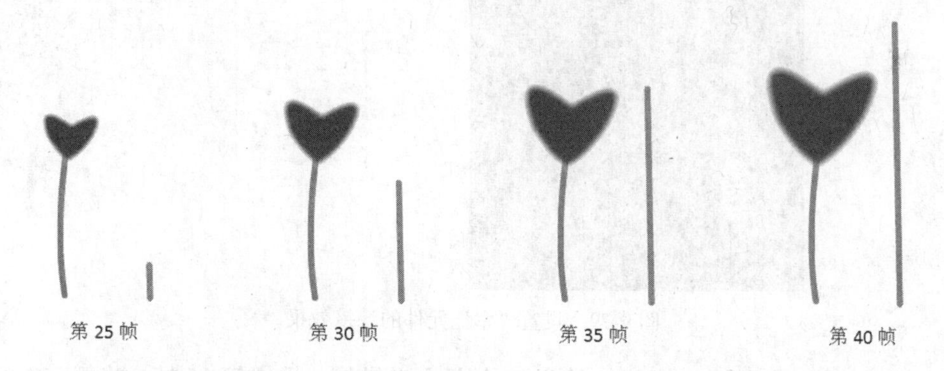

图 9-77 心对象和绿色树枝对象在第 25 帧、30 帧、35 帧、40 帧的效果图

新建图层 4，在图层 4 的第 45 帧插入关键帧，将“心”元件拖入舞台中，并缩小比例为 50%，设置其对应的滤镜效果。在图层 4 的第 65 帧插入关键帧，将“心”元件放大到原来的大小，在图层 4 的第 45～第 65 帧创建传统补间动画，制作心形从小到大变化的动画效果。用同样的方法，新建图层 5，在图层 5 的第 50 帧、55 帧、60 帧、65 帧插入关键帧，绘制第三个绿色的树枝，新建图层 6，在图层 6 的第 70 帧和第 90 帧插入关键帧，制作第三个心形从小到大变化的效果。时间轴关键帧设置如图 9-78 所示。

图层 1、图层 3、图层 5 利用逐帧动画制作出绿色树枝生长的效果。图层 2、图层 4 和图层 6 利用创建传统补间动画制作出心形逐渐变大的动画效果。最后为了保证动画播放的完整效果，在所有图层的第 105 帧处插入帧，如图 9-78 所示。

图 9-78　时间轴关键帧设置

6 制作“幸福”二字的动画效果。

首先制作 “幸”字和“福”字元件。然后新建影片剪辑元件“幸福”。选中图层 1 的第 1 帧，将“幸”元件拖入舞台中，设置“幸”元件的滤镜效果如图 9-79 所示。

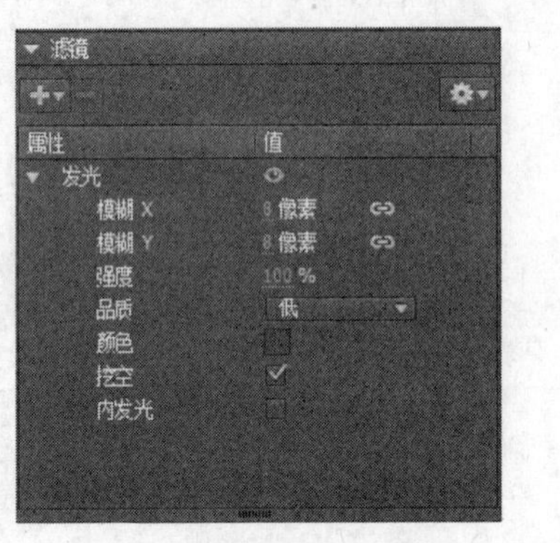

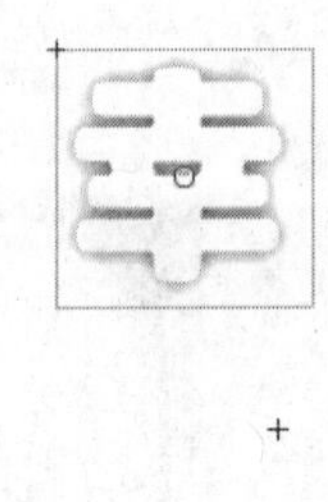

图 9-79　设置“幸”元件的滤镜效果

在图层 1 的第 15 帧、30 帧、45 帧和 60 帧插入关键帧，选中第 15 帧，将舞台中的“幸”元件放大，向左上方移动，旋转一定角度，并设置滤镜效果如图 9-80 所示。

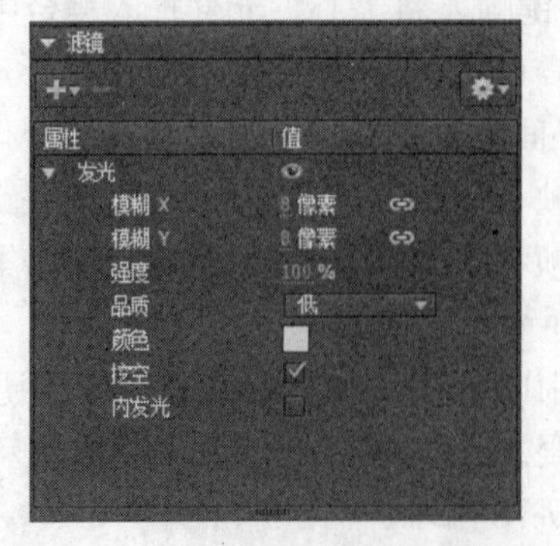

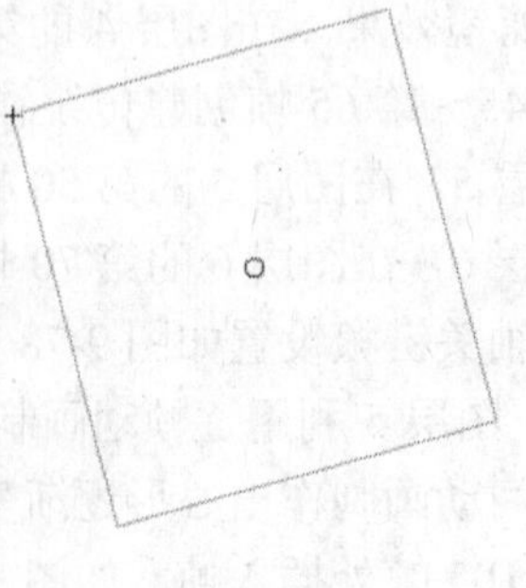

图 9-80　第 15 帧处“幸”元件属性设置

选中图层 1 的第 45 帧，将舞台中的“幸”元件放大，向右上方移动，旋转一定角度，并设置如图 9-81 所示的滤镜效果。在图层 1 的第 1～第 15 帧、第 15～第 30 帧、第 30 帧、第 45 帧～第 45 帧到 60 帧创建传统补间动画，制作出“幸”字放大上移左倾斜后还原回来，然后放大上移右倾斜后又还原回来的动画效果。

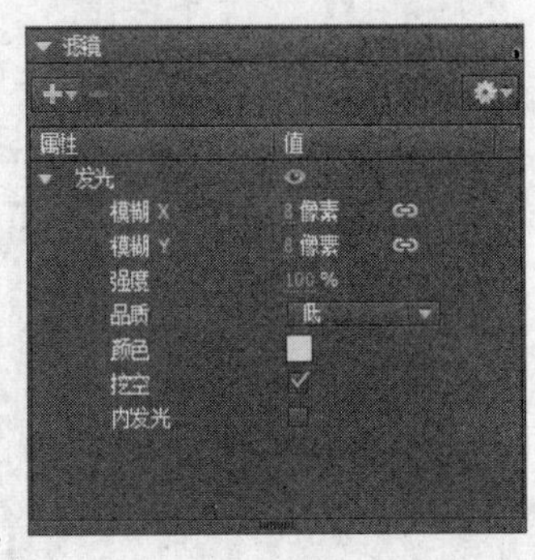

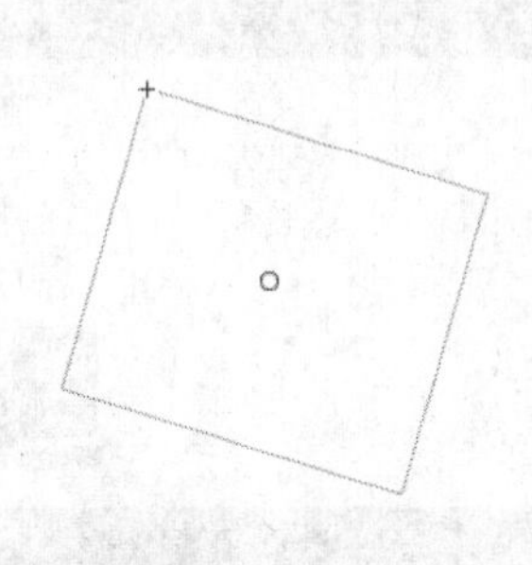

图 9-81　设置滤镜效果

新建图层 2，选中图层 2 的第 1 帧，将“福”元件拖入舞台中。在图层 2 的第 15 帧插入关键帧，将“福”元件逆时针旋转 180°，变成倒“福”字。在图层 2 的第 30 帧、45 帧、60 帧插入关键帧。选中图层 2 的第 30 帧，将舞台上的倒“福”字放大 1 倍，并设置其 Alpha 值为 19%。选中图层 2 的第 60 帧，将舞台上的倒“福”字逆时针旋转 180°，还原成顺“福”字。在图层 2 的第 1～第 15 帧、第 15～第 30 帧、第 30～第 45 帧、第 45～第 60 帧创建传统补间动画，制作出“福”字旋转 180° 后，变成倒“福”字，放大变浅，又缩小变深，最后再旋转 180°，还原成顺“福”字的动画效果，如图 9-82 所示。

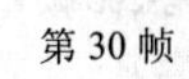
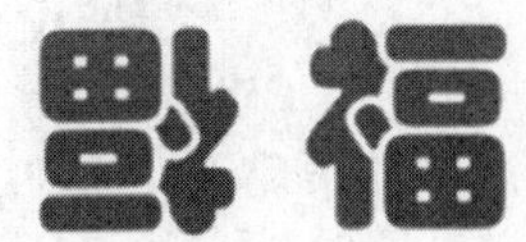

图 9-82　“福”字的动画效果

为了让动画效果持续一段时间，在图层 1 和图层 2 的第 70 帧分别插入帧。影片剪辑元件“幸福”的时间轴面板设置如图 9-83 所示。

7 完成第 3 个动画片段的制作。

返回场景 1，在所有图层的第 191 帧插入空白关键帧。在“背景”图层第 191 帧插入关键帧，将网上搜索的背景图片拖入舞台，并调整其大小和位置，使背景图片铺满整个舞台。在“雪人”图层第 191 帧插入关键帧，将制作好的影片剪辑元件“生长的心”拖入舞台，并调整其大小和位置，放置到合适的地方。选中“下雪 1”图层第 191 帧，将“瓶 1”元件拖入舞台中合适的位置，并移动元件的变形中心点到线头的最上方，如图 9-84 所示。在“下雪 1”图层第 200 帧和第 210 帧分别插入关键帧。选中“下雪 1”图层第 191 帧，设置“瓶 1”元件的 Alpha

值为 10%；选中“下雪 1”图层第 200 帧，设置“瓶 1”元件的 Alpha 值为 55%，并对元件适当放大，如图 9-84 所示；在“下雪 1”图层第 191～第 200 帧、第 200～第 210 帧创建传统补间动画，制作出瓶子由隐到现，略微下弹的动画效果。

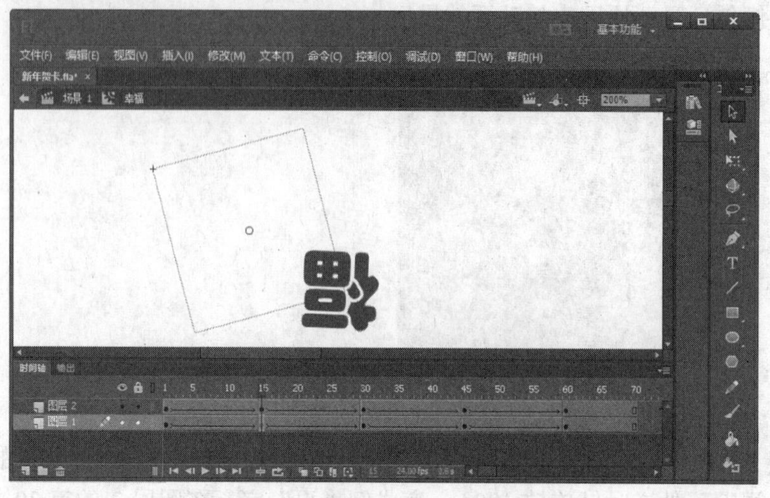

图 9-83 “幸福”的时间轴面板设置

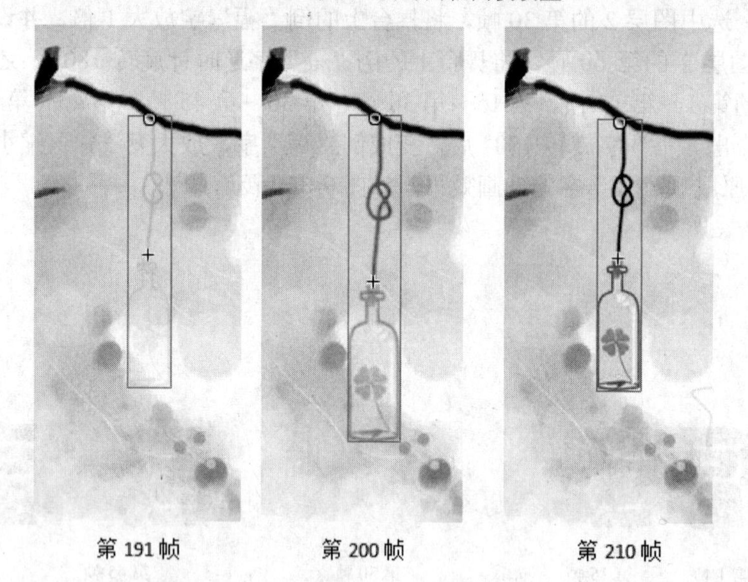

图 9-84 移动“瓶 1”元件的变形中心点

用同样的方法，在“下雪 2”图层的第 210 帧、220 帧、230 帧插入关键帧，制作出“瓶 2”的动画效果。图层及时间轴设置如图 9-85 所示。最终制作出 5 个瓶子的动画效果，如图 9-85 所示。

在场景 1 中，选中“文字”图层第 191 帧，将“文字 3”元件拖入舞台右上角合适的位置，在“文字”图层的第 260 帧插入关键帧。选中“文字”图层第 191 帧，设置“文字 3”元件的 Alpha 值为 5%，在第 191～第 260 帧创建传统补间动画，制作文字逐渐显现的动画效果。新建图层“文字 2”，在 225 帧处插入关键帧，将影片剪辑元件“幸福”拖入舞台中左下角合适的位置，并适当调整元件大小，如图 9-85 所示。

为了所有的动画能够完整地体现出来。在所有图层的第 294 帧上右击，在弹出的快捷菜单中执行“插入帧”命令，将动画延长到第 294 帧。

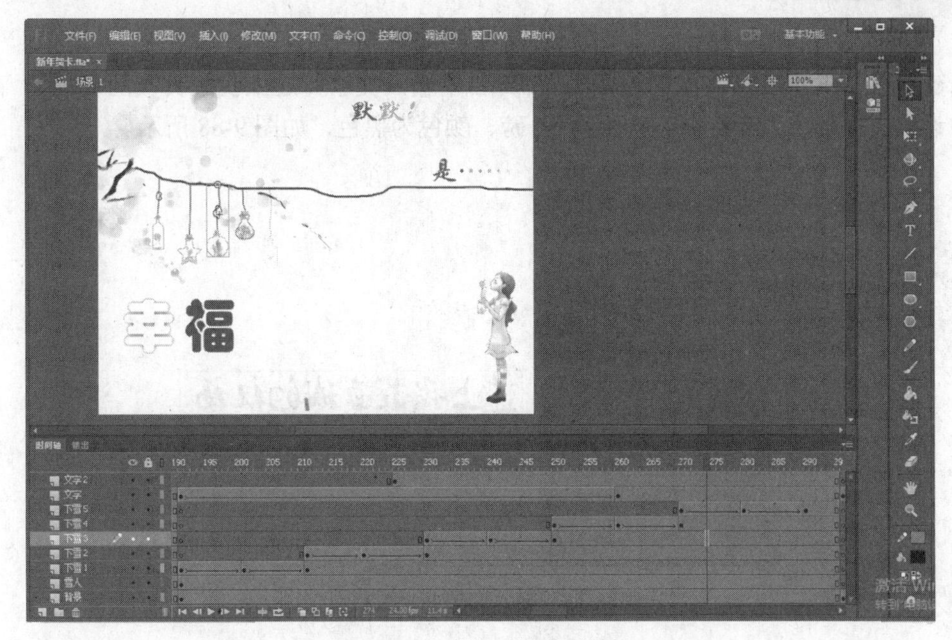

图 9-85　5 个瓶子的动画效果

4．制作第 4 个动画片段

第 4 个动画片段效果如图 9-86 所示。

图 9-86　第 4 个动画片段效果

1 在网上搜索一幅大尺寸的新春背景图片。

2 在网上搜索关于烟花的图片，使用图像处理软件将烟花的形状抠出来，如图 9-87 所示。

图 9-87　烟花

3 文字的处理。

新建元件“送上我最真诚的祝福”，在舞台中输入文字“送上我最真诚的祝福”，在属性面板中设置文字的字体为行书、大小为36磅、颜色为黑色，如图9-88所示。

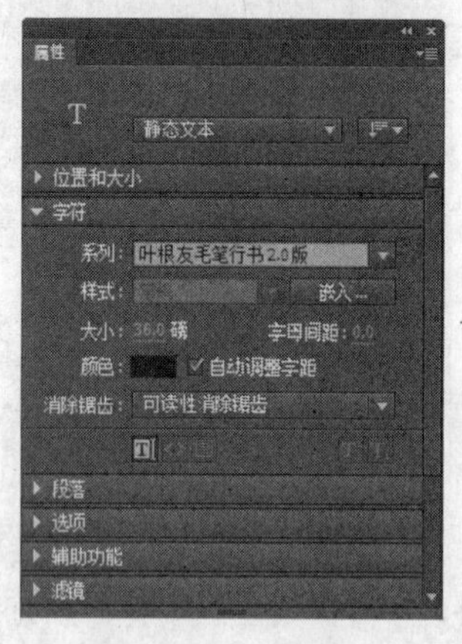

图9-88 输入文字并设置属性

新建元件“文字5”，选中图层1的第1帧，将元件“送上我最真诚的祝福”拖入舞台中，执行【修改】|【分离】命令，将文字串打散成一个个单独的文字，如图9-89所示。

图9-89 打散文字

新建图层2，选中图层1的第1帧，选择舞台中的“送”字，执行【编辑】|【复制】命令，再选中图层2的第1帧，执行【编辑】|【粘贴到当前位置】命令，将复制的“送”字粘贴到图层2第1帧的当前位置。在图层2的第5帧、10帧、15帧、20帧、25帧、30帧、35帧和40帧插入关键帧，逐一将图层1中的“上”字、“我”字、“最”字、“真”字、“诚”字、“的”字、“祝”字和“福”字分别复制并粘贴到对应关键帧的当前位置上。使用逐帧动画的方法，制作出“送上我最真诚的祝福”文字逐一显示出来的动画效果。在图层2的第45帧插入空白关键帧，将元件“送上我最真诚的祝福”拖入舞台中，并调整其位置，使元件和图层1中的文字重合，在图层2的第65帧插入关键帧，在第65帧处，调整元件的Alpha值为7%，在图层2的第45～第65帧之间创建传统补间动画，制作出文字先逐一显示出来，然后所有文字逐渐变淡消失的动画效果，如图9-90和图9-91所示。

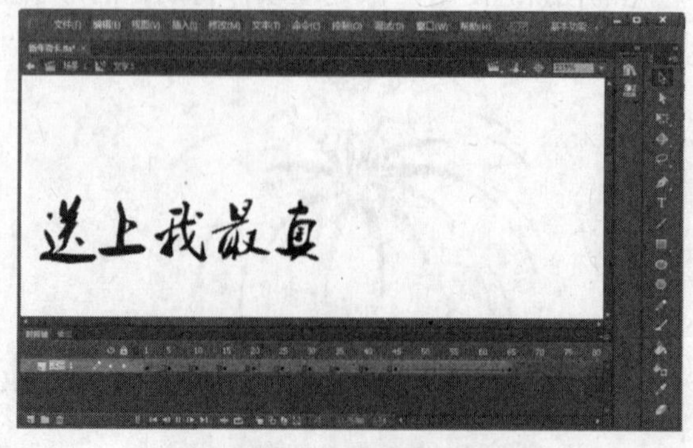

图9-90 文字动画效果1

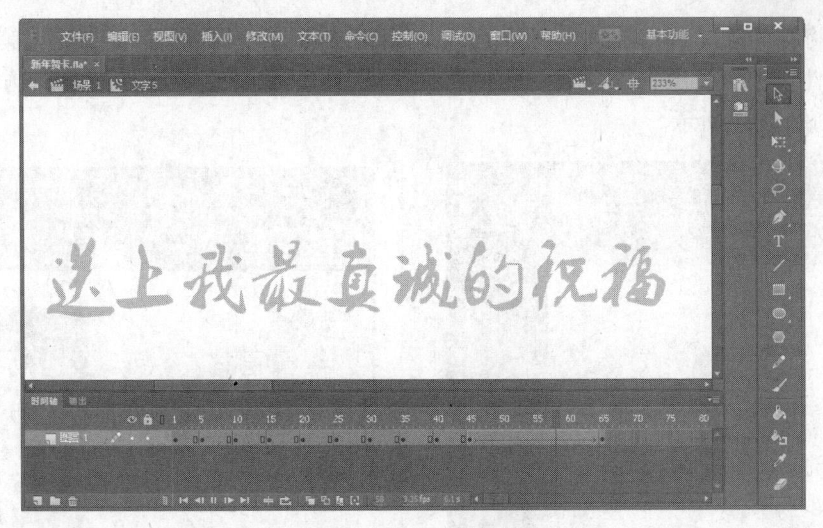

图 9-91 文字动画效果 2

动画效果设计完成后，删除用来确定文字位置的图层 1。

4 制作“新年快乐”文字动画效果。

新建 4 个元件“新”“年”“快”“乐”，分别输入“新”“年”“快”“乐”4 个文字。在属性面板中设置文字字体为华文琥珀、文字大小为 48 磅，颜色为橙色。

在“新”元件中，设置“新”字的滤镜效果如图 9-92 所示。设置发光效果，模糊 X 为 8 像素，模糊 Y 为 8 像素，强度 100%，颜色为红色。设置斜角效果，模糊 X 为 4 像素，模糊 Y 为 4 像素，阴影为橙色，加亮显示为白色，角度为 45°，距离为 4 像素。

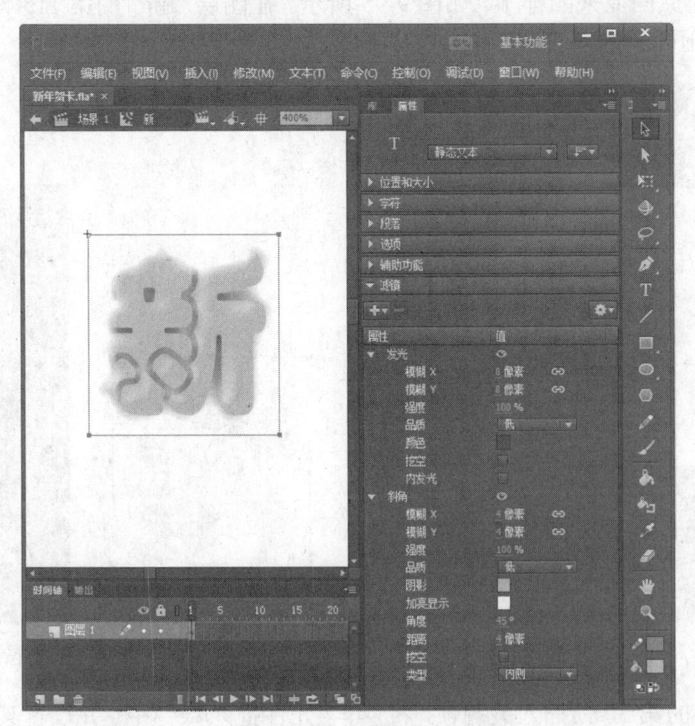

图 9-92 “新”字的属性设置

新建影片剪辑元件“新年快乐”，分别建立“新”“年”“快”“乐”4 个图层。选中“新”图层的第 1 帧，将“新”元件拖入舞台中。在“新”图层的第 1 帧上右击，执行“创建补间动画”命令，将补间动画的范围缩小到第 15 帧，如图 9-93 所示。选取“新”图层第 1 帧舞台中的“新”元件，选择“工具”面板上的“3D 旋转工具”，让“新”元件沿 Y 轴方向顺时针旋转 90°，如图 9-94 所示。

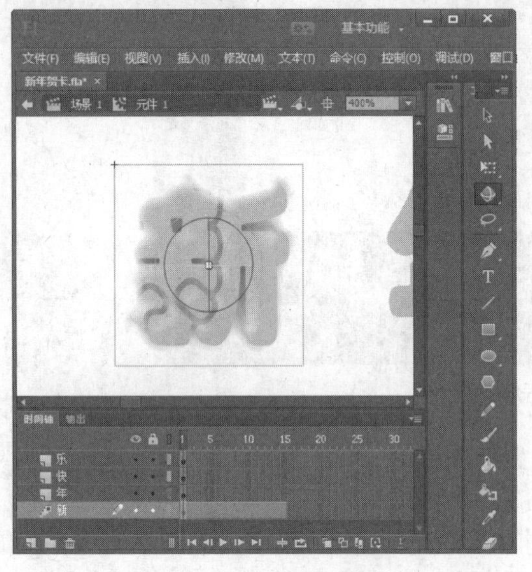

图 9-93　缩小补间动画的范围

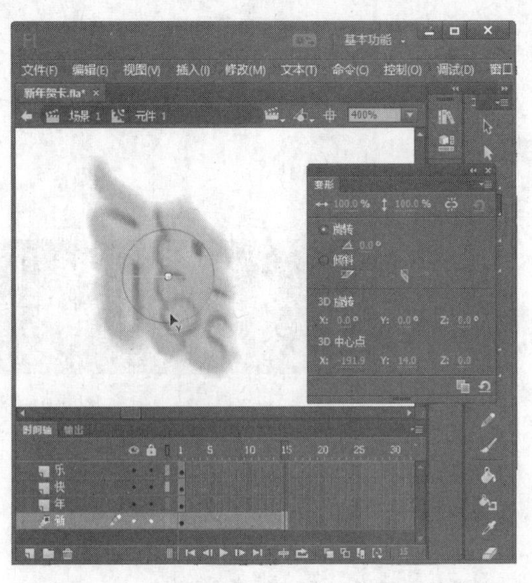

图 9-94　“新”元件沿 Y 轴方向顺时针旋转

在第 30 帧上右击，执行【插入关键帧】|【全部】命令，在第 30 帧处插入关键帧，选中舞台上的“新”元件，选择“工具”面板上的“3D 旋转工具”，让“新”元件沿 Y 轴方向逆时针旋转 90°，还原回原来的样子，如图 9-95 所示。在图层“新”的第 115 帧插入帧，将“新”元件显示在舞台中的时间一直延续到第 115 帧处。

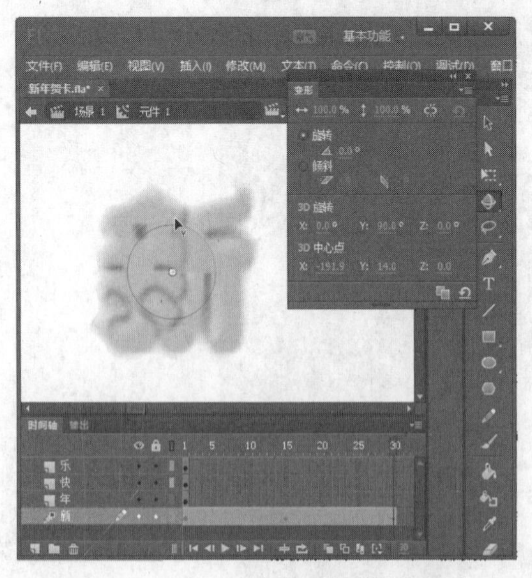

图 9-95　“新”元件沿 Y 轴逆时针旋转

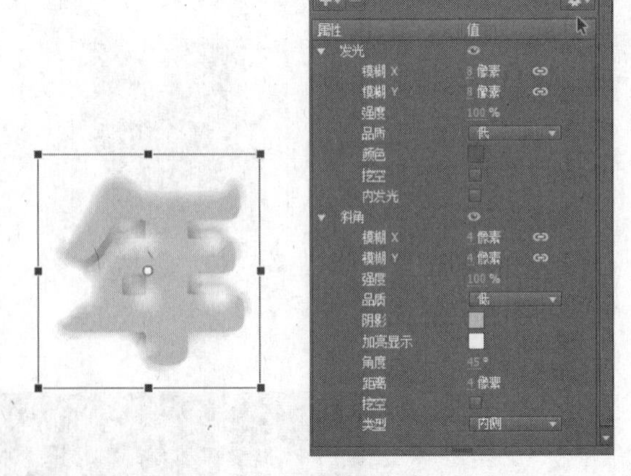

图 9-96　“年”元件滤镜效果设置

在“年”图层的第 30 帧插入关键帧，将“年”元件拖入舞台中，并设置其滤镜效果与“新”元件相同，如图 9-96 所示。在“年”图层的第 40 帧、50 帧、53 帧、56 帧插入关键帧，选中第 40 帧，将“年”元件上移一点，在“年”图层第 30～第 40 帧和第 40～第 50 帧创建传统补间动画。选中“年”图层第 53 帧，将“年”元件的高度压缩一点，使得“年”元件有变矮的效果，在第50帧、53帧、56帧制作出“年”字变矮还原的逐帧动画效果。“年”元件在第30帧、40帧、50帧、53帧、56帧的效果如图9-97所示。

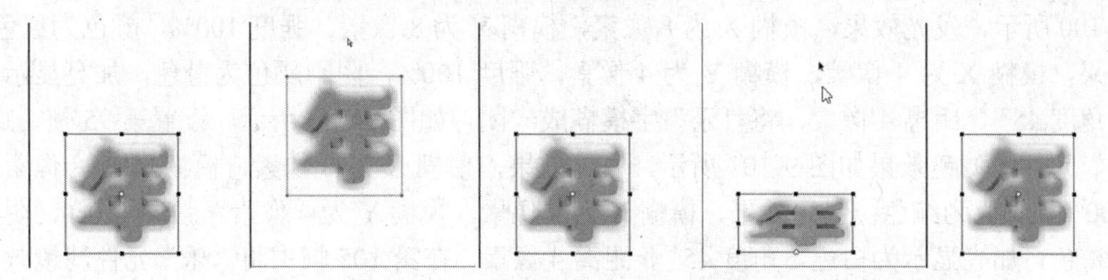

图9-97 “年”元件在第30帧、40帧、50帧、53帧、56帧的效果

在“年”图层的第115帧插入帧，将“年”元件显示在舞台中的时间一直延续到第115帧处。

在“快”图层的第60帧插入关键帧，将“快”元件拖入舞台中，并设置其滤镜效果，如图9-98所示。

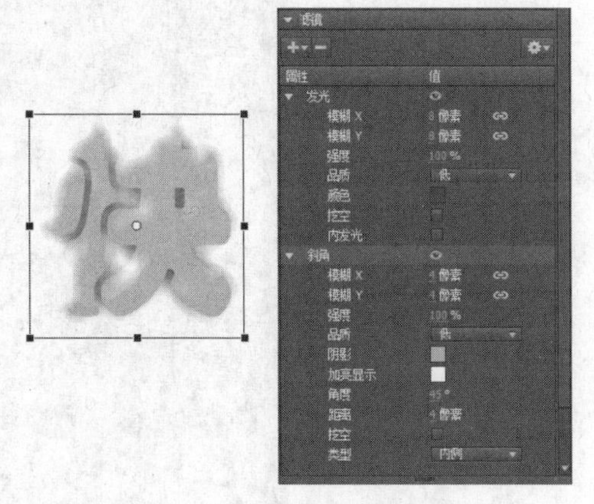

图9-98 “快”元件滤镜效果设置

在“快”图层的第80帧插入关键帧，并在第60～第80帧创建传统补间动画，在属性面板中设置补间效果为：顺时针旋转1圈，如图9-99所示。在“快”图层的第115帧插入帧，将“快”元件显示在舞台中的时间一直延续到第115帧处。

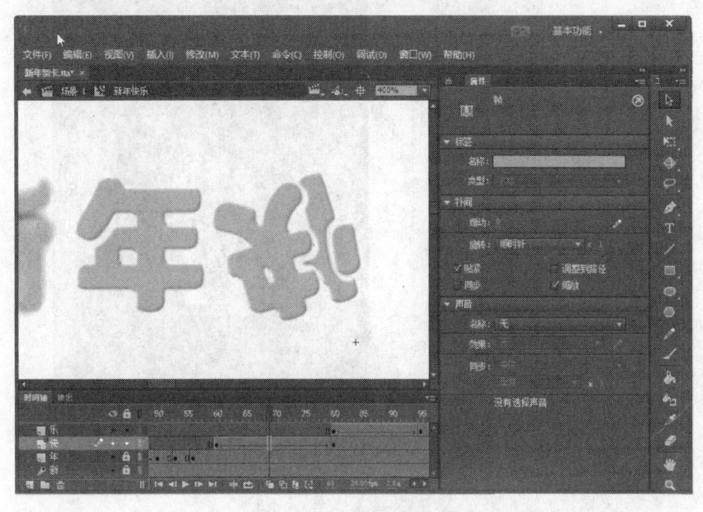

图9-99 顺时针旋转

在“乐”图层的第 80 帧插入关键帧，将“乐”元件拖入舞台中，并设置其滤镜效果。在“乐”图层的第 95 帧、105 帧、115 帧插入关键帧。设置第 80 帧“乐”元件的滤镜效果如图 9-100 所示，发光效果，模糊 X 为 8 像素，模糊 Y 为 8 像素，强度 100%，颜色为红色；斜角效果，模糊 X 为 4 像素，模糊 Y 为 4 像素，强度 100%，阴影颜色为橙色，加亮显示为白色，角度 45°，距离 4 像素，将“乐”字模糊成一团，如图 9-100 所示。设置第 95 帧、115 帧“乐”元件的滤镜效果如图 9-101 所示，发光效果，模糊 X 为 8 像素，模糊 Y 为 8 像素，强度 100%，颜色为红色；斜角效果，模糊 X 为 4 像素，模糊 Y 为 4 像素，强度 100%，阴影颜色为橙色，加亮显示为白色，角度 45°，距离 4 像素。在第 105 帧中将“乐”元件滤镜效果中的发光颜色设置为绿色，如图 9-102 所示。在“乐”图层的第 80～第 95 帧创建传统补间动画，制作出“乐”字从模糊到清楚，而后发出绿光，还原成红光的动画效果。

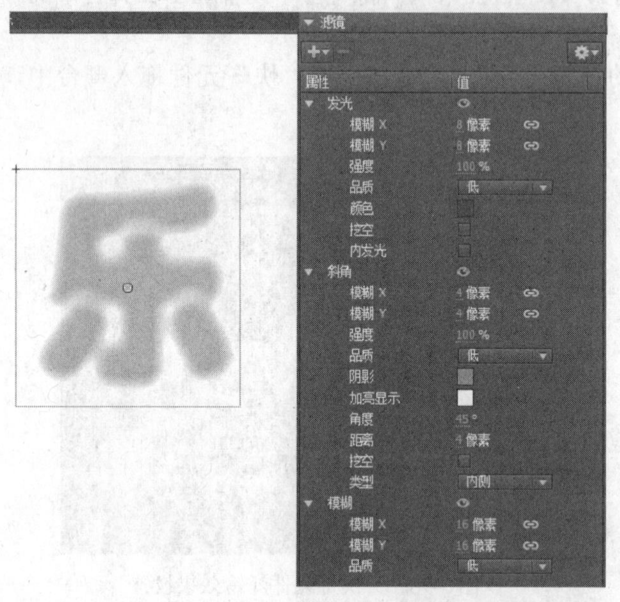

图 9-100　第 80 帧“乐”元件滤镜效果设置

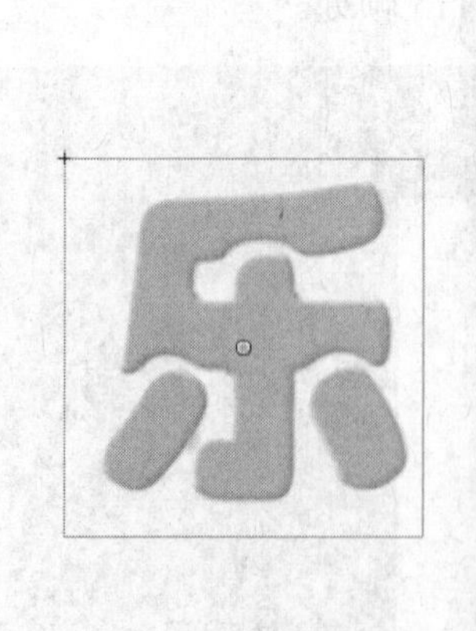

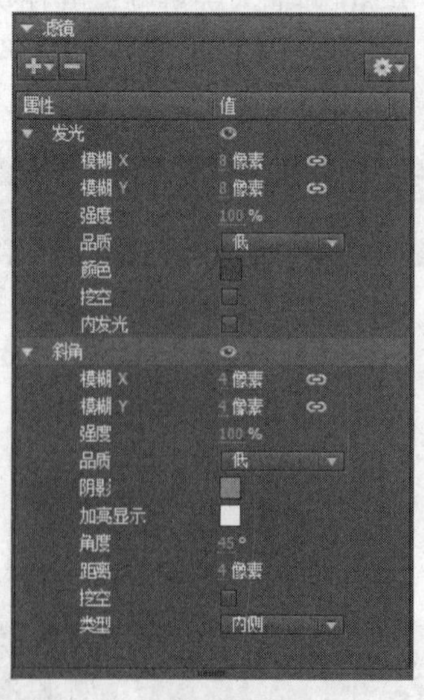

图 9-101　第 95 帧、115 帧“乐”元件滤镜效果设置

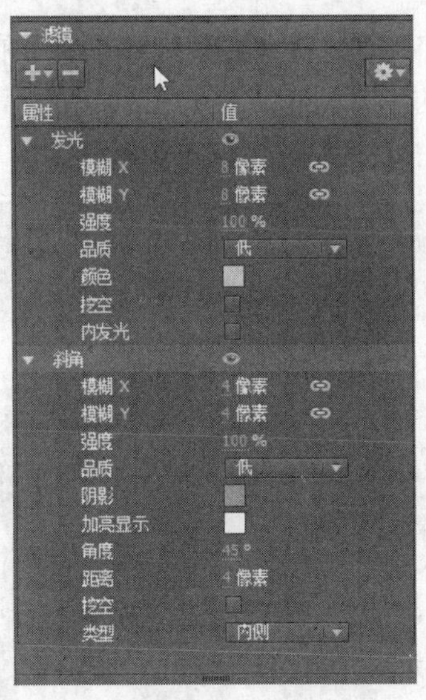

图 9-102　第 105 帧“乐”元件滤镜效果设置

“新年快乐”文字动画效果的时间轴关键帧设置如图 9-103 所示。

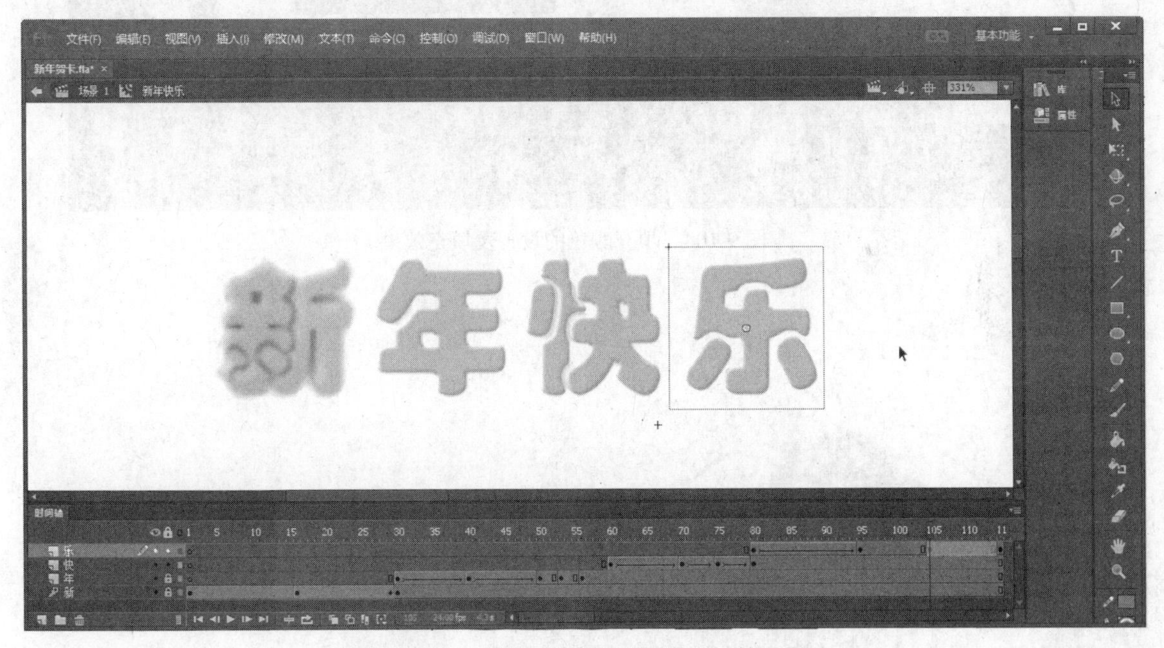

图 9-103　文字动画效果的时间轴关键帧设置

5 制作烟花绽放的动画效果。

新建“烟花”元件，选中图层 1 的第 1 帧，将处理好的烟花图片拖入舞台中，执行【修改】|【分离】命令，将图片打散。新建“圆”元件，选中图层 1 的第 1 帧，在舞台中绘制一个无边框的圆形，填充颜色的设置及填充效果如图 9-104 所示。

5 个渐变颜色的值分别是：#FF0000，Alpha：0%；#FF00FF，Alpha：100%；#FFFF00，Alpha：100%；#720E0B，Alpha：100%；#F7FF00，Alpha：0%。

新建影片剪辑元件“烟花绽放”，建立图层 2。选中图层 1 的第 1 帧，将“圆”元件拖入舞台中，在图层 1 的第 40 帧和第 70 帧插入关键帧。选中图层 2 的第 1 帧，将“烟花”元件拖入舞台中，放置在圆图形的上面。在图层 2 的第 40 帧和第 70 帧插入关键帧。选中图层 1 的第 1 帧，将“圆”元件缩小至原图形的 1/30，选中图层 2 的第 1 帧，将“烟花”元件缩小至原图形的 1/5。图层 1 和图层 2 的第 1 帧，“圆”元件和“烟花”元件的比例关系如图 9-105 所示，实际大小如图 9-106 所示。

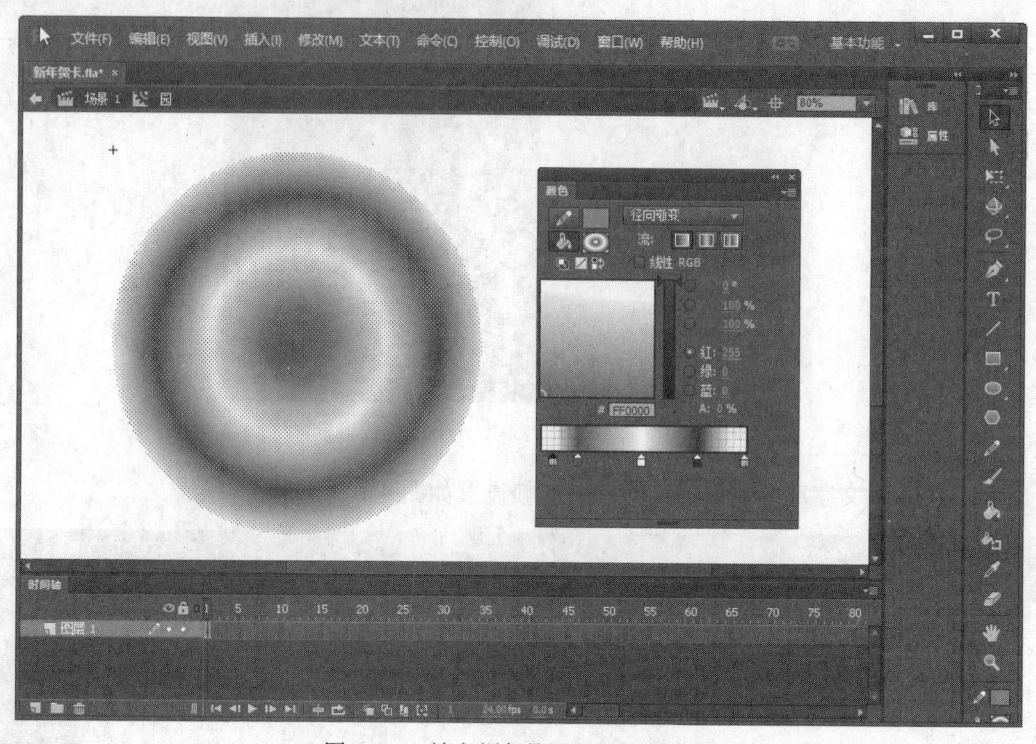

图 9-104　填充颜色的设置及填充效果

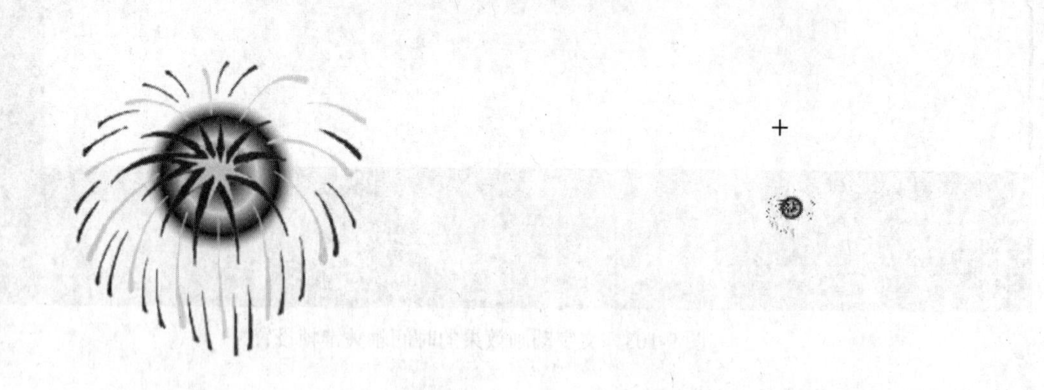

图 9-105　第 1 帧“圆”元件和“烟花”元件的比例关系　图 9-106　“圆”元件和“烟花”元件的实际大小

图层 1 和图层 2 的第 4 帧，“圆”元件和“烟花”元件的比例关系及实际大小如图 9-107 所示。也就是说，在第 1 帧里，“圆”元件要比“烟花”元件小很多，两个元件同时制作放大动作，但“圆”元件的放大速度比“烟花”元件快得多，在第 40 帧里，“圆”元件要比“烟花”元件大得多。

在图层 1 的第 1～第 40 帧创建传统补间动画，在图层 2 的第 1～第 40 帧创建传统补间动画。选中图层 1 的第 70 帧，将“圆”元件缩小至原图形的 1/3，并设置 Alpha 值为 0，在图层

1 的第 40～第 70 帧创建传统补间动画。选中图层 2 的第 70 帧，将“烟花”元件放大 0.5 倍，在图层 2 的第 40～第 70 帧创建传统补间动画。第 70 帧的时候，“圆”元件和“烟花”元件的比例关系及实际大小如图 9-108 所示。

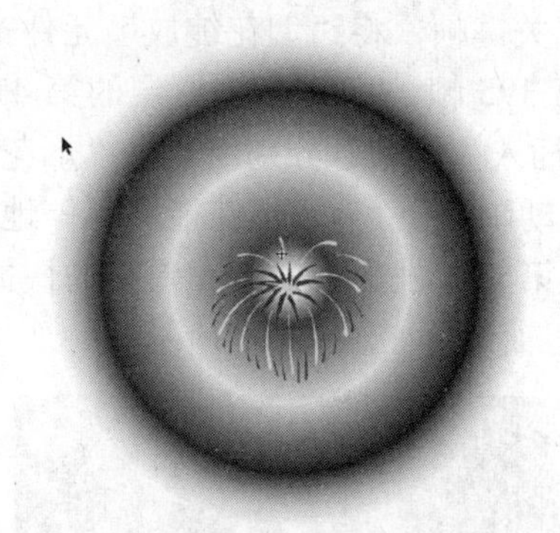

图 9-107　第 4 帧“圆”元件和“烟花”元件的比例关系和实际大小

图 9-108　第 70 帧“圆”元件和“烟花”元件的比例关系和实际大小

补间动画设置完成后，将图层 2 设置为遮罩层，如图 9-109 所示，即可制作出烟花绽放的动态效果。

图 9-109　烟花绽放的动态效果

6 完成第 4 个动画片段的制作。

返回场景 1，在“背景”图层第 295 帧插入关键帧，将网上搜索的背景图片拖入舞台，并调整其大小和位置，使背景图片铺满整个舞台。在“文字”图层第 295 帧插入关键帧，将“文字 5”元件拖入舞台的左下方合适位置。在“文字”图层第 360 帧处插入空白关键帧，终止“文字 5”元件的动画。在“文字 2”图层的第 295 帧插入空白关键帧，在第 360 帧处插入关键帧，将元件“新年快乐”拖入舞台中“文字 5”元件稍下方的位置。在“文字 2”图层第 475 帧处插入帧，将动画效果延续到第 475 帧。在“雪人”图层、“下雪 1”图层、“下雪 2”图层、“下雪 3”图层、“下雪 4”图层和“下雪 5”图层的第 295 帧插入空白关键帧。在“雪人”图层第 355 帧处插入关键帧，将“烟花绽放”元件拖入舞台中，调整大小，放置到舞台上方的位置。在“下雪 1”图层第 375 帧处插入关键帧，将“烟花绽放”元件拖入舞台上方的位置。用同样的方法，在“下雪 2”图层的第 395 帧，“下雪 3”图层的第 410 帧，“下雪 4”图层的第 425 帧，“下雪 5”图层的第 435 帧插入关键帧，分别将 4 个“烟花绽放”元件拖入舞台上方合适的位置，制作出烟花先后绽放的动画效果。为了烟花能够不停地绽放，在“雪人”图层，以及“下雪 1”～“下雪 5”图层的第 475 帧上右击，在弹出的快捷菜单中执行“插入帧”命令，将动画延长到第 475 帧。时间轴设置如图 9-110 所示。

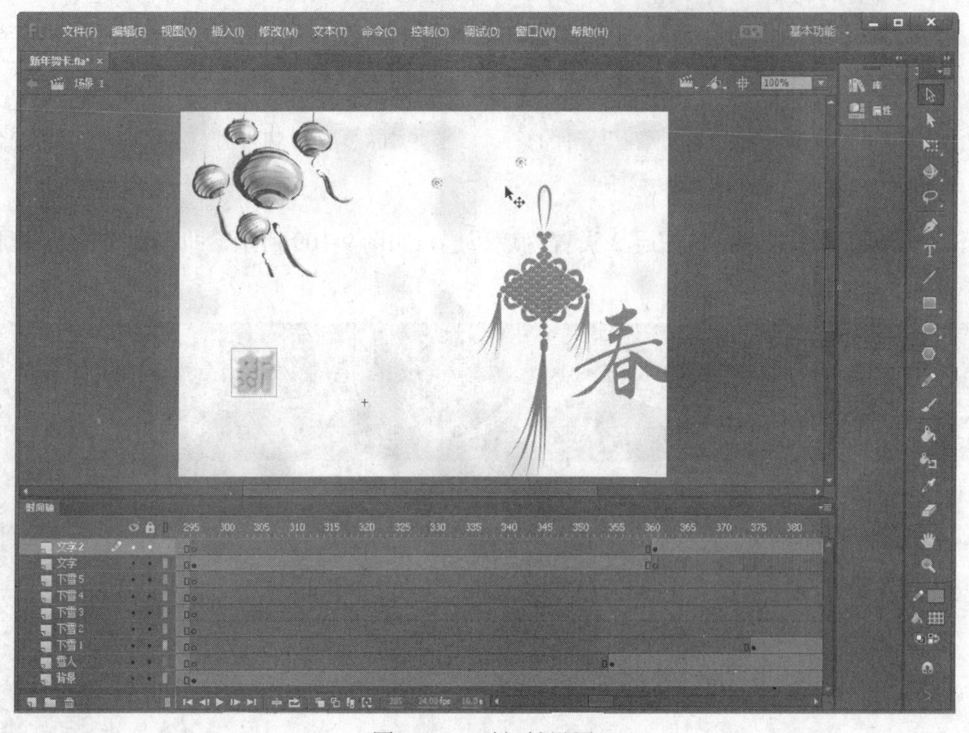

图 9-110　时间轴设置

7 测试影片，完成制作。

当所有片段都制作完成后，执行【播放】|【测试】命令，测试整个贺卡的动画效果，修改部分元件，直到满意为止。如果希望制作带声音效果的贺卡，可在设计好文案后，在场景中插入一个单独的图层，添加制作好的音乐背景，并根据音乐背景的变化来设置每个动画片段的播放帧数，使声音播放和动画播放达到统一。

9.4　MV 短片制作：青花瓷

9.4.1　脚本

制作歌曲 MV，先要考虑一下大致的风格，然后分镜，根据歌词，设计几个镜头。比如这首《青花瓷》，先把歌词弄清楚：

素胚勾勒出青花 笔锋浓转淡
瓶身描绘的牡丹 一如你初妆
冉冉檀香透过窗 心事我了然
宣纸上走笔至此搁一半
釉色渲染仕女图 韵味被私藏
而你嫣然的一笑 如含苞待放
你的美一缕飘散 去到我去不了的地方

天青色等烟雨 而我在等你
炊烟袅袅升起 隔江千万里
在瓶底书汉隶 仿前朝的飘逸
就当我为遇见你伏笔
天青色等烟雨 而我在等你
月色被打捞起 晕开了结局
如传世的青花瓷 自顾自美丽 你眼带笑意
……

9.4.2 分镜头

根据自己的想法设计好画面，画面变化不要太快，切换太快效果反而不好。连带前奏，一共设计划分成三个镜头。

第一个镜头为前奏：设计有青花背景，有树叶飘落，飘过青瓦白墙，有青花的小船隐隐，并且显示出类似印章一样的歌名“青花瓷”，如图 9-111 所示。

图 9-111 第一个镜头

第二个镜头：设计有青花背景，有勾勒的牡丹、仕女，最终化成一张青花瓷盘渐渐远去，如图 9-112 所示。

第三个镜头：青花小镇，朦朦花雨，小桥上有男子等待，有女子坐船而来，然后飘然而去，等待的人连同背景成了一幅画，烧制在青花瓷瓶上，如图 9-113 所示。

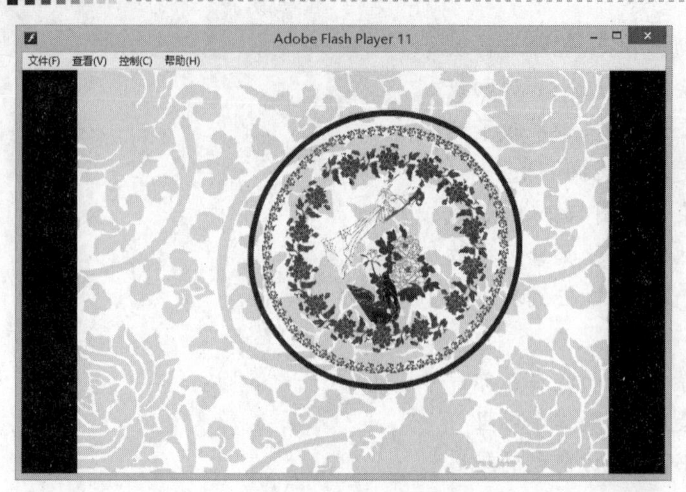

图 9-112　第二个镜头

图 9-113　第三个镜头

9.4.3　制作过程

1 三个镜头设计好后，到网上搜索可以用到的图片，用软件将它们处理好，如果自己有一定的绘画功底，还可以根据自己的需要绘制一些图片。考虑每个镜头的动画效果，需要建立哪些元件，此例中：

第一个镜头：需要准备背景图片、树枝元件、至少两片树叶飘落的元件、青瓦白墙元件、青花小船元件、青花瓷印章元件。

第二个镜头：需要准备背景元件、瓷盘元件、仕女元件、牡丹元件。

第三个镜头：需要准备青花小镇元件、桥上的人、桥下的船、船上的女子、飘落的花瓣雨、雨水溅起的涟漪、瓷瓶元件、背景元件、印章元件等。

2 声音导入。

在场景 1 中图层 1 的第 1 帧导入“青花瓷”背景音乐。经过反复听取测试，在图层 1 的第 2224 帧插入帧，使“青花瓷”音乐播放完整。并确定第 1 帧是第一个分镜的开始帧，第 521 帧是第二个分镜的开始帧，第 1376 帧是第三个分镜的开始帧。

3 第一个分镜的制作。

在第一个镜头中先将 5 张已经处理好的图片（树、墙、篆刻章、船、背景）导入到库中，如图 9-114 所示，并将它们分别制作成对应的图形元件。

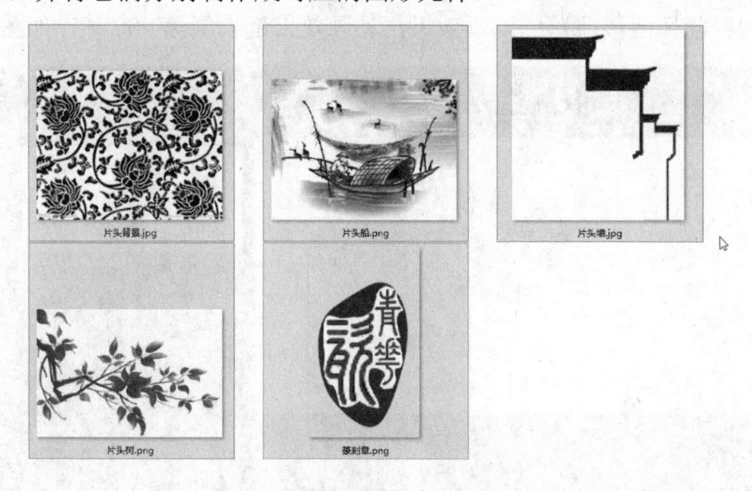

图 9-114　将 5 张图片导入到库中

截取“树”图片中的两片树叶，用 Photoshop 单独处理成图片“树叶 1”和“树叶 2”，如图 9-115 所示。

图 9-115　“树叶 1”和“树叶 2”

制作树叶飘落的效果。建立图形元件“树叶 1”，将图片“树叶 1.png”拖入舞台。建立图形元件“树叶 2”，将图片“树叶 2.png”拖入舞台。建立图形元件“树叶 1 动画”，将“树叶 1”元件拖入舞台，建立引导层动画，制作出树叶随风翻滚飘落的动画效果。动画效果延长至第 330 帧，如图 9-116 所示。

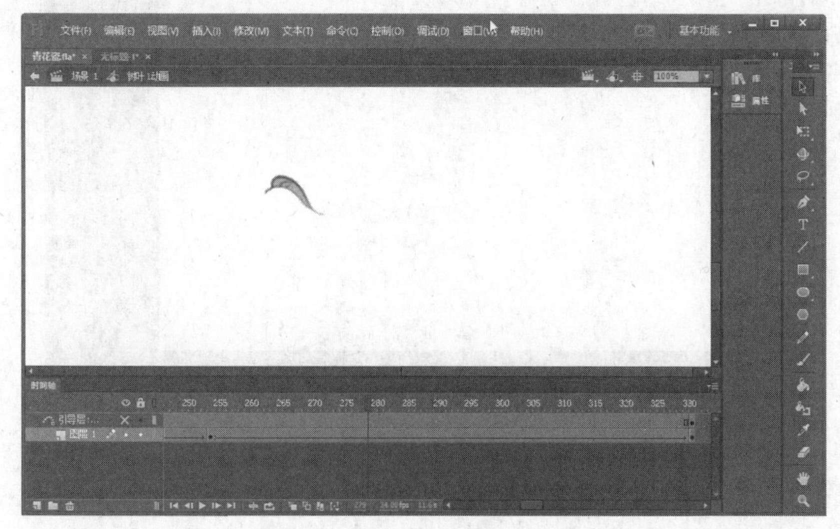

图 9-116　“树叶 1 动画”元件

用同样的方式，建立图形元件“树叶 2 动画”，将“树叶 2”元件拖入舞台，建立引导层动画，制作出树叶随风翻滚飘落的动画效果，动画效果延长至第 300 帧，如图 9-117 所示。

图 9-117 “树叶 2 动画”元件

建立多个所需要的图形元件。建立“片头船”图形元件，将片头船图片拖入舞台中；建立“片头墙”图形元件，将片头墙图片拖入舞台中；建立“片头背景”图形元件，将片头背景图片拖入舞台中；建立“篆刻章”图形元件，将篆刻章图片拖入舞台中。

制作片头墙动画效果。新建图形元件“片头墙动画”，在图层 1 和图层 2 中使用遮罩效果，制作出蓝色房檐逐渐绘制出来的动画效果，如图 9-118 所示；在图层 3 和图层 4 中，使用遮罩效果制作出青花小船逐渐显现、逐渐朦胧的动画效果。图层 3 为遮罩层，制作一个逐渐放大的椭圆视窗。图层 4 为“片头船”元件，通过设置 Alpha 值的变化，制作出小船逐渐朦胧的动画效果，如图 9-119 所示。

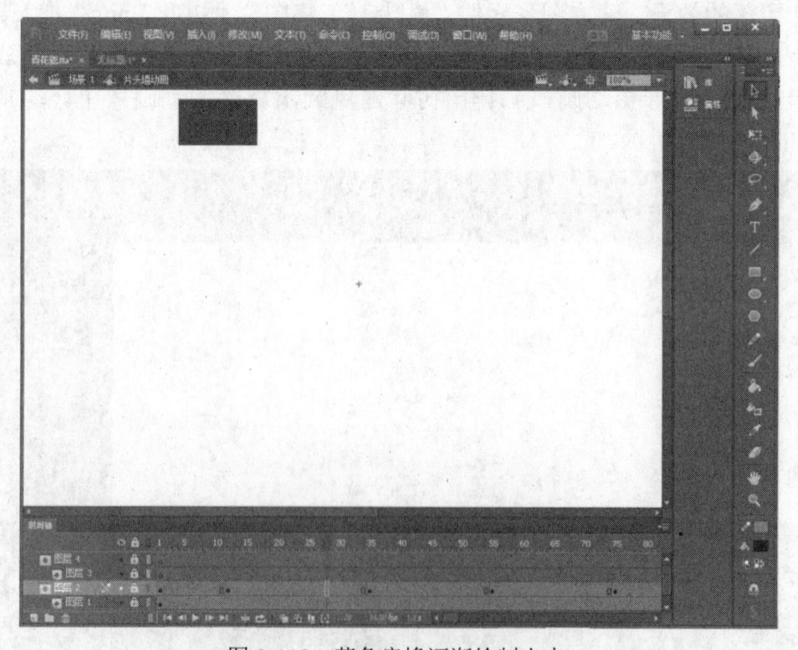

图 9-118 蓝色房檐逐渐绘制出来

图 9-119　小船逐渐朦胧

打开“片头背景”图形元件，将片头背景图片打散，然后用#0000DD 蓝色修改颜色，并设置颜色的 Alpha 值为 12%，如图 9-120 所示。

图 9-120　设置颜色的 Alpha 值

返回到场景 1，建立 9 个图层，其中图层名分别为“声音”“图层 1”“图层 2”“图层 3”“图层 4”“图层 5”“图层 6”“歌词”和“取景框”，如图 9-121 所示。

图 9-121　建立 9 个图层

在图层 1 的第 1 帧，将“片头背景”元件拖入舞台中合适的位置，调整其大小，如图 9-122 所示。在取景框图层的第 1 帧绘制一个非常大的黑色矩形遮住舞台，并在矩形中剪切掉一个 550×400 的矩形（即剪切出场景舞台的大小），调整黑色矩形的位置，如图 9-122 所示，使得黑色的矩形露出场景舞台，并完全遮盖住舞台外的所有元件。

图 9-122　绘制矩形

在图层 3 和图层 4 的第 1 帧，分别拖入“树叶 1 动画”和“树叶 2 动画”元件，在图层 3 的第 65 帧处插入关键帧，再次拖入一个“树叶 1 动画”元件，在图层 3 的第 105 帧处插入关键帧，再拖入一个“树叶1动画”元件，在图层4的第75帧处插入关键帧，将一个“树叶2动画”元件拖入舞台，放置在合适的位置，制作出多片树叶先后飘落的动画效果，如图9-123所示。

图9-123 多片树叶先后飘落的动画效果

选中场景1中图层5的第1帧，将片头树图片拖入舞台的左上角，如图9-122所示。在图层2的第80帧插入关键帧，将“片头墙动画”元件拖入舞台的右下角，如图9-124所示。

在图层6的第345帧插入关键帧，将“篆刻章”元件拖入舞台左下角合适的位置，如图9-124所示。在图层6的第450帧插入关键帧。选中图层6的第345帧，设置“篆刻章”元件的Alpha值为5%，在图层6的第345～第450帧创建传统补间动画，制作出篆刻章文字逐渐显现的效果，如图9-124所示。

图9-124 篆刻章文字逐渐显现的效果

分镜头1的片头动画基本制作完成，在声音图层、图层1、图层2、图层3，图层4、图层5、图层6和取景框图层的第520帧处插入帧，将动画效果延时至第520帧。

4 第二个分镜的制作。

在图层1的第1375帧插入帧，将背景图片延时至第1375帧。

制作牡丹山石的绘制效果。将一张牡丹山石的图片导入到库中，并新建图形元件“牡丹山石”，将牡丹山石的图片拖入舞台中，如图9-125所示。

图9-125 牡丹山石

新建图形元件“牡丹山石动画”，将图形元件“牡丹山石”拖入舞台中，采用逐帧动画的方式制作出绘制牡丹山石的效果，如图9-126所示，制作的帧数在184帧左右。

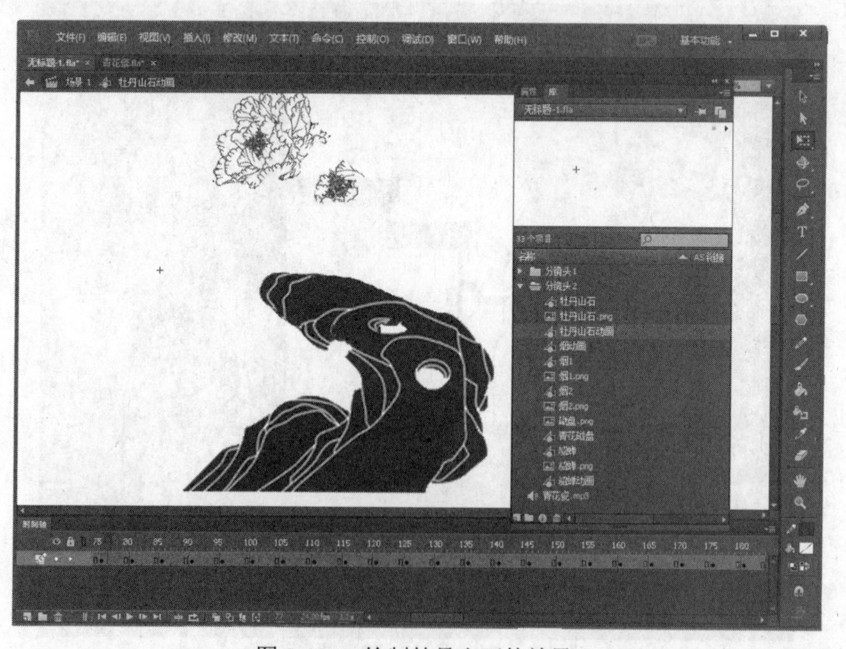

图9-126 绘制牡丹山石的效果

制作古装女子被风吹的效果。导入一张古装女子图片到库中。新建一个图形元件“古装女子”，将古装女子图片拖入舞台中。新建一个图形元件“古装女子动画”，选中图层1的第1帧，将“古装女子”元件拖入舞台中，在图层1的第15帧处插入关键帧，在图层1的第29

帧处插入帧。选中图层 1 的第 15 帧，修改古装女子的衣服及头发，使其与第 1 帧的人物比较起来，有被风吹动的效果（此处可以多设置几个关键帧，采用逐帧动画的方式，通过修改女子衣服及头发的细微变化，制作出女子被风吹动的动画效果），如图 9-127 所示。

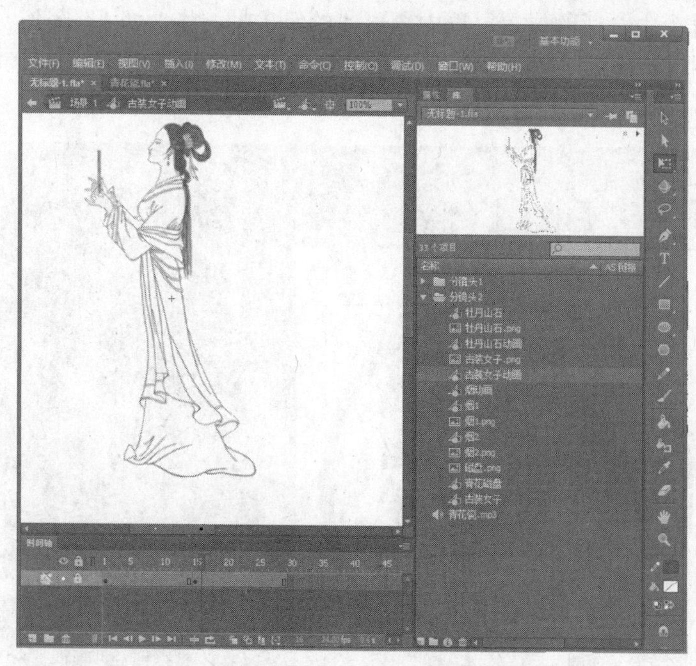

图 9-127　古装女子被风吹的效果

制作青烟吹散的效果。用 Photoshop 制作 2～4 张青烟逐渐扩散的图片，导入到库中。新建图形元件“烟 1”，将烟 1 图片拖入舞台中，新建图形元件“烟 2”，将烟 2 图片拖入舞台中。新建图形元件“烟动画”，采用逐帧动画及 Alpha 值的变化的方式制作出青烟吹散的效果，如图 9-128 所示。

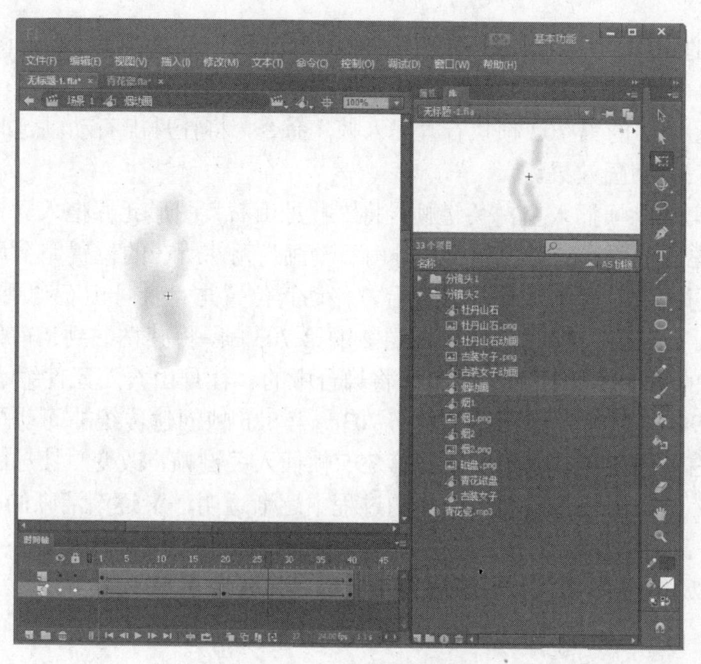

图 9-128　青烟吹散的效果

制作青花瓷盘。导入一张青花瓷盘的图片到库中。新建一个图形元件“青花瓷盘”。添加图层 2～图层 5。选中图层 1 的第 1 帧，将“古装女子”图形元件拖入舞台中合适的位置；选中图层 2 的第 1 帧，将“牡丹山石”图形元件拖入舞台中合适的位置；选中图层 3 的第 1 帧，将瓷盘图片拖入舞台中合适的位置；选中图层 4 的第 1 帧，将“烟 1”图形元件拖入舞台中合适的位置；选中图层 5 的第 1 帧，吸取瓷盘图片中的蓝颜色为笔触颜色，填充色为无色，绘制一个笔触大小为 32 的圆，作为瓷盘的边，如图 9-129 所示。

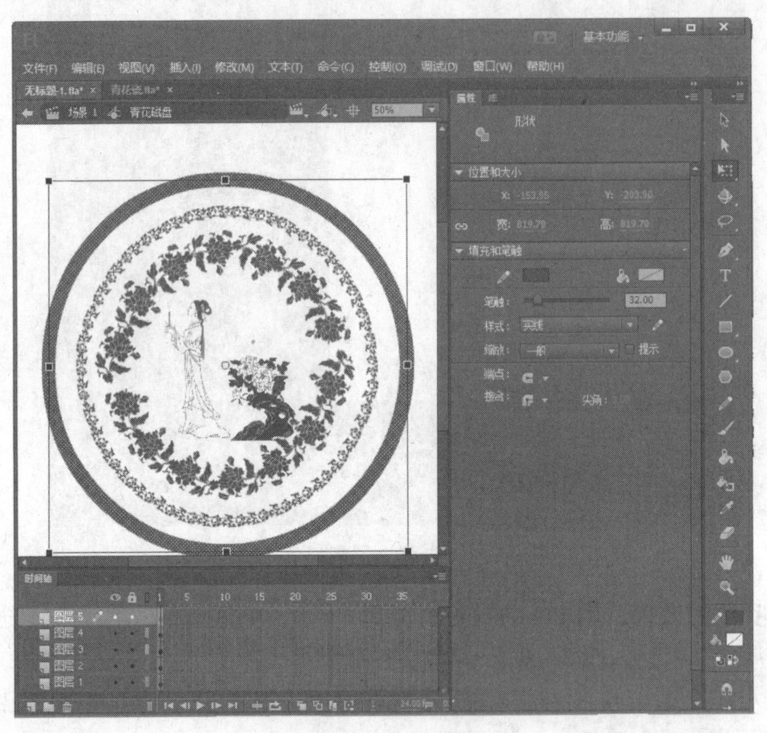

图 9-129　青花瓷盘

第二个分镜的制作。在图层 2、图层 3、图层 4、图层 5、图层 6、歌词图层的第 521 帧处插入空白关键帧，开始制作第二个分镜。选中图层 2 的第 521 帧，将“牡丹山石动画”元件拖入舞台中央，在图层 2 的第 702 帧执行“插入帧”命令，将牡丹山石动画延时到第 702 帧，制作出绘制牡丹山石的动画效果。

在图层 2 的第 703 帧插入空白关键帧，将“牡丹山石”图形元件拖入舞台中，使“牡丹山石”图形元件所在的位置和第 702 帧“牡丹山石动画”元件所在的位置完全重合（可先添加一个图层，将“牡丹山石”图形元件拖入舞台，移动其位置与“牡丹山石动画”元件完全重合，然后将此“牡丹山石”元件复制，再选中图层 2 的第 703 帧，将其粘贴到当前位置），如图 9-130 所示。在图层 2 的第 885 帧插入关键帧，将舞台中的“牡丹山石”元件缩小并移动到右边合适的位置，如图 9-131 所示，在图层 2 的第 703～第 885 帧创建传统补间动画，制作出“牡丹山石”逐渐变小右移的效果。在图层 2 的第 795 帧插入关键帧，改变“牡丹山石”图形元件的 Alpha 值为 40%，制作出牡丹山石在变小的过程中逐渐透明，又逐渐清晰的效果，如图 9-132 所示。

在图层 2 的第 1045 帧插入帧，将牡丹山石的显示延时至第 1045 帧。

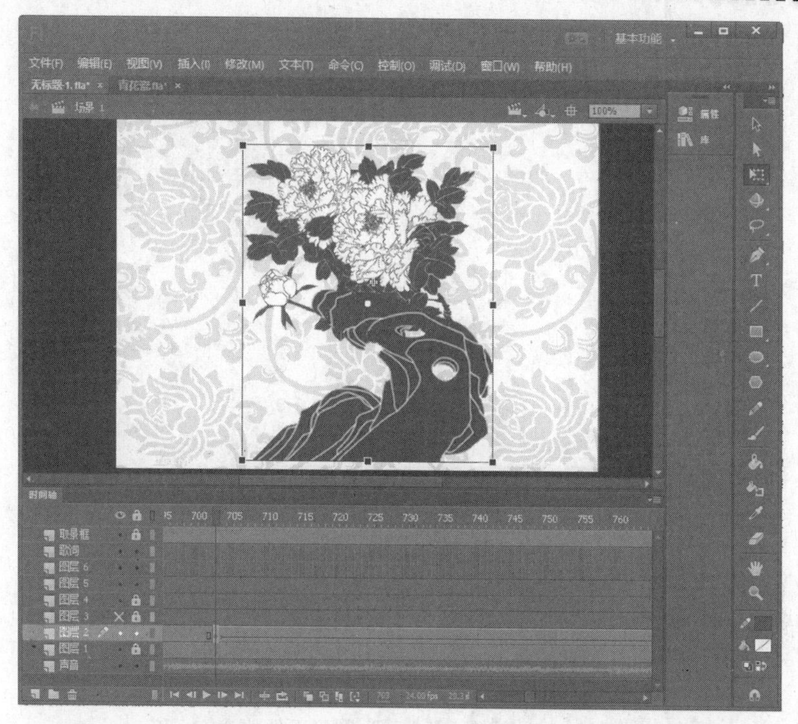

图 9-130 在图层 2 的第 703 帧将“牡丹山石”图形元件拖入舞台

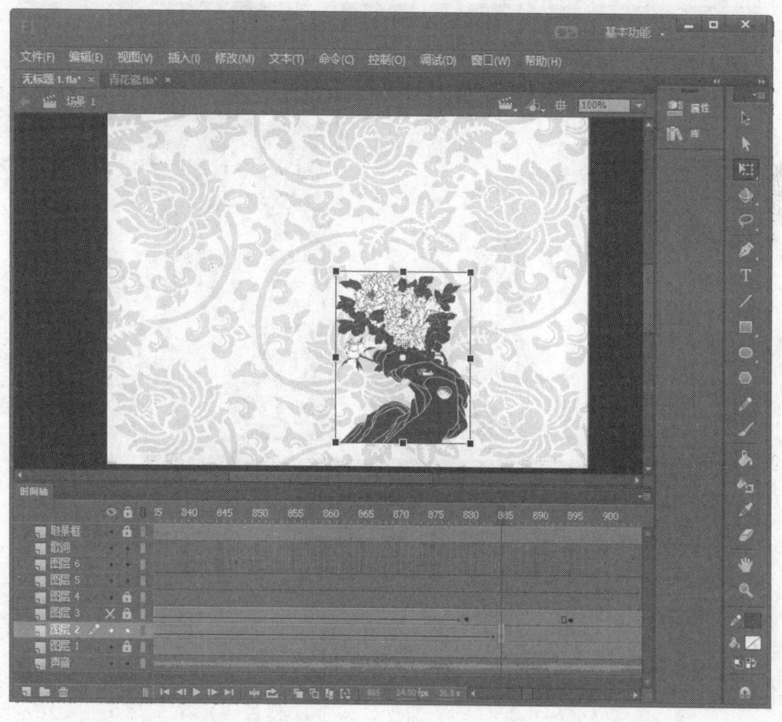

图 9-131 将“牡丹山石”元件缩小并移动到右边

在图层 3 的第 830 帧插入关键帧，将“古装女子”图形元件拖入舞台中，调整其位置，放置在牡丹山石的左边，并设置对象的 Alpha 值为 15%。在图层 3 的第 880 帧插入关键帧，重新设置“古装女子”图形元件的 Alpha 值为 100%，在图层 3 的第 830～第 880 帧创建传统补间动画，如图 9-133 所示。

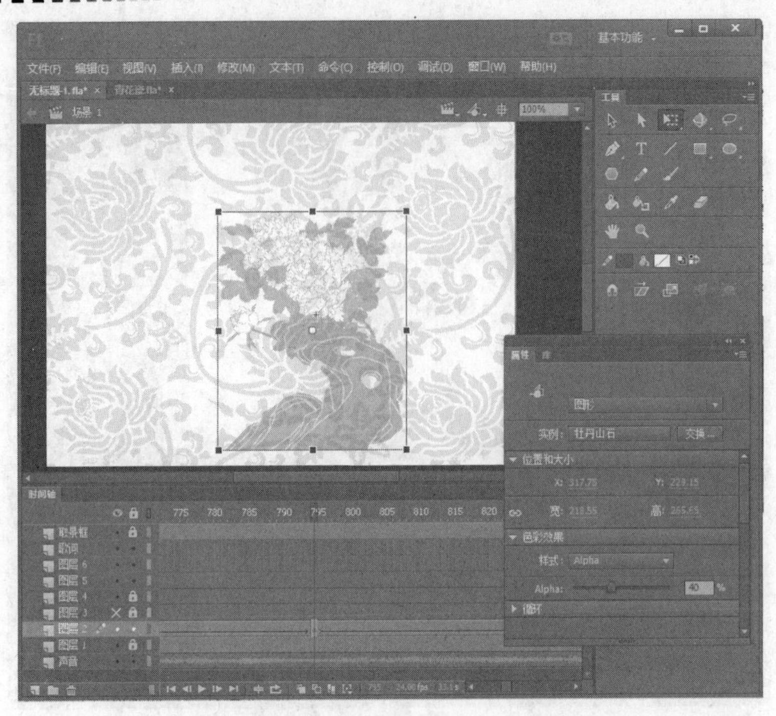

图 9-132　改变“牡丹山石”图形元件的 Alpha 值

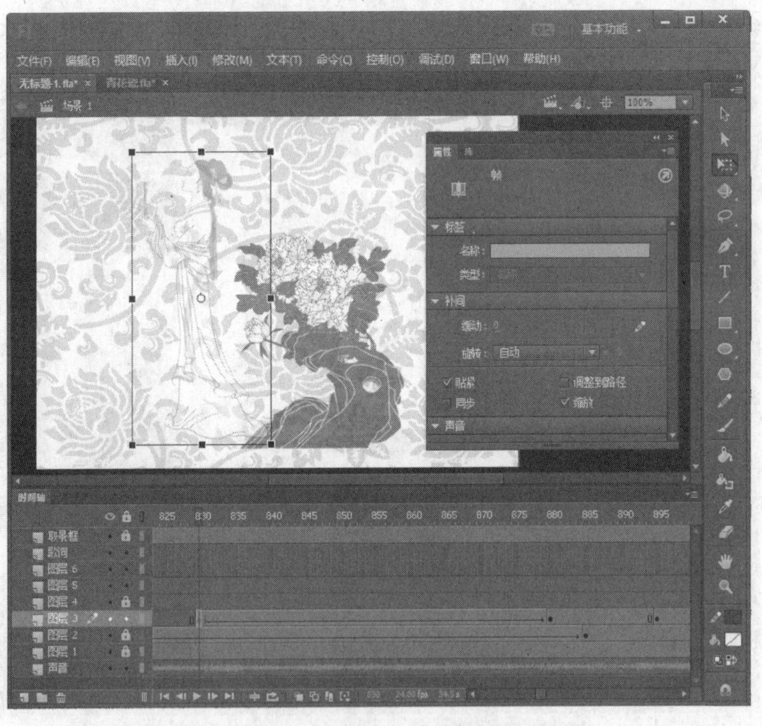

图 9-133　创建传统补间动画

在图层 3 的第 895 帧处插入空白关键帧，将“古装女子动画”元件拖入舞台中的合适位置，使其与第 894 帧中的“古装女子”元件完全重合，如图 9-134 所示，在图层 3 的第 1045 帧插入帧，使“古装女子动画”一直延时到第 1045 帧。

在图层 4 的第 930 帧插入关键帧，将“烟动画”元件拖入舞台中合适的位置，在图层 4 的第 1045 帧插入帧，将烟动画效果延时到第 1045 帧，如图 9-135 所示。

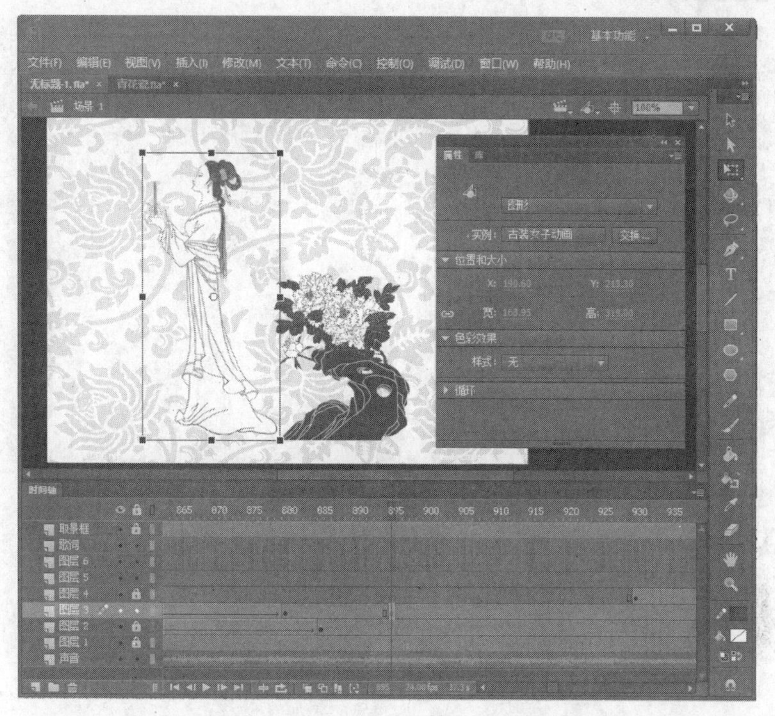

图 9-134 将“古装女子动画”元件拖入舞台

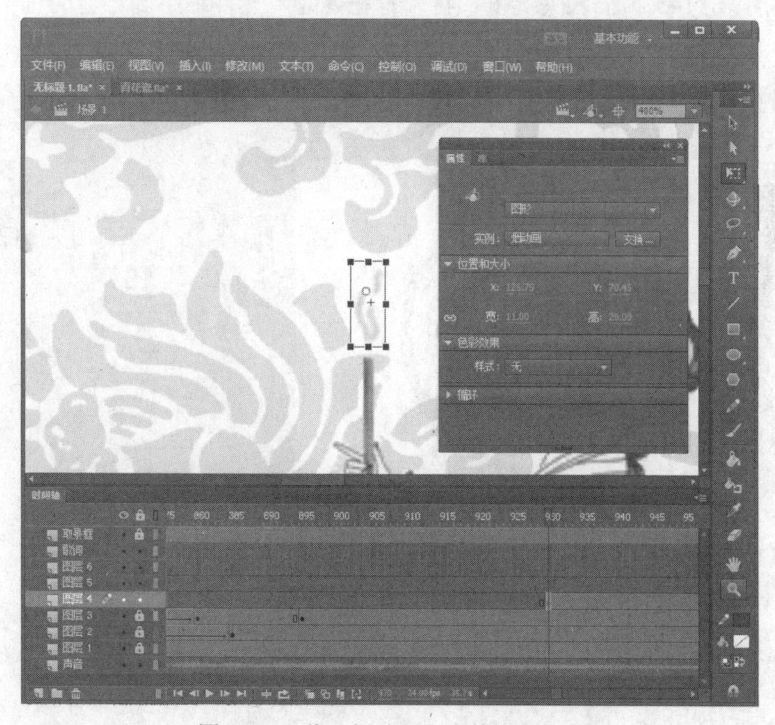

图 9-135 将“烟动画”元件拖入舞台

在图层 2～图层 4 的第 1046 帧插入空白关键帧。在图层 5 的第 1046 帧插入空白关键帧，将“青花瓷盘”图形元件拖入舞台中，如图 9-136 所示，并调整“青花瓷盘”元件的制作，使得瓷盘中的古装女子与场景中图层 3 第 1045 帧的古装女子重合，使得瓷盘中的牡丹山石与场景中图层 2 第 1045 帧的牡丹山石重合，使得磁盘中的烟雾与场景中图层 4 第 1045 帧的烟重合，如图 9-136 所示。

图 9-136　将“青花瓷盘”图形元件拖入舞台

在图层 5 的第 1145 帧插入关键帧，将“青花磁盘”元件缩小到舞台的正中，如图 9-137 所示。

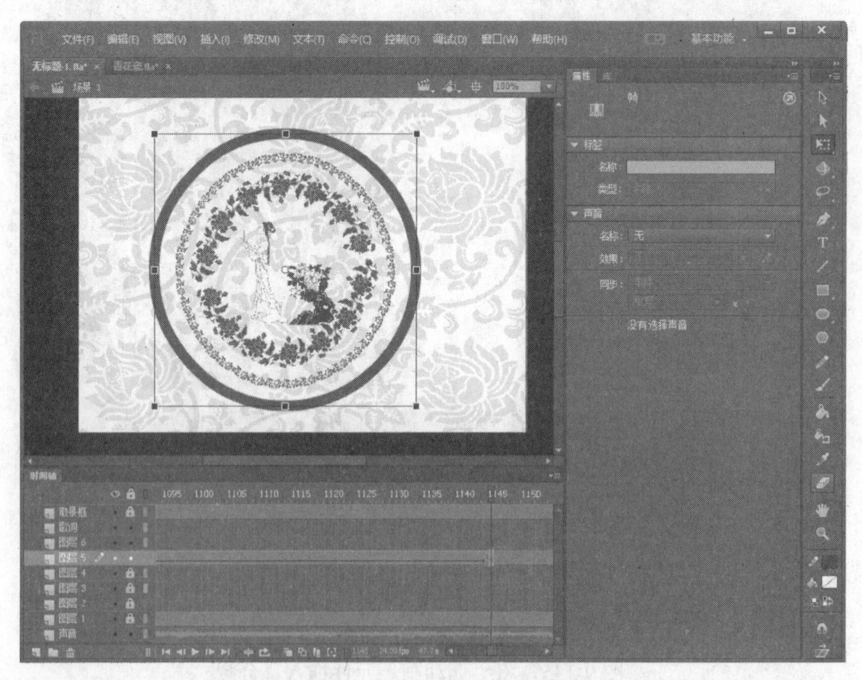

图 9-137　缩小“青花瓷盘”元件到舞台正中

在图层 5 的第 1046～第 1145 帧创建传统补间动画。在图层 5 的第 1224 帧插入帧，将瓷盘显示在场景正中的效果延时到第 1224 帧。在图层 5 的第 1225 和第 1375 帧插入关键帧，选中图层 5 的第 1375 帧，将“青花瓷盘”元件缩小，并移动到场景右上角以外，设置“青花磁盘”元件的 Alpha 值为 15%，如图 9-138 所示。

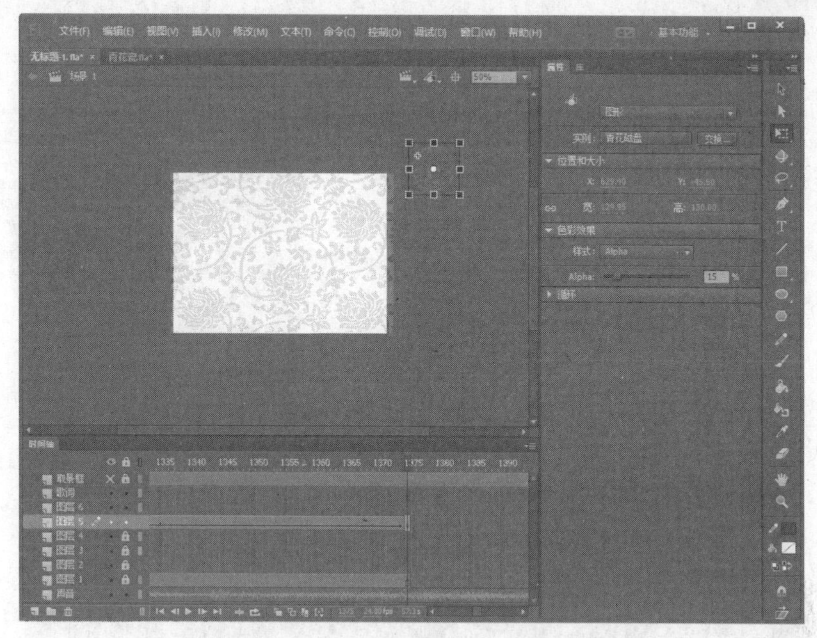

图 9-138　设置“青花瓷盘”元件的 Alpha 值

在图层 5 的第 1225～第 1375 帧创建传统补间动画，并设置补间顺时针旋转 1 圈，如图 9-139 所示。

图 9-139　设置补间顺时针旋转 1 圈

制作歌词字幕。新建“歌词 1”图形元件，输入文字“素胚勾勒出青花 笔锋浓转淡”，设置字符字体为华文隶书、大小为 20 磅、颜色为红色，如图 9-140 所示。

用同样的方式，新建“歌词 2”图形元件，内容为“瓶身描绘的牡丹 一如你初妆”；新建“歌词 3”图形元件，内容为“冉冉檀香透过窗 心事我了然”；新建“歌词 4”图形元件，内容为“宣纸上走笔至此搁一半”；新建“歌词 5”图形元件，内容为“釉色渲染仕女图 韵味被私藏”；新建“歌词 6”图形元件，内容为“而你嫣然的一笑 如含苞待放”；新建“歌词 7”图形元件，内容为“你的美一缕飘散 去到我去不了的地方”。

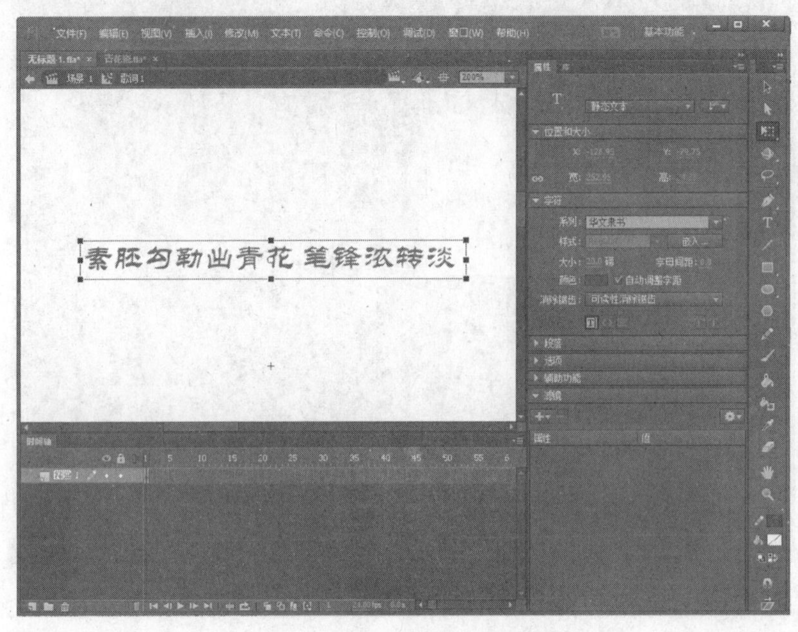

图 9-140 制作“歌词 1”图形元件

返回到场景 1，选中“声音”图层的第 1 帧，将声音的同步属性设置为“数据流”，如图 9-141 所示。

图 9-141 设置声音的同步属性

反复播放 Flash 文件，听取音乐中的歌词，确定每句歌词的起止帧。在“歌词”图层的第 521 帧插入关键帧（若前面已经插入，则此处无须再插入）。设置“取景框”图层不显示。选取“歌词”图层的第 521 帧，将“歌词 1”元件拖入舞台，拖动到舞台外的右边，如图 9-142 所示。

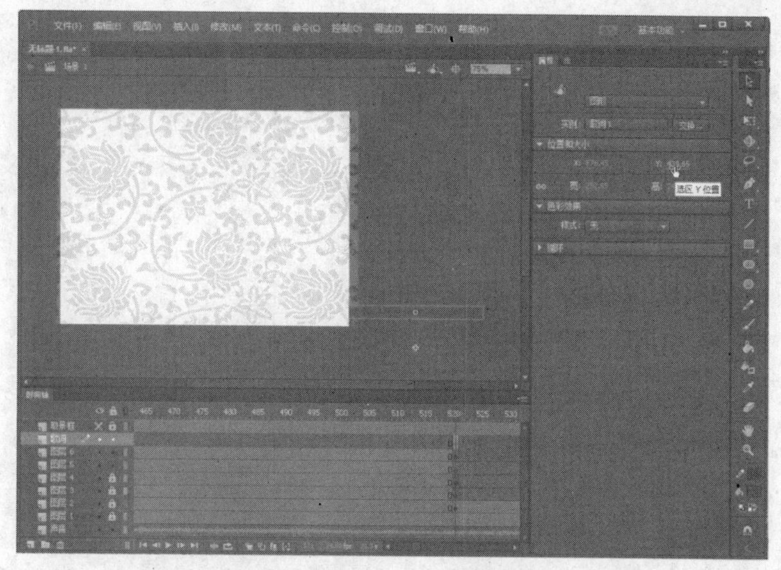

图 9-142 将“歌词 1”元件拖动到舞台外的右边

选取“歌词”图层的第 605 帧，插入关键帧，并将舞台上的“歌词 1”元件拖动到舞台外的左边，高度与原先相同（可以通过设置属性面板中的 Y 坐标实现），如图 9-143 所示。

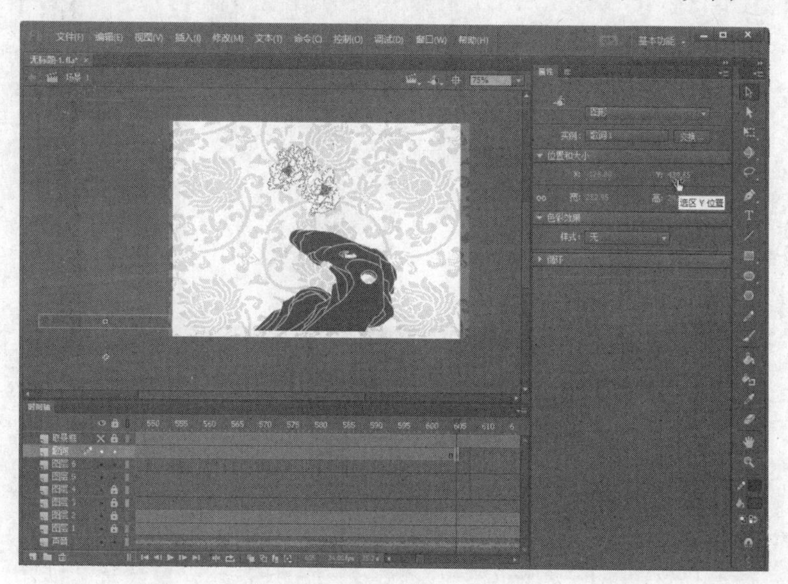

图 9-143 将“歌词 1”元件拖动到舞台外的左边

在“歌词”图层的第 521～第 605 帧创建传统补间动画，制作第一句歌词字幕从右边移入舞台，再从左边移出舞台的动画效果。在“歌词”图层的第 606 帧插入空白关键帧，将“歌词 2”元件拖入舞台，拖动到舞台外的右边，高度与第一句歌词保持一致（可以通过设置属性面板中的 Y 坐标值来调整），如图 9-144 所示。

在“歌词”图层的第 715 帧插入关键帧，将“歌词 2”元件平移到舞台外的左边，如图 9-145 所示，在“歌词”图层的第 606～第 715 帧创建传统补间动画，制作第二句歌词字幕从右边移入舞台，再从左边移出舞台的动画效果。

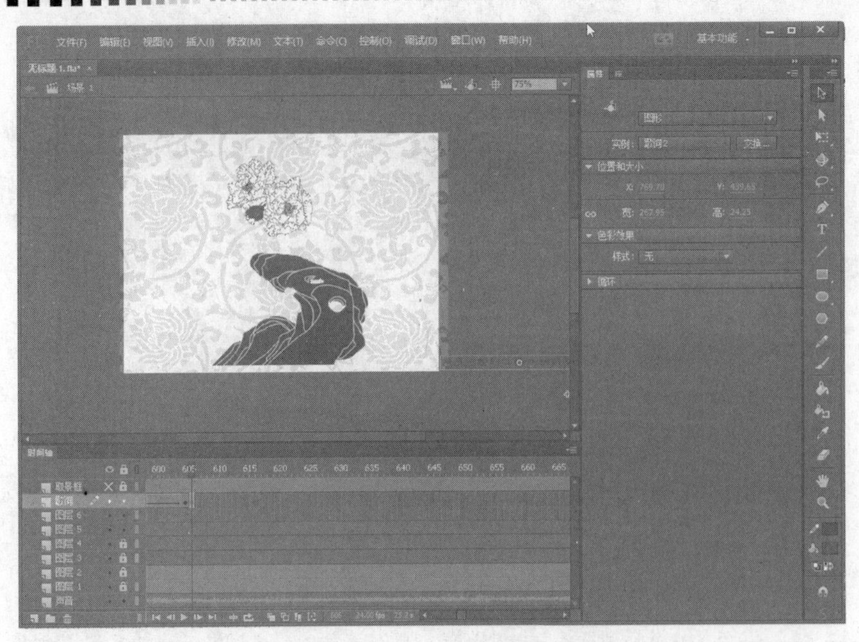

图 9-144　将“歌词 2”元件拖动到舞台外的右边

图 9-145　将“歌词 2”元件拖动到舞台外的左边

在“歌词”图层的第 716 帧插入空白关键帧，将“歌词 3”元件拖入舞台，拖动到舞台外的右边，高度与前面的歌词保持一致。在“歌词”图层的第 825 帧插入关键帧，将“歌词 3”元件平移到舞台外的左边，在“歌词”图层的第 716 帧～第 825 帧创建传统补间动画，制作第三句歌词字幕从右边移入舞台，再从左边移出舞台的动画效果。

用同样的方式，在“歌词”图层的第 826～第 935 帧制作第四句歌词的滚动字幕效果；在第 936～第 1035 帧制作第五句歌词的滚动字幕效果；在第 1036～第 1145 帧制作第六句歌词的滚动字幕效果；在第 1146～第 1335 帧制作第七句歌词的滚动字幕效果。

显示“取景框”图层，执行【控制】|【播放】命令检测动画效果，如图 9-146 所示。

图 9-146 检测动画效果

5 第三个分镜的制作。

将一张江南烟雨的背景图片导入到库，新建一个“江南烟雨”图形元件，将江南烟雨的背景图片拖入舞台中，如图 9-147 所示。

图 9-147 将江南烟雨的背景图片拖入舞台

利用逐帧动画制作船上女子的动画效果。新建一个名称为“水波纹”的图形元件，绘制两条白色的水波纹，如图 9-148 所示。

将三张处理过的船上打伞女子的图片 1～3 导入到库，新建一个“船上女子”的图形元件，选取图层 1 的第 1 帧，将第一张打伞女子的图片拖入舞台中；在图层 1 的第 10 帧插入空白关键帧，将第二张打伞女子的图片拖入舞台中，利用属性面板，设置其位置与第一张图片的位置完全一致；在图层 1 的第 20 帧插入空白关键帧，将第三张打伞女子的图片拖入舞台中，利用属性面板，设置其位置与第一张图片的位置完全一致，在图层 1 的第 29 帧插入帧，如图 9-149 所示。新建图层 2，选取图层 2 的第 1 帧，将“水波纹”元件拖入舞台中，使用变形工具调整其大小及角度，放置在船头位置，如图 9-149 所示，并将其 Alpha 值设置为 40%；在图层 2 的第 20 帧插入关键帧，将“水波纹”元件放大，并将其 Alpha 值设置为 10%，在图层 2 的第 1～第 20 帧创建传统补间动画，制作水波纹逐渐扩散消失的效果。在图层 2 的第 30 帧插入帧，如图 9-149 所示。

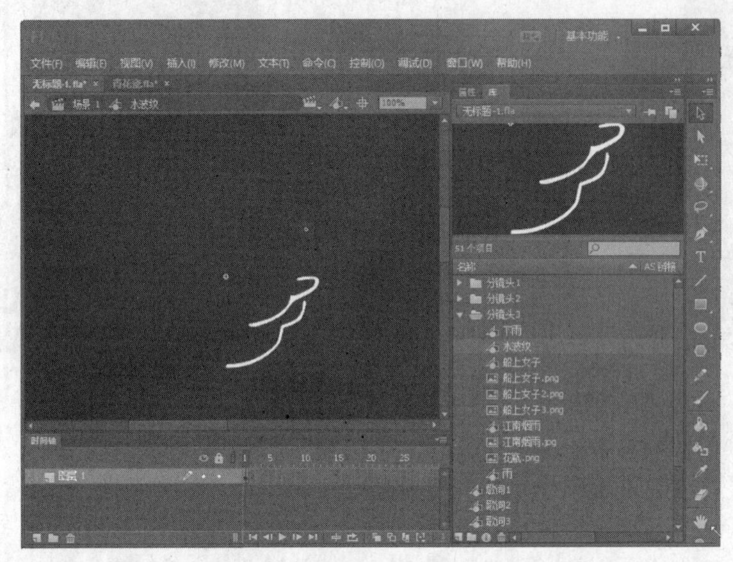

图 9-148　绘制两条白色的水波纹

图 9-149　新建“船上女子”的图形元件

制作花瓣雨。新建一个图形元件“雨”。在舞台中绘制一个椭圆，利用“选择工具”将其变形成水滴形状，并旋转倾斜，如图 9-150 所示。设置“水滴”的笔触颜色为#FF0099、Alpha 值为 40%、笔触大小为 1、填充颜色为#FF0099、Alpha 值为 30%，如图 9-150 所示。

新建一个图形元件“下雨”。选中图层 1 的第 1 帧，将图形元件“雨”拖入舞台右上角。在图层 1 的第 50 帧插入关键帧，将“雨”元件拖动到舞台的左下角，在图层 1 的第 1～第 50

帧创建传统补间动画，制作出雨滴从右上角斜落下至左下角的效果。用同样的方法，将雨滴的动画效果多做几个。

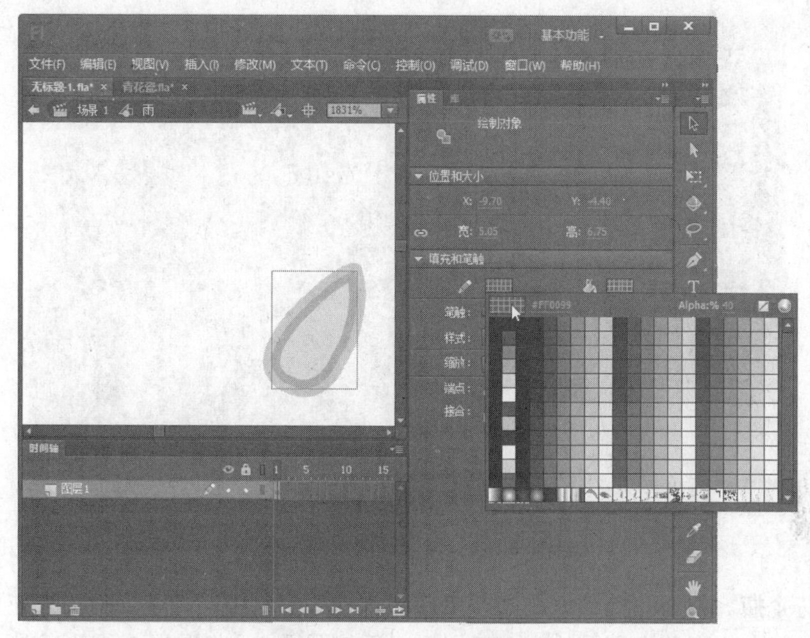

图 9-150 “水滴”属性设置

新建图层 2～图层 6，将图层 1 的动画效果复制到图层 2～图层 6，并将动画效果顺序后延 10 帧，如图 9-151 所示，制作出多个雨滴不同时间落下的动画效果。

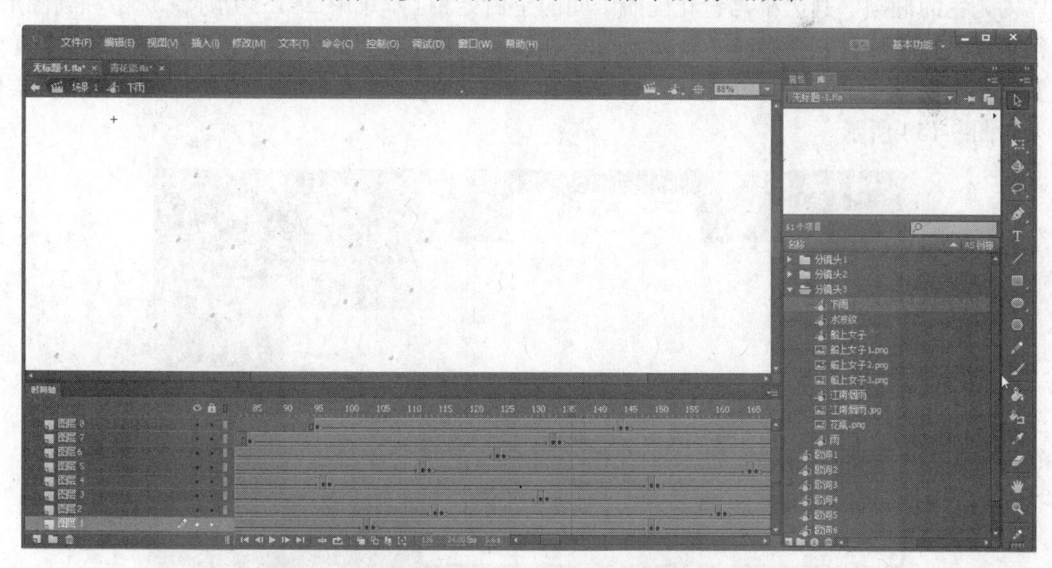

图 9-151 将图层 1 的动画效果复制到图层 2～图层 6

制作水面上的涟漪。新建一个名称为“椭圆”的图形元件，选中图层 1 的第 1 帧，在舞台上绘制一个白色的椭圆框，设置笔触颜色为白色、笔触大小为 1、填充颜色为无色。新建一个名称为“涟漪”的图形元件，在图层 1 的第 1 帧插入关键帧，将“椭圆”元件拖入舞台中，在图层 1 的第 30 帧插入关键帧，将“椭圆”元件放大，并设置 Alpha 值为 10%，在图层 1 的第 1～第 30 帧创建传统补间动画。添加图层 2，在图层 2 的第 6 帧插入关键帧，将“椭圆”元件拖入舞台中，变形使得图层 2 的椭圆比图层 1 小，如图 9-152 所示，在图层 2 的第 38 帧插入关键帧，将椭圆放大至比图层 1 的大，并设置 Alpha 值为 10%，在图层 2 的第 6～第 38 帧创建传统补间动画。其效果如图 9-152 所示。

图 9-152　制作水面上的涟漪

制作青花瓷瓶。将一张处理好的青花瓷瓶图片导入到库中，新建元件“青花瓷瓶”，选中图层 1 的第 1 帧，将青花瓷瓶图片拖入舞台中。添加图层 2，将图层 2 移动到图层 1 的下面，将“江南烟雨”元件拖入舞台中合适的位置，使其成为青花瓷瓶中的画面。添加图层 3，将图层 3 移动到图层 1 的下面，图层 2 的上面，绘制一个笔触颜色为白色、笔触大小为 30、填充颜色为无色的椭圆，其大小与青花瓷瓶中间的空白处相当，如图 9-153 所示。选中椭圆图形，执行【修改】|【形状】|【将线条转换为填充】命令，将椭圆的边线转换为填充效果，执行【修改】|【形状】|【柔化填充边缘】命令，设置距离为 20 像素，将椭圆的线条边缘柔化，其柔化效果如图 9-154 所示。

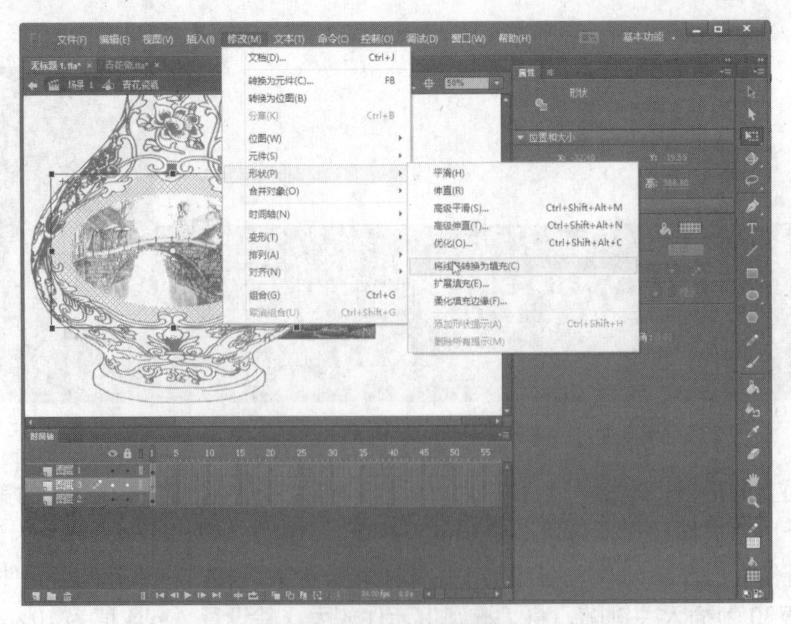

图 9-153　绘制椭圆图形

图 9-154 椭圆线条边缘柔化效果

锁定图层 1 和图层 3，选择图层 2 的第 1 帧，执行【修改】|【分离】命令将“江南烟雨”元件打散，并用橡皮擦除露在青花瓷瓶外面的内容，如图 9-155 所示。

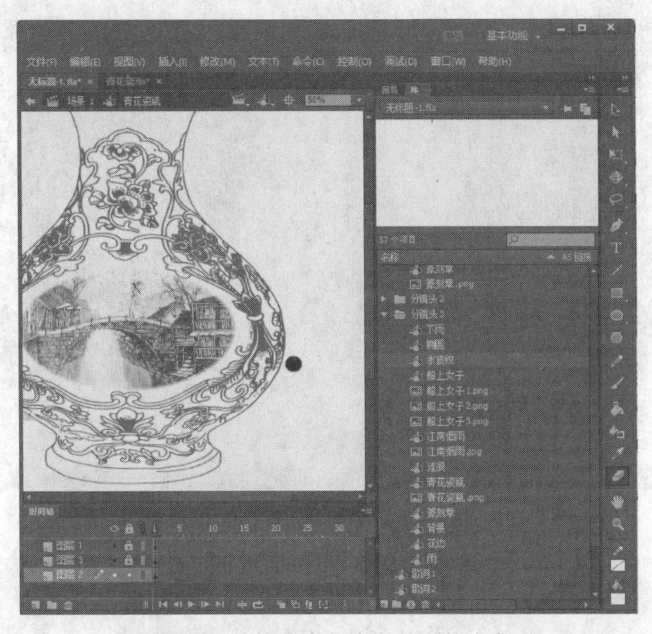

图 9-155 擦除青花瓷瓶外面的内容

制作其他所需元件。复制分镜头 1 中的“片头背景”元件，产生一个新的“背景”图片元件，并将其放置在“分镜头 3”文件夹中，如图 9-156 所示。新建一个“花边”图形元件，将“背景”元件拖入舞台中，截取元件的一个水平长条作为花边，如图 9-156 所示。

将分镜头 1 中的“篆刻章”元件复制产生一个新的“篆刻章”图形元件，并将其放置在“分镜头 3”文件夹中。

第三个分镜头的制作。返回场景 1，在图层 1 的第 1376 帧插入关键帧，将图形元件“江南烟雨”拖入舞台中，缩小至合适的大小（大约为 50%），并将元件的最右边对齐舞台的最右边，如图 9-157 所示。

在图层 1 的第 1575 帧处插入关键帧，将“江南烟雨”元件向右平移，至桥上人物出现在舞台右上方合适的位置，如图 9-158 所示。在图层 1 的第 1376～第 1575 帧创建传统补间动画。

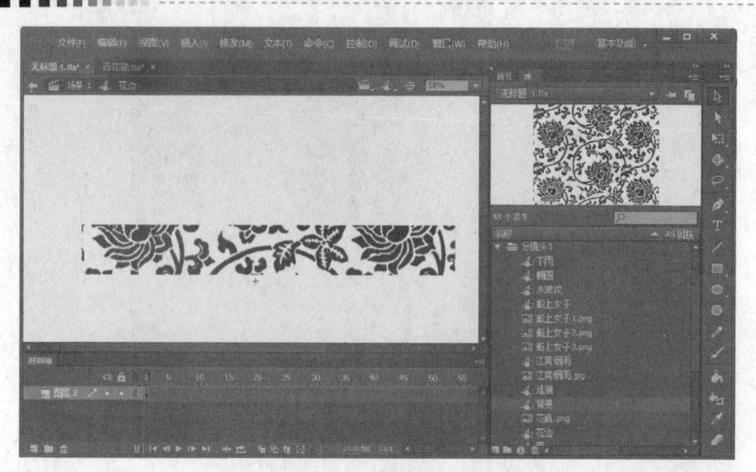

图 9-156　制作其他所需元件

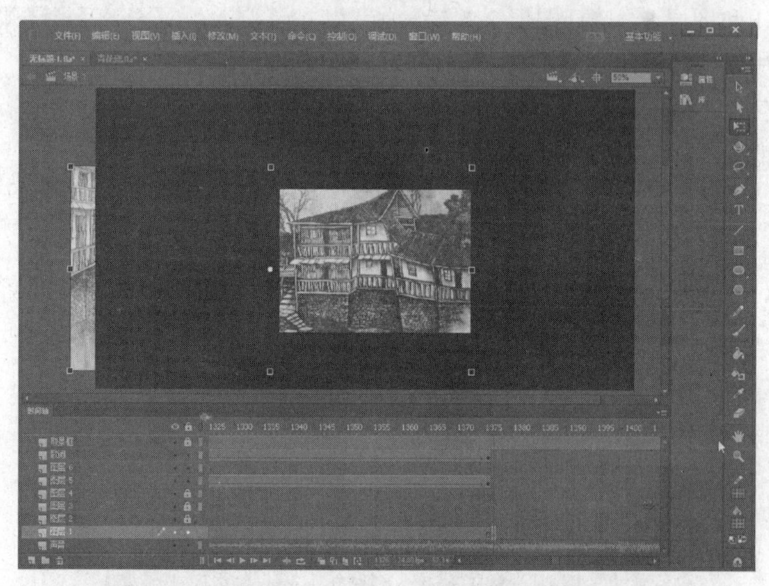

图 9-157　将“江南烟雨”元件拖入舞台中并缩小

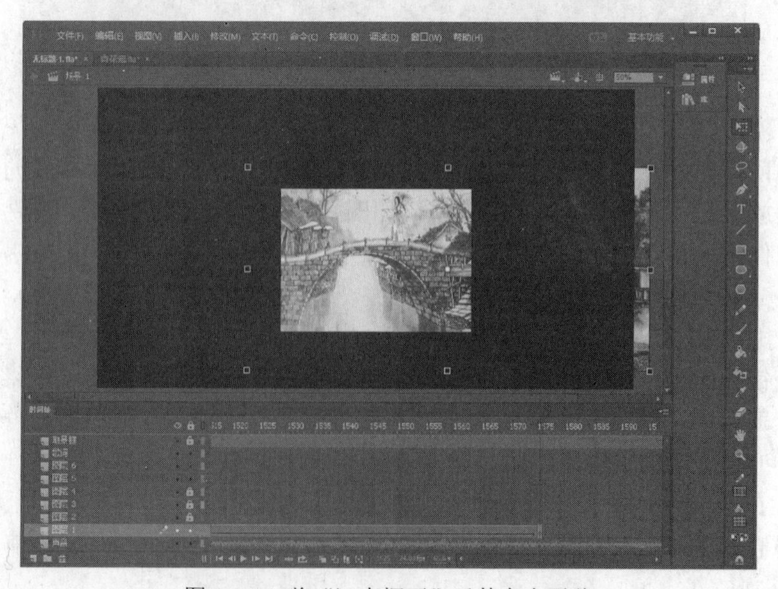

图 9-158　将“江南烟雨”元件向右平移

在图层 1 的第 1899 帧处插入关键帧，让江南烟雨的背景在第 1575～第 1899 帧静止不动。在图层 1 的第 2015 帧处插入关键帧，缩小“江南烟雨”元件，如图 9-159 所示，在图层 1 的第 1899 帧～第 2015 帧创建传统补间动画，制作背景逐渐拉远的效果，如图 9-159 所示。

图 9-159 缩小“江南烟雨”元件

在图层 2 的第 1376 帧插入空白关键帧，将“下雨”元件拖入舞台的上方，制作出花瓣雨落下的动画效果；在图层 2 的第 1500 帧、1535 帧和 1560 帧处插入关键帧，将“涟漪”元件拖入舞台的下方，制作出水面多处涟漪的动画效果，如图 9-160 所示。

图 9-160 水面多处涟漪的动画效果

在图层 3 的第 1585 帧插入空白关键帧，将图形元件“船上女子”拖入舞台中，调整其大小，拖动至舞台外左下角的位置，如图 9-161 所示。

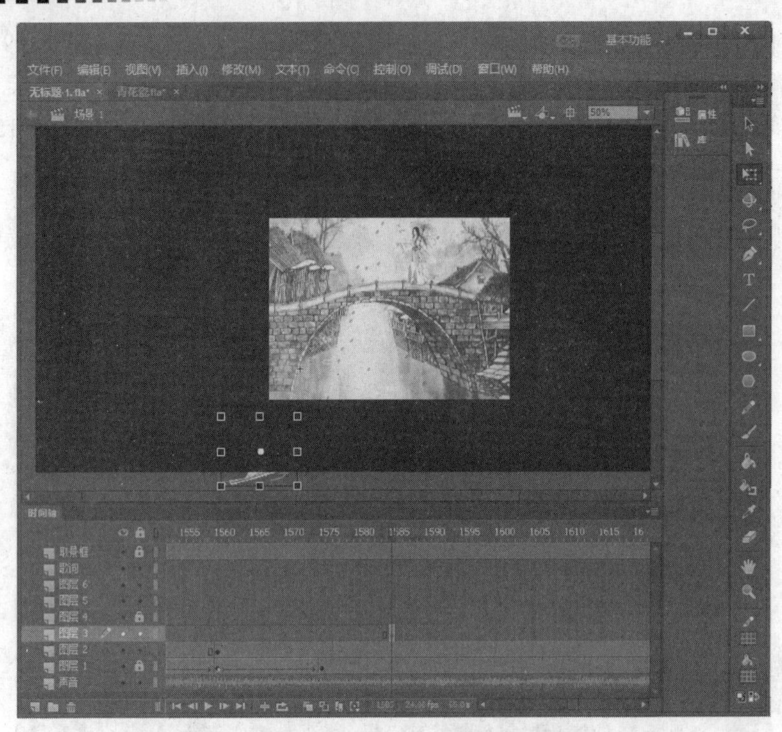

图 9-161　将“船上女子”拖动至舞台外左下角位置

在图层 3 的第 1795 帧插入关键帧，并将元件“船上女子”拖动到桥下的位置，如图 9-162 所示。在图层 3 的第 1585 帧～第 1795 帧创建传统补间动画，制作出船行走至桥下的动画效果。

图 9-162　将“船上女子”拖动到桥下的位置

在图层 3 的第 1875 帧插入关键帧，使船在桥下稍作停留，在图层 3 的第 2015 帧插入关键帧，并将“船上女子”元件缩小拖动到桥洞下，且设置其 Alpha 值为 8%，如图 9-163 所示。在图层 3 的第 1875～第 2015 帧创建传统补间动画，制作出船渐行渐远的动画效果，如图 9-163 所示。

在图层 1 的第 2016 帧插入空白关键帧，将“背景”元件拖入舞台中，调整其大小和位置，并设置其 Alpha 值为 13%，如图 9-164 所示。在图层 1 的第 2182 帧处插入帧，将此背景延时至第 2182 帧处。

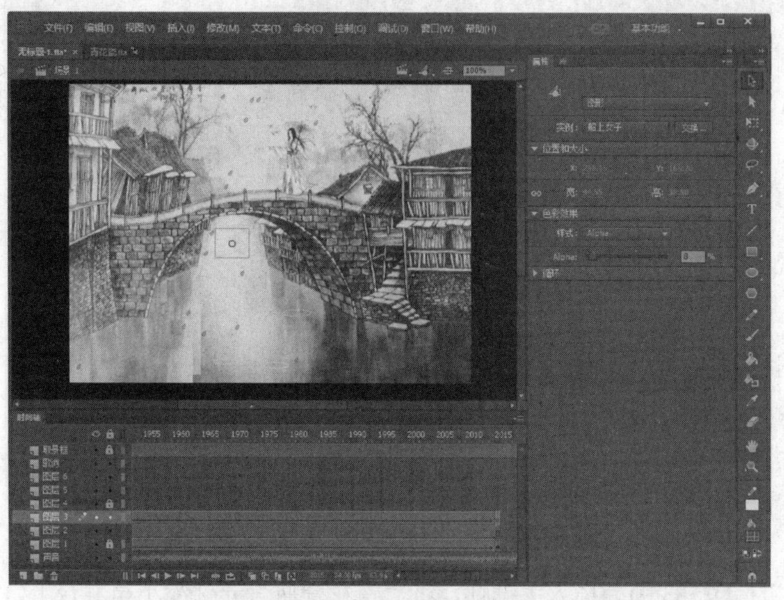

图 9-163 船渐行渐远的动画效果

图 9-164 将“背景”元件拖入舞台

在图层 1 的第 2183 帧和第 2225 帧处插入关键帧，选中图层 1 的第 2225 帧，设置“背景”元件的 Alpha 值为 2%。在图层 1 的第 2183～第 2225 帧创建传统补间动画，制作出背景逐渐变淡的动画效果。

在图层 2 的第 2035 帧处插入帧，将花瓣雨的动画效果延时到第 2035 帧，如图 9-165 所示。在图层 3 的第 2016 帧处插入空白关键帧，结束船上女子的动画效果，如图 9-165 所示。

隐藏取景框图层，在图层 5 的第 2016 帧插入空白关键帧，将“青花瓷瓶”元件拖入舞台中，移动其位置，使其中的“江南烟雨”与图层 1 的第 2015 帧位置重合，如图 9-165 所示。

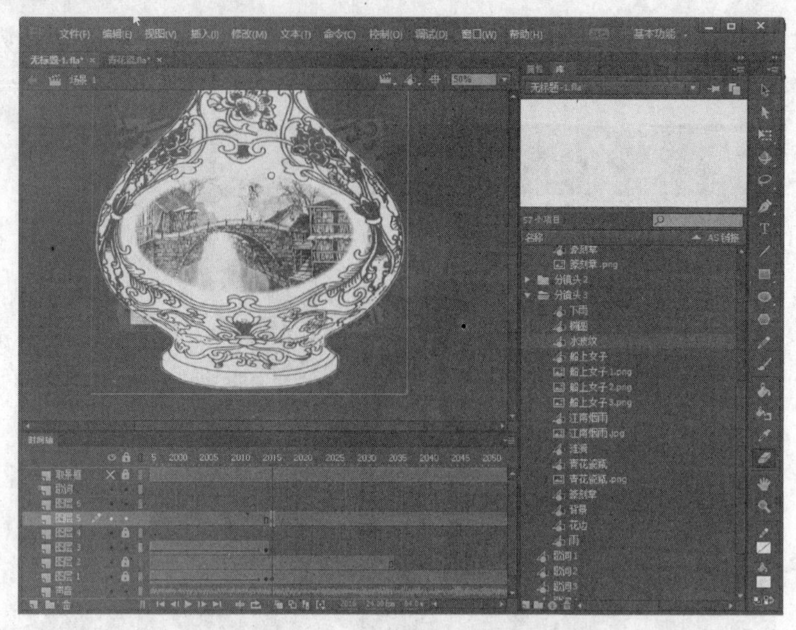

图 9-165 将“青花瓷瓶”元件拖入舞台

在图层 5 的第 2183 帧处插入关键帧，将“青花瓷瓶”元件缩小至舞台上，并移动到舞台的右边，如图 9-166 所示，在图层 5 的第 2016～第 2183 帧创建传统补间动画，制作青花瓷瓶由非常大（超出舞台范围）逐渐缩小至舞台上的效果。在图层 5 的第 2225 帧处插入帧，将青花瓷瓶的显示延时到第 2225 帧处，如图 9-166 所示。

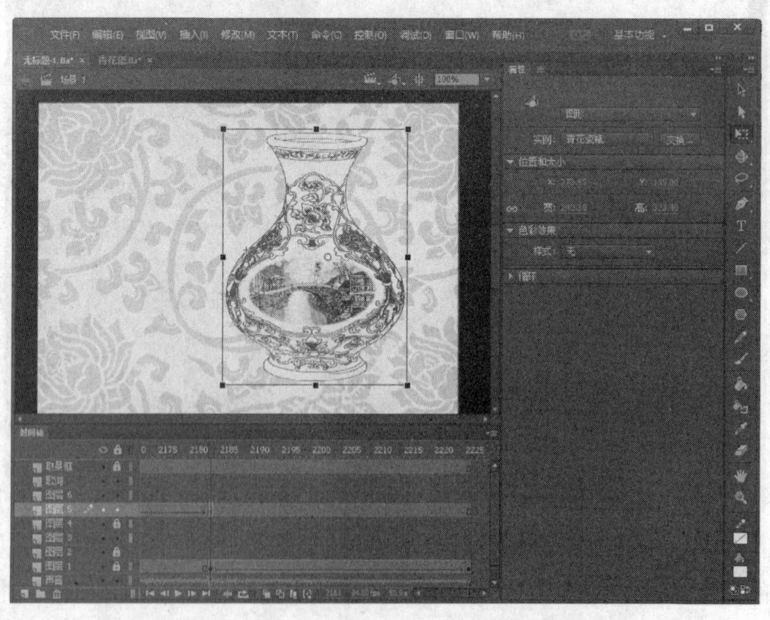

图 9-166 缩小“青花瓷瓶”并移动到舞台的右边

在图层 4 的第 2183 帧插入空白关键帧，将制作好的“花边”元件拖入舞台中合适的位置，在图层 4 的第 2200 帧插入关键帧，选中图层 4 的第 2183 帧，将“花边”元件的 Alpha 值设置为 20%，在图层 4 的第 2183～第 2200 帧创建传统补间动画，制作花边逐渐显现的动画效果，如图 9-167 所示。在图层 4 的第 2225 帧处插入帧，将花边的显现延时至第 2225 帧（即延时到歌曲的结束），如图 9-167 所示。

图 9-167　花边逐渐显现的动画效果

在图层 6 的第 2183 帧插入空白关键帧，将“篆刻章”元件拖入舞台中，缩小到合适的尺寸，放置在舞台的右下方，如图 9-168 所示。在图层 6 的第 2200 帧插入关键帧，选中图层 6 的第 2183 帧，将“篆刻章”元件的 Alpha 值设置为 20%，在图层 6 的第 2183～第 2200 帧创建传统补间动画，制作篆刻章逐渐显现的动画效果，如图 9-168 所示。在图层 6 的第 2225 帧处插入帧，将篆刻章的显现延时至第 2225 帧（即延时到歌曲的结束），如图 9-168 所示。

图 9-168　“篆刻章”元件的属性设置

歌词的制作。同分镜头 2 的方法，制作分镜头 3 的歌词字幕。

完成整首歌的 MV 制作，执行【控制】|【测试】命令，测试其制作效果，依据歌词字幕，调整各动画播放的帧数，进行后期的修改和完善。

9.5 展示片制作：中国女书

9.5.1 脚本

女书是世界上现存唯一的女性专用文字，已濒临灭绝。本案例展示了女书的字形和读音。本案例的女书读音源于女书传人，由女书研究者朱宗晓提供。

本案例在古筝声中徐徐展开，展现了中国女书的独特魅力。展示片分三个部分，第一部分是片头部分，在小花悠然落地之中展开“中国女书”4个大字，中间过渡部分用遮罩动画进行画面的切换。主题部分用读音、文字动态展示，女书与汉字的同步使用，让人能够听懂、看懂女书。最后是片尾部分，结合ActionScript 3.0的编程技术，加一个花瓣飞舞的特效，在唯美的画面中结束。

9.5.2 制作过程

1 安装古体字体。

双击Huti.ttf文件，在如图9-169所示的对话框中单击 “安装”按钮即可。

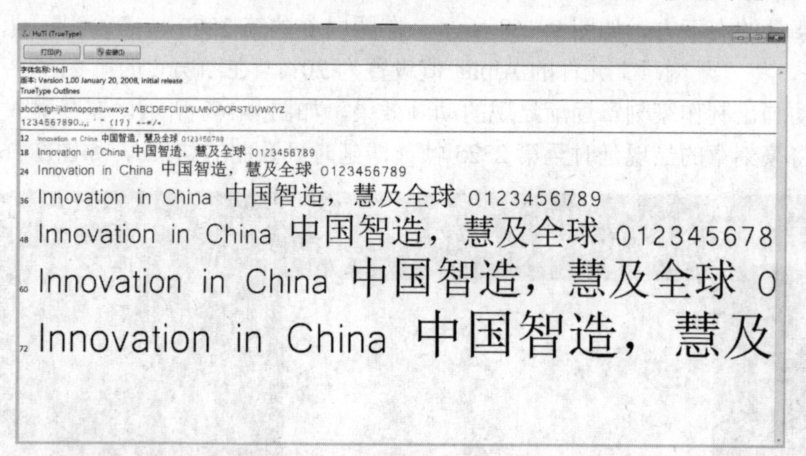

图9-169 安装古体字体

2 启动Flash CC软件，新建ActionScript 3.0文档，导入背景素材，设置文档属性，在如图9-170所示的“文档设置”对话框中单击“匹配内容”按钮，效果如图9-171所示。

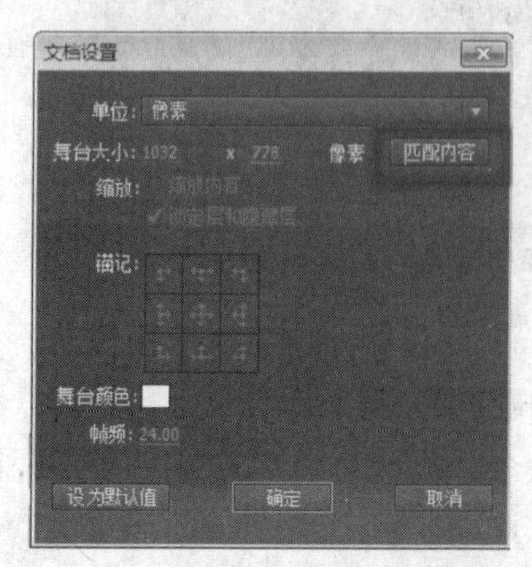

图9-170 “文档设置”对话框

图9-171 效果图

3 片头制作。

（1）执行【插入】|【新建元件】命令，创建一个名称为“中”的图形元件，用“文本工具”在舞台中间输入文字“中”，属性设置如图 9-172 所示。

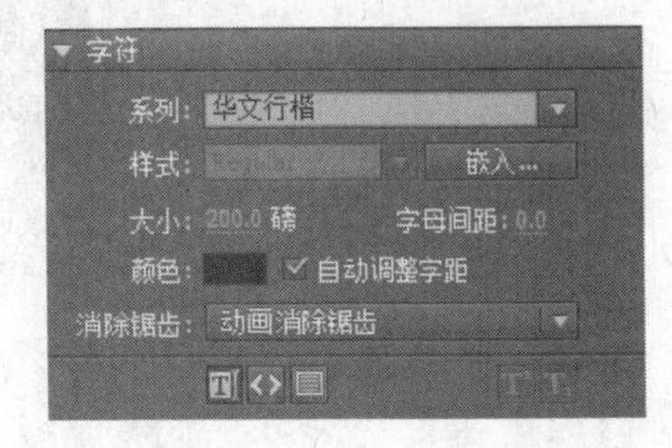

图 9-172 “中”字属性设置

（2）同步骤（1），分别制作“国”“女”“书”元件。

（3）执行【插入】|【新建元件】命令，创建一个名称为“花”的图形元件，执行【文件】|【导入】|【导入到舞台】命令，将素材“花.png”导入舞台。

（4）返回场景 1 ，在图层 1 的第 125 帧处插入帧。

（5）新建图层 2，选中第 1 帧，将元件“中”从库里拖入舞台，放置在如图 9-173 所示的位置，在“属性”面板“色彩效果”栏中将其 Alpha 值调为 0，如图 9-174 所示。

图 9-173 将元件“中”拖入舞台

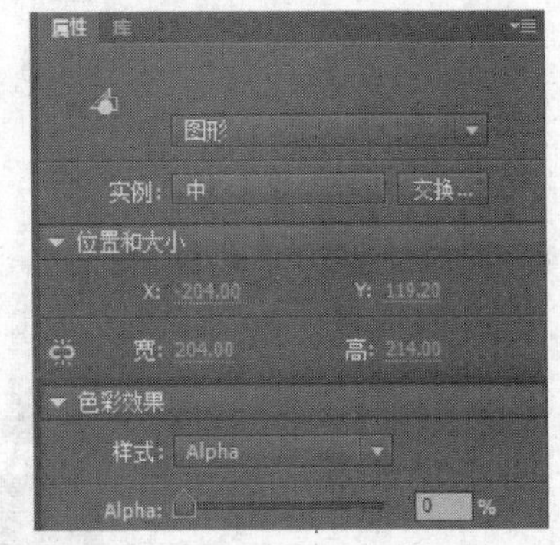

图 9-174 “中”元件色彩效果设置

（6）在图层 2 的第 25 帧处插入关键帧，将“中”字拖动到舞台中间如图 9-175 所示的位置，在“属性”面板“色彩栏”中将其 Alpha 值调为 100，并在第 1～第 25 帧创建传统补间。

图 9-175 将“中”字拖入舞台中间

（7）新建“图层 3”，在图层 3 的第 25 帧处插入空白关键帧，将元件“国”从库里拖入舞台，放置在如图 9-176 所示的位置，在“属性”面板“色彩效果”栏中将其 Alpha 值调为 0。

图 9-176　调整“中”元件的 Alpha 值

（8）在图层 3 的第 50 帧处插入关键帧，将“国”字拖动到舞台中间如图 9-177 所示的位置，在“属性”面板“色彩栏”中将其 Alpha 值调为 100，并在第 25～第 50 帧创建传统补间。

图 9-177　将“国”字拖动到舞台中间

（9）新建“图层 4”，在图层 4 的第 50 帧处插入空白关键帧，将元件“女”从库里拖入舞台，放置在如图 9-178 所示的位置，在“属性”面板“色彩效果”栏中将其 Alpha 值调为 0。

图 9-178　将元件“女”从库里拖入舞台

（10）在图层4的第75帧处插入关键帧，将“女”字拖动到舞台中间如图9-179所示的位置，在“属性”面板“色彩栏”中将其Alpha值调为100，并在第50～第75帧创建传统补间。

图9-179　将“女”字拖动到舞台中间

（11）新建“图层5”，在图层5的第75帧处插入空白关键帧，将元件“书”从库里拖入舞台，放置在如图9-180所示的位置，在“属性”面板“色彩效果”栏中将其Alpha值调为0。

图9-180　将元件“书”拖入舞台

（12）在图层5的第100帧处插入关键帧，将“书”字拖入舞台中间如图9-181所示的位置，在“属性”面板“色彩栏”中将其Alpha值调为100，并在第75～第100帧创建传统补间。至此，片头文字部分完成，时间轴如图9-182所示。

图9-181　将“书”字拖入舞台中间

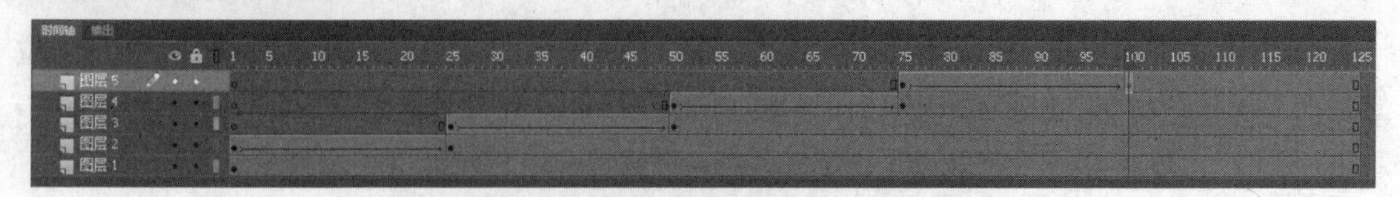

图 9-182　时间轴

（13）新建“图层 6”，在第 1 帧处将元件“花”从库里拖动到舞台上面，右击“图层 6”，选中“添加传统运动引导层”，在引导层用“铅笔工具”，模式为“平滑”，画一条曲线，在图层 6 的第 125 帧处插入关键帧，将“花”拖动到曲线的末尾，在“属性”面板“色彩效果”栏中将其 Alpha 值调为 0，注意“花”的注册中心点吸附在线条末端，在图层 6 的第 1～第 125 帧创建“传统补间动画”，如图 9-183 所示。

图 9-183　创建引导动画

（14）同步骤（13），创建 5 个类似的引导动画。

（15）新建文件夹，重命名为“片头”，将前面所建立的所有图层都拖入文件夹中。

4 镜头切换。

（1）新建图层 16，在第 126 帧处插入空白关键帧，导入图片“1-1.png”，调整至合适大小，如图 9-184 所示。在第 170 帧处插入关键帧。

图 9-184　导入图片“1-1.png”

（2）新建图层 17，在第 126 帧插入空白关键帧，用“椭圆工具”（笔触颜色无，填充颜色随意）在舞台左上角绘制圆形，如图 9-185 所示。

图 9-185 绘制圆形

（3）在图层 17 的第 170 帧处插入关键帧，将第 1 帧处的圆用“任意变形工具”将其拉大到覆盖整个画面，并在第 126 帧～第 170 帧创建“补间形状动画”。将图层 17 设置为“遮罩层”，时间轴如图 9-186 所示。

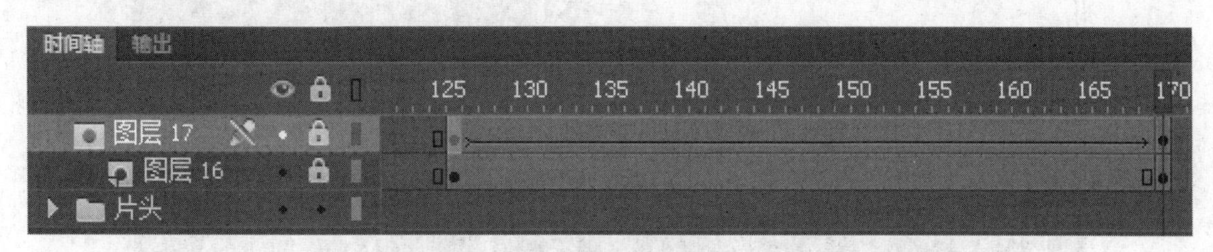

图 9-186 时间轴

5 文字识读部分。

（1）新建图层 18，在第 171 帧处插入关键帧。

（2）使用“文本工具”，属性设置如图 9-187 所示，在舞台中绘制文本框。

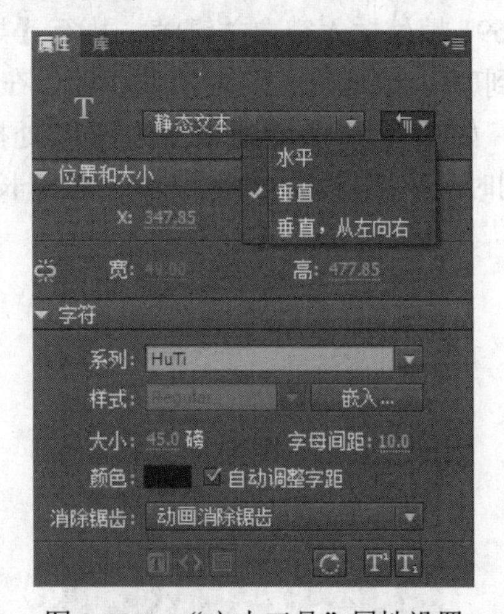

图 9-187 “文本工具”属性设置

（3）用“文本工具”将 Word 素材中的女书文字复制进来，结果如图 9-188 所示。

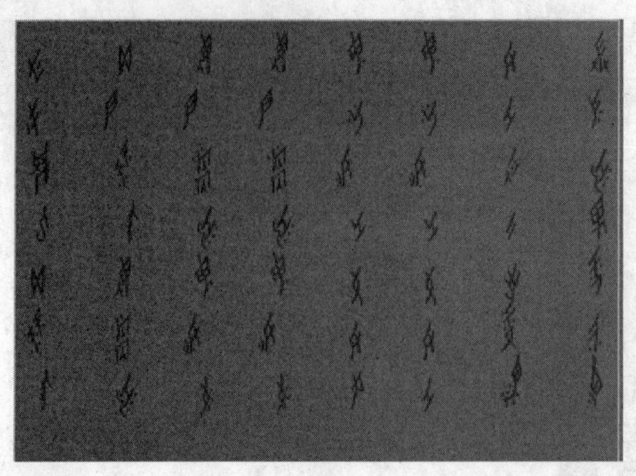

图 9-188　复制女书文字

（4）按 F8 键，将文字转换成图形元件，命名为“女书”，并将其拖动到如图 9-189 所示的位置。

图 9-189　将文字转换成图形元件

（5）在图层 16 的第 690 帧处插入帧，在图层 18 的第 690 帧处插入关键帧，将“女书”拖动到舞台中央，并创建第 171～第 690 帧的“传统补间动画”。

（6）新建图层 19，在第 691 帧处插入空白关键帧，执行【导入】|【导入到库】命令，将读音“1.wav”音频文件导入到库，选中图层 19 的第 691 帧，在“属性”面板“声音”栏中将“名称”属性设置为“1.wav”，如图 9-190 所示。在第 770 帧处插入帧，时间轴上会显示声波的形状，如图 9-191 所示。同时，将图层 18 和图层 16 的帧延长到第 770 帧。

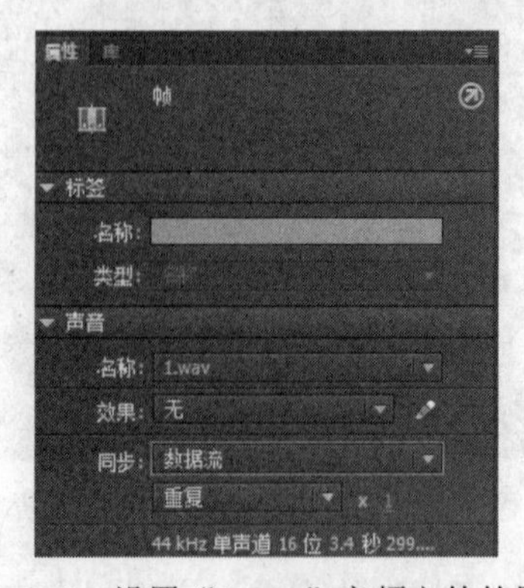

图 9-190　设置“1.wav”音频文件的属性

图 9-191　时间轴上声波的形状

（7）创建元件。执行【插入】|【新建元件】命令，新建名称为“矩形”的图形元件，如图 9-192 所示。

（8）新建图层 20，在第 691 帧处插入关键帧，将元件“矩形”拖入舞台，用“任意变形工具”将注册中心点移到顶端，如图 9-193 所示。

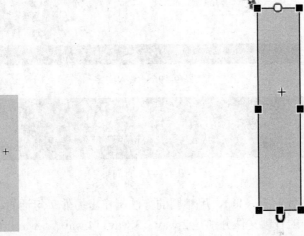

图 9-192　新建“矩形”图形元件　　图 9-193　移动注册中心点到顶端

（9）调整矩形的大小，如图 9-194 所示。在“属性”面板“色彩效果”栏中将其 Alpha 值调整为 50%。

（10）在第 770 帧处插入关键帧，用“任意变形工具”将“矩形”以中心点为基准往下拉，如图 9-195 所示，并在第 691～第 770 帧“创建传统补间”。

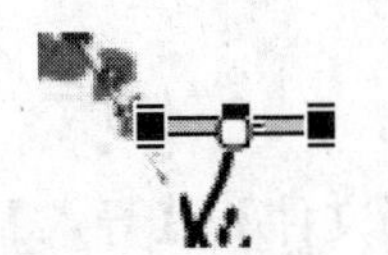

图 9-194　调整矩形太小

图 9-195　将“矩形”以中心点为基准往下拉

（11）新建图层 21，在第 691 帧、703 帧、714 帧、723 帧、733 帧、743 帧、753 帧处插入关键帧，用文本工具分别输入文字“新”“打”“剪”“刀”“裁”“墨”“绿”，如图 9-196 所示。时间轴如图 9-197 所示。

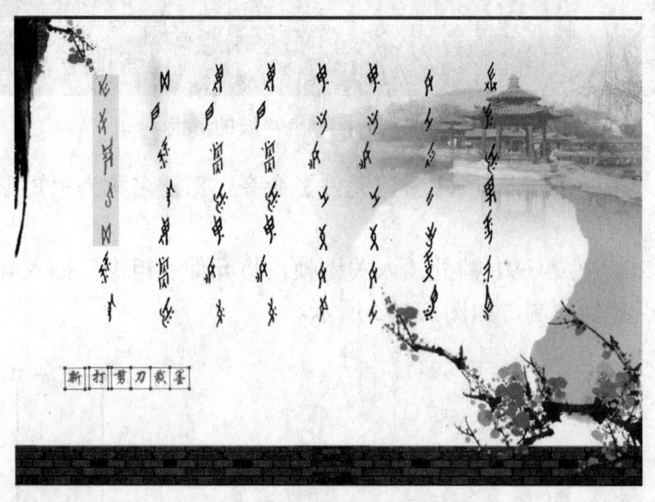

图 9-196　输入文字

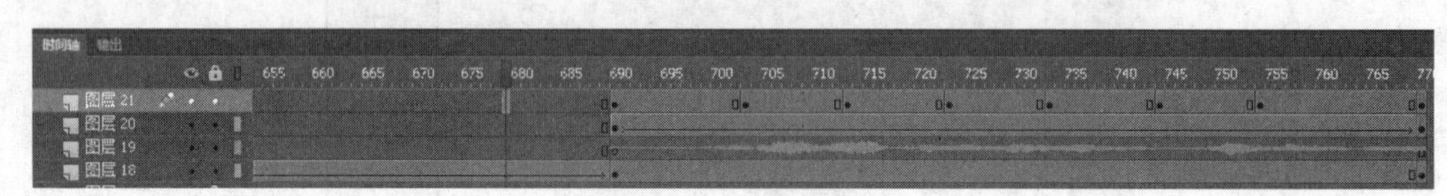

图 9-197　时间轴

（12）重复步骤（6）～（11），用相同的方法制作出另外 7 句话的动画效果。文字材料如图 9-198 所示。读音的音频文件分别是 2.wav、3.wav、4.wav、5.wav、6.wav、7.wav、8.wav。

1 把笔红罗赎不归　高银仙抄存

1	2	3	4	5	6	7	8
新	裁	贴	贴	深	深	年	把
打	起	起	起	深	深	庚	笔
剪	墨	糕	糕	拜	拜	落	红
刀	绿	红	红	出	出	入	罗
裁	贴	深	深	女	女	他	赎
墨	糕	拜	拜	年	年	箱	不
绿	红	亲	娘	月	庚	地	归

图 9-198　文字材料

6 片尾制作。

（1）新建图层 22，在第 1330 帧处插入空白关键帧，执行【文件】|【导入】|【导入到舞台】命令，将图片“222.png”导入到舞台，并转换成图形元件，调整大小为 1032×778，并将其 Alpha 值调整为 0。

（2）在第 1370 帧处插入关键帧，将其 Alpha 值调整为 100，在第 1330～第 1370 帧“创建传统补间”动画。

（3）新建图层23，在第1370帧处插入空白关键帧，在舞台底部用“文本工具”输入相应的文字，在第1400帧处插入关键帧，将文字移动到舞台上方，在第1370～第1400帧“创建传统补间”。

7 整体配音。

（1）新建图层 24，执行【文件】|【导入】|【导入到舞台】命令，选中音频文件“古筝-江南.mp3”，单击“打开”按钮，将声音文件导入到库。选中图层24的第1帧，在“属性”面板“声音”栏“名称”框中选择“古筝-江南.mp3”，在“同步”选项择选中“数据流”选项，如图9-199所示。

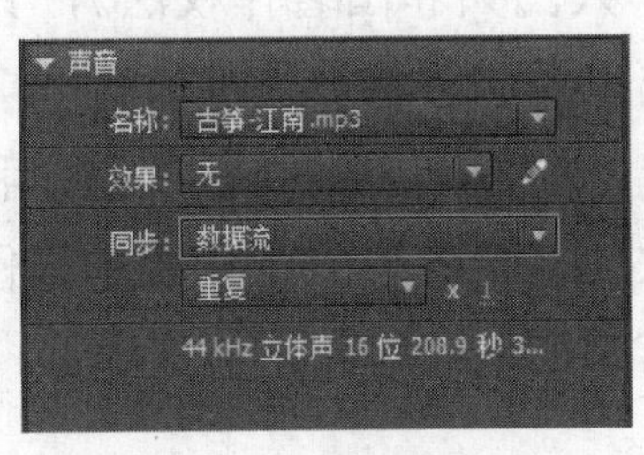

图9-199　整体配音

8 添加特效代码。

说明，如果想在最后片尾部分添加特效，可以先制作影片剪辑元件，然后创建动作代码：

```
for (var i=0;i<10;i++){
var mc_1:huaban=new huaban();
mc_1.y=Math.random()*(950+i);
mc_1.x=stage.width*Math.random()*i;
addChild(mc_1);
}
```

此部分有兴趣的读者可自行完成。

9 保存文档，按Ctrl+Enter组合键测试效果。

举报电话：（010）88254396；（010）88258888
传　　真：（010）88254397
E-mail:　 dbqq@phei.com.cn
通信地址：北京市万寿路173信箱
　　　　　电子工业出版社总编办公室
邮　　编：100036